自 然 文 库
Nature
Series

LEVIATHAN, OR THE WHALE

寻鲸记

〔英〕菲利普·霍尔 著

傅临春 译

商务印书馆
The Commercial Press
哲于1897

LEVIATHAN, OR THE WHALE

By Philip Hoare

献给特里萨

目录

那利维坦，

生灵中的最大者，伸展在深渊中

沉睡时犹如一座海岬，游动时则如同

一片移动的陆地；它把一座大海

从鳃中吸进来，吐气时又喷出去。[①]

——约翰·弥尔顿，《失乐园》

（《白鲸记》英文初版扉页中引用）

[①] 中文引自《白鲸记》，马永波译，湖南人民出版社，2017 年版。书中如无特别标注，《白鲸记》的中文引文皆出自此译本。

引子

你将我投下深渊，

就是海的深处。

大水环绕我。

你的波浪洪涛都漫过我身。

——《约拿书》2：3

可能都是因为我差点就在水下出生。

就在母亲生我前的一两天，她和我父亲一起去访问朴次茅斯的海军船厂，并在那儿受邀参观潜水艇。就在母亲下到潜水艇里时，她开始感觉到阵痛。有那么一会儿，我似乎就要在吃水线下降临人世了。不过好在我出生时，母亲已经回到了我们在南安普敦那栋维多利亚式半独立房屋，屋内还保留着用人拉铃索，深色柚木楼梯旋转而上。

我一直都很害怕深水。有时候连洗澡我都害怕（而我真的不是个胆小的孩子），因为我会想起母亲讲过的她孩提时的故事，外祖父曾在家里的珐琅浴缸外面画了一头鲸。这头鲸的形象藏在她儿时的各种恐惧和痴迷中，随时准备从暗处浮出，就像电影《海底两万里》中的那头大王乌贼，随之而来的还有那艘鼓着眼睛的"鹦鹉螺号"潜艇，

1

柯克·道格拉斯①蓬乱的金发和条纹 T 恤，以及极具未来感的潜水员，他们在海底行走就像在海滩上漫步一样。

我也会想到我喜欢的海滨玩具——一个灰色的塑料潜水员，它通过一根红色细管悬在水中，往管中吹气，它就会浮到水面上，后面拖着一串银色的小泡泡。但它也让我想起那些 19 世纪的探险家，他们戴着看不见脸的头盔，穿着胶带密封的连体潜水服，脚上是沉重的铅靴。在儿童百科全书里，我还读到过加压潜水球，那是一种像肺泡一样的铁制空心球，人们坐在球中下沉到马里亚纳海沟，那里有半透明的鮟鱇鱼将发光部位悬在它们邪恶的张开的大嘴前，好诱捕猎物。这些怪物把我吓得要命，我甚至不敢碰那些带图画的书页，要拎着页角把它们翻过去。

南安普敦市的室内游泳池，有着铜绿色的屋顶和玻璃窗户，是一个可以裸露身体的公共场所，学校每周都要送我们去那里受折磨。我们被命令脱掉衣服，露出小鸡仔似的身体，年纪稍大点的男生身上已开始长出黑色毛发。我们穿着不合身的短裤，站在潮湿的瓷砖上瑟瑟发抖，据说那些瓷砖里藏着各种各样的病菌。我们啪嗒啪嗒地走进回声阵阵的游泳场，

---

① 柯克·道格拉斯（Kirk Douglas, 1916-2020），美国著名男演员，饰演《海底两万里》中的捕鲸手尼德·兰。

寻鲸记

黯淡的冬日阳光在天花板上投出嘲弄的涟漪。然后我们排队跳进浅水区，在体育老师的命令下入水，他是个头发粗硬的男人，脖子上用绳子挂着一只专横的口哨。

一入水，我们就被命令抓住扶手，用脚踢水。我的手指因为寒冷和用力而发紫，踢出来的水花看上去也和我的努力很相衬，不过要掩饰我的笨拙实在是很费劲。接着我们拿上一块泡沫浮板，在老师指导下横渡泳池，浮板的边缘像不新鲜的面包一样掉着碎屑。对我来说，泳池那一端就像澳大利亚一样遥不可及，我要像赢取奥运会奖牌那样去赢取一个战利品——缝在短裤上的一条穗带。

我一直都没有学会游泳。粗暴的指导、对沉入瓷砖池底的恐惧，以及旧胶布和成团的毛发，共同形成了一种无法克服的焦虑。我实在无法把游泳和愉悦感联系在一起，它与制度、医院、征兵和战争相关，都是受人之命做我不想做的事。在海滩上，当我的朋友奔入海中时，我总会找些借口，比如假装感冒。在整个童年与青少年时期，我都心安理得地接受这个缺点，甚至还荒唐地把它视为一个优点。

直到二十多岁，我独自一人住在伦敦时，才决定自学游泳。伦敦东区寒冷的泳池是在战争的间隙建造的，在那里，我发现水能托起我的身体。我意识到自己一直忽略的东西：我自己的浮力。这不是练习的问题，它是一个领悟——到水深没顶之处，让别的东西来承载我的尘世躯体，与水融为一体，同时又超脱于外。可以说，它是一次有意识的自我重塑，一种对抗自身恐惧的手段。

对于诗人阿尔加侬·斯温伯恩而言，海是诱人的罪恶。他在自己那部唯一的小说《莱斯比亚·布兰登》中透露过这种想法，这本书直到1950年才出版，那时斯温伯恩已经去世40年了。小说的背景设定在他童年的故乡——怀特岛南岸，那里怪石嶙峋的悬崖俯瞰着英吉利海峡的波涛。书中，年轻的主人公赫伯特渐渐爱上了那片海："海的一切声响穿透了他，它的气息吹动他，它的光亮照耀他：他一刻也不愿意让海离开他的视野，越贴近它就越觉得生气勃勃。"他甚至挑战波浪，"像一只小海怪般……投入它们柔软又凶狠的胸怀，追寻它们激烈的拥抱，像爱人和爱人般与波浪扭打"。

斯温伯恩是海军上将的儿子，他拥有一片风景如画的海滩，可以从那里游向大海。而我在索伦特海峡对面的郊区长大，海边是繁忙的码头、吊车和船坞，我父亲在那附近的一家电缆厂工作，负责测试那条穿过大西洋海床的大型绝缘通信线路，这条线路仿佛将英国拴到了美洲上。在房子后面狭小的卧室里，我能听到清晨船只的雾角声，夜里，疏浚机铿然作响，为巨型电缆和定时往返南安普敦水路的集装箱船挖出航路。在这里，海代表商贸，而非消遣。海港是一个永不停歇的地方，一个运输传递的处所，而非海岸本身。这里的一切都以海来自我定位，就连我生活的区域"肖林区（Sholing）"都是"滨岸（Shore Land）"一词的变体。但同时，城市对这里不理不睬，虽然正是依托大海这座城市才存在，但它们就像是两个完全分离的实体。

现在我对水的感觉完全变了。只要条件允许，我每天都会去海里游泳。一旦远离水域，我就会感到一种透不过气的恐惧。无论冬夏，我都根据潮汐的时间安排日程。我坐在碎石海滩上，望着渡轮交错而行，主甲板短暂相接后又再次分开，来去倏忽不定。这海水曾让那红发的诗人兴奋不已，曾托起他那带着雀斑的苍白面庞。如今我划入同样的水中，仰面浮着，与陆地齐平，让波浪像棉被一样漫过我的身体。

我就这样毫无阻碍、无人注意地，漂在八月末温暖的海水或十二月冰冷刺骨的海水中，随着波浪起伏，望着世界和我留在沙滩上的衣服一起向后退去。

有时会有一些凝胶状的东西擦过我的腿——是那些常被冲到海岸上的乌贼，我看到它们带斑点的肉体、坚硬的鹦鹉喙，还有黏糊糊的腐烂触手，内里露出的白色骨骼。有时我会感到一阵尖锐的刺痛，那是因为碰到了一只隐形的水母。但我依然会游到水深没顶的地方去，在那里没有人能找到我，只有俯冲的燕鸥和漂浮的鸬鹚，身下的水中则完全不知道会有什么。我幻想过水下的躯体，朦胧但鲜活，就比如《猎人之夜》里溺毙于湖中的那个女人，或是我从悬崖顶端俯视康沃尔峡湾时隐约看到的那条鲨鱼。水既显现又遮蔽的表达方式一直困扰着我。它是个狡诈又无情的爱人。

> 想想海洋的奸诈吧，它最可怕的生灵如何在水下滑行，大部分深藏不露，阴险地隐藏在可爱至极的蓝色海水下面。
>
> ——"鲸鱼食料"，《白鲸记》

城市与文明兴衰起落，但海洋永远是海洋。哲学家亨利·大卫·梭罗写道："我们想到海洋时并不会联想到古老这个概念，也不会好奇它在千年前是什么样子，大地也一样，因为它们一直都既荒蛮又深奥。海洋在地球上苍茫地铺展，比孟加拉丛林还要野蛮，有更多的怪兽，拍打着城市的码头和海滨住宅的花园。"①

---

① 引自梭罗的《科德角》。

海洋是最大的未知之所，是最后的真实蛮荒，覆盖了地表四分之三的面积。海中最小的有机体支撑着我们的生活，为我们的每一口呼吸提供氧气。海的潮汐与海岸线比任何条约或政府都更能决定我们的行动与边界。但是，在飞越大洋上空时，我们只把它当作一段需要跨越的距离——如果我们真有想到它的话。我们傲慢地认为我们已征服了海洋，就如我们已征服了陆地。

> ……人类已经失去了原初对于海洋的那种敬畏之感……是的，愚蠢的凡人，挪亚的洪水还没消退，这个美丽世界的三分之二还覆盖着汪洋。
>
> ——"鲸鱼食料"，《白鲸记》

见过它的人再不可能忘记它，就如同从未见过它的人不可能描述它一样。海一直在我的头脑中，我用它在地球上进行自我定位——哪怕是在美国内布拉斯加州的雷德克劳德也一样。我曾在一个炎热的午后，在那里排队等待进入一个公共泳池，那是大平原中央一个巨大的蓝洞。那是我离海洋最远的一次，但同时，那里也给我留下了关于海洋的记忆。海的完全缺席使它的存在变得更加明显。

对漫不经心的人来说，每天的海水看起来并无多少不同。但若是仔细观察，它就变成一场持续不断的演出，由无数小图案或大动作组成，在海滨边缘或开阔海面上演。它是一场自然奇观，能向空中掀起数十英尺①，又或安静得像一面池塘，光滑得让你难以发现，却将大

---

① 1 英尺约等于 0.3 米。

地和天空无缝连接在一起。巨浪汹涌，连绵不绝，它轻易地赐予，又轻易地剥夺。它有多慷慨，就有多严苛。有时它本身就像一个活物，一个吞没一切的有机体，整个世界都凭依它而存在。我们在日常生活中极少见到它，顶多是汽车或飞机上的匆匆一瞥，但就算是相比于视野中最小的一片海洋，我们也如同尘埃一般微渺。当我骑着单车在防波堤上晃荡，眺望秋日午后平静的灰色海面时，我就更难想象那些巨兽冲破沉默水面的场景。

> 南安普敦海域一直有鲸和逆戟鲸出现，对于这样稀罕的场景，人们当然会安排游客观光。小群鼠海豚常常造访河口，内陆省份来的游客若是漫步于码头平台，就可能收获一份惊喜：在离岸不远处，许多这非凡的鱼儿翻滚着跃出水面，然后消失，再从另一处跃出，继续它们笨拙的嬉戏。
>
> ——菲利普·布兰农，《南安普敦影像》，1850 年

20 世纪 70 年代初，我们一家人去温莎野生动物园游玩，那里的明星是一头虎鲸。我最小的妹妹比我还痴迷鲸，她买了一本彩色小册子，它的标题隐约透着不好意思："温莎野生动物园的海豚会很迷人的。"封面是一只咧嘴笑的胖海豚，封底是一则关于荣爵香烟的广告，上面写道，这种香烟"价格昂贵"。

册子上又说："你会很愉快很开心"，因为"某些事实和数据也许能增进你的知识，让你更好地欣赏它们的表演。你可能还想给自己拍几张照片——那就尽情拍吧！"

册子里有不少动物的照片，它们要么像选美比赛的选手一样懒洋

洋地倚在池边，要么像杂技演员般跃出水面。接着出现了一位新演员：虎鲸。

"它以每年 1 英尺的速度生长，"册子上写道，这导致了无可避免的后果，哪怕我们眼前的这个游泳池大得离谱，"它四岁半时就有 16 英尺长了，重 1 吨，每天要吃 80 到 100 磅^①的鲱鱼。"

> 1970 年，人们在北美近海特意为温莎野生动物园捕获了这头虎鲸，它被装在一个特制木箱里，用波音 707 飞机运到了伦敦。人们时不时给它喷水，使它保持身体凉爽，精力充沛。最后，货车和起重机帮助它进入海豚训练池，没过多久，它就开始了自己的训练计划。

我后来才知道，被捕获的鲸会绝食，但人们会强行喂食直到它们主动进食为止。当时的我更关注眼前即将开始的表演。

我已经不记得拉穆是如何进场的（不过我妹妹记得）。它身躯光滑，强壮有力，身上带着有光泽感的黑白相间的斑纹，在它终于出场时，你感觉它闪亮的皮肤好像被氯漂白了，就是这种化学物质让池水保持蓝绿色。它所处的这个牢笼好像是对海的拙劣仿制，而真正的海洋则远在天涯。

虎鲸进行常规表演，像哈巴狗一样回应驯兽师的要求。它跃入空中，再砸向水面，把水花兜头泼向池边激动的观众——它看上去像是被囚禁生涯击垮了，就连那骄傲的背鳍都软趴趴地垂在背上。

---

① 1 磅约合 0.45 千克。

"在温莎的水池里，为了取悦并娱乐观众"，小册子安抚我们说，表演动物的"寿命将比海中的动物长许多年"。两年不到，拉穆就长到了水池无法容纳的地步。1976年，它被卖给了圣地亚哥的海洋世界，在那里改名为温斯顿，作为父亲生育了四个子女，十年之后死于心脏病——20世纪的最后25年里，有200头虎鲸在囚禁中死去，它只是其中之一。

　　回到家里，我在日记本上画了这头虎鲸，它在纸页上显得漂亮又鲜活。但我的书籍里早就有了其他条目、新的爱好。我忘了鲸，开始把注意力转向其他事物。

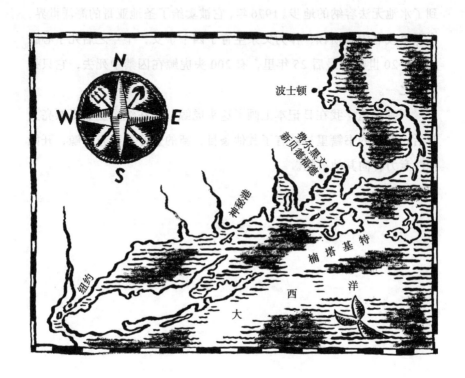

第一章　鲸的鸣声

> 首要动机就是那头大鲸本身引起的压倒一切的想法。这般凶猛异常又神秘莫测的怪物勾起了我全部的好奇心。
>
> ——"蜃景隐现"，《白鲸记》

那是我第一次去美国。正是一月，我在纽约谁也不认识。走在市中心摩天大楼构筑的峡谷中，穿堂风凛冽刺骨。我思念家乡，怅然若失，便乘了地铁直奔它所能抵达的尽头。我从康尼岛站出来，面前矗立着一些奇形怪状的轮廓，就像我抛在身后的曼哈顿楼群的骸骨一般，那里有一列正蛰伏的蜿蜒起伏的过山车，还有一座看上去像某种巨型妇科医疗工具的娱乐设施。我一路找到了水族馆，馆内空空荡荡，我漫步走过那些挤满鱼的水缸，不由打了个寒战。正是淡季，这里弥漫着一种凄惨的氛围，风从萧索的步道和郊野的海面上吹来了一种荒芜感。

水族馆白色的墙上嵌着一个观察窗，厚度足以抵挡数吨重的水。它让我想起南安普敦室内游泳池的窗眼，孩子们会把他们苍白的脸压在窗玻璃上。但眼前这朦胧的窗格里出现的东西完全就像是一个幽灵。它在窗内召唤着我，整个身体垂直立在水中，就好像站起来欢迎我一

般。那是一头白鲸。从圆隆的额头到短粗的尾鳍，它一定有 12 英尺长，像一个巨大的鬼娃娃一样凝视着我。

尽管看上去与这里格格不入，但它并不是纽约历史上第一头白鲸。1861 年，费尼尔司·T. 巴纳姆[①]为他在百老汇的美国博物馆引进了一对白鲸。它们在拉布拉多海被捕捞出水，而后装在铺了海藻的密封箱里运往南方。这对白鲸分别长 23 英尺和 18 英尺，它们的地下水槽长 58 英尺，宽 25 英尺，但深度只有 7 英尺，并且装满了淡水。它们像爱侣般在其中游动，但就连它们的主人都认为其职业生涯将非常短暂。"这是一场真正的'轰动事件'"，《纽约论坛报》惊叹着，猜测"巴纳姆先生的博物馆将不会止于引进白鲸，还会引进抹香鲸和美人鱼，还有一切能游能飞能爬的奇异生物，就好像将动物世界缩小了放到博物馆"。

就如菲利普·布兰农[②]的南安普敦水域指南一样，对鲸的狂热体现了维多利亚时代的流行风潮——创造性科学和人类好奇心的独特结合。在英国，活的鲸被送至曼彻斯特和布莱克浦的水族馆（不过那里

---

① 费尼尔司·泰勒·巴纳姆（Phineas T. Barnum），美国马戏团经纪人，于 1842 年在纽约开办"美国博物馆"，以博人眼球的怪异展品而闻名。

② 菲利普·布兰农（Philip Brannon），英国艺术家及建筑师，在 19 世纪 50 年代撰写过关于南安普敦、伯恩茅斯等南海岸地区的各种指南。

的一个鼠海豚表演秀被关闭了，因为人们担心表演者的恶劣行为会冒犯文雅的观众）。1877年9月，一头白鲸抵达威斯敏斯特——世界最大城市^①的中心区。它身长9英尺6英寸^②（约2.9米），也是在拉布拉多海被捕捉的，一起被捉的还有另外十头白鲸。它是在涨潮时搁浅在海岸，然后被扎克·库普和他的手下用渔网捉住的。从那里它开始了前往伦敦的漫长旅程。

白鲸被装在一个狭小的箱子里，由一艘单桅帆船送到了蒙特利尔，接着搭乘火车前往纽约，路上走了两个星期。这只动物在康尼岛的夏日水族馆里待了七个月，在那里"养成了绕圈游泳的习惯"，接着它被带走，装上北德罗特航运公司^③的"奥得号"轮船，前往南安普敦。在旅程中，它一直待在甲板上一个粗糙的木箱子里，里面铺了海藻，人们每隔三分钟给它浇一次盐水。尽管得到了这样的特别护理，它却早已开始靠自己的鲸脂维生了。

到了南安普敦，白鲸被转交给西南铁路公司，搭乘一列敞篷货运列车前往滑铁卢车站，再转至它最终的归宿——皇家水族馆里的一个铁制水槽，长44英尺，宽20英尺，深6英尺。皇家水族馆是一栋宏伟的哥特式建筑，前不久刚落成于英国国会大厦对面。白鲸等了两小时，水槽才注满了水。其间，"他一直静静地躺在箱子里，每23秒呼吸一次。感觉到箱子被移动时，他虚弱地拍打着尾鳍。随后他横躺着滑出箱子，落入水中，像铅块一样沉到了水底"。这头白鲸被允许独处三小时，而后便要迎接"大批"公众，他们会在一个特制看台

---

① 指伦敦。

② 1英寸约等于0.0254米。

③ 北德罗特航运公司（North German Lloyd），世界著名的德国航运公司，成立于1857年。

上观赏它。

《泰晤士报》认为用这种方式对待一头白鲸并不合适。"他在淡水中不太可能活很久，尽管他间隔10到100秒就会浮上来呼吸，有时会从前额正中的大鼻孔喷出水来。每听到员工们偶尔发出的响声或噪音，他都会在水底待上两分钟。"人们给白鲸喂活的鳗鱼，但也注意到他高高的背脊"本应有丰满的脂肪"，但却"瘦骨嶙峋"。"这头巨兽若是不适应这座城市不利的生存环境，最终死去，也不会有人取他的鲸须。"报纸还说，"这白鲸也没多少鲸脂，但他的皮可以制成鲸皮靴。"

《泰晤士报》的猜测是对的，但把白鲸的性别弄错了，这头鲸实际上是雌性。它快速地在水池里上下游动，用头撞击池壁——似乎已经神经错乱。接着，"在稍微恢复力气之后，它又绕着水池游了几圈，再次猛撞上池子的另一头，翻过身来，死了"。

但羞辱并没有结束，白鲸的尸体被捞出来，于次日向公众展示。人们做了一个石膏模型，有名的博物学家和医生对尸体做了剖检，发现它并非死于饥饿，它的胃是满的——但肺里也是堵塞的。事实上，当这只动物被安置在露天甲板上横越太平洋时，定期浇水的做法并没有起到维生的作用，反而造成了浇水间隙水分的快速蒸发，导致它着了凉。

威斯敏斯特白鲸在众目睽睽下死去，这在上层人士中激起了反响。圣奥尔本斯的克劳顿主教同时也是个有才华的诗人，他控诉道，"《诗篇》①中说，这动物由伟大的造物主安置在它所属的自然环境中"，

---

① 《诗篇》是古以色列诗歌集，收录于《希伯来圣经》中。

人类没有权利把它弄出来。当时在皇家外科学院的威廉·弗劳尔——他后来成为自然历史博物馆的第一任馆长——参与了验尸，他反驳说，白鲸躯体上"所谓的虐待伤痕"是"在它死后水池里的鳗鱼啃咬鳍边造成的"。弗劳尔教授声称，为了"获得科学与常识"，整个尸检过程都是合理的。但是这之后，他自己的学院便获得了捐赠的白鲸器官，它们能"制成非常有趣的教学用具"。

皇家水族馆死去的白鲸

在纽约这边，巴纳姆的白鲸也未逃脱注定的命运。它们受害于同样不适当的环境，就像被装在塑料袋里从游乐场提回家的鱼一样，它们也在数天内死去——但后来有新的白鲸取代了它们的位置，直至1865年的一场火灾摧毁了博物馆。人们徒劳地想解救最后一头白鲸，最终一位富有同情心的消防员用一把吊钩砸碎了水池，"于是白鲸只是被炙烤而死，无需忍受被水煮的痛苦"。

面对康尼岛的这头现代囚徒，我既痴迷又怜悯。它不得其所，就如困在曼哈顿公寓里的一头老虎。它本应在北极的海水中自由自在地遨游，但现在它纯白的皮肤却被文明的囚笼玷污，被棱镜玻璃上覆盖的绿藻污染。在那个寂静的午后它哑然无声，未来无数个午后亦如是。白鲸是所有鲸类中最杰出的歌者，水手们称之为海中金丝雀，而它现在像驯养的鸣禽般关在这里。这个囚犯因别人的罪孽而被严密监禁，它悬停在那里，我大着胆子透过厚玻璃触碰它，好像我们俩之间能传递什么信息一样。我期待它能挥一挥自己的鳍，但它没有，于是我转身走了，因为我无法再承受它的凝视。

　　在伦敦生活多年后，这个城市开始让我感到一种重负。我有时觉得整片天空都是海洋，我们这些居民只是一些食底泥鱼，承受着它巨大的压力，在街道的洞穴和巨石间移动。我住在城市边缘，能看到码头区。多年以来，我看着一座座摩天大厦从伦敦的泥土中拔地而起。夜里，我梦见自己住的高楼街区被水环绕，洪水淹没了它。我住在九层，从那里望下去，能看到下方游弋的鲸和鲨鱼。在别的梦里，我还看见过一个被石墙环绕的海港，以及被围困其中的一群海洋动物，它们蠕动着、翻滚着想要逃出去。

　　这个曾经承载着我所有青春抱负的地方，如今却好像感染了病毒，就像是一缕瘴气，我永远无法完全摆脱它。但是，我渐渐把过去的生活抛在脑后。父亲去世后，母亲独自生活，我有越来越多的时间待在南方。这对我来说是某种慰藉，慰藉着我失去亲人的悲伤和情感纽带的割裂。我感觉自己漂泊无定，但这状态同时也是一种融合，一种平衡。这是旧时事物带来的慰藉，我却以全新的眼光看待它。

我厌倦了第九层公寓毫无绿意的视野，于是每天都会到海滨去，城市鲜明的边缘处有无拘无束的绿色和蓝色；退潮时，白底红点的鸽子在海滩上昂首阔步，和黑白相间的蛎鹬一路挑拣着食物。无需再盯着被压缩的街景，这里开阔的视野抚慰了我的眼睛，就好像从列车车窗眺望地平线时的感觉。我没有在街道上鬼迷心窍地捡硬币，而是在海滩上搜寻那些号称能抵御巫术的有洞的石头，后来它们堆满了我家中的梳妆台，好似山崩的微缩景观。我站在那里眺望海洋，看着横渡大西洋的船舶经过眼前，它们就像菲茨杰拉德那不停被冲向过去的小船一样[1]，等待着一个也许永不会降临的未来，和那个来到地球的外星人[2]一样。水波如此温柔，但当我在郊区放逐自我时，它们有时只会让我焦躁不安。

上一次访美是在五年前，这一次，我从纽约的宾州车站搭乘列车

---

[1] 此处借用的是菲茨杰拉德所著《了不起的盖茨比》一书的最后一句："因此，我们逆流而上，尽管那倒退的潮流不断地把我们推向过去的岁月，我们仍将继续奋力向前。"

[2] 《天降财神》（*The Man Who Fell to Earth*）是 1976 年的英国科幻剧，讲述一个外星人因为母星遭受严重的旱灾，为了寻找水源来到地球的故事。

前往波士顿。上车前，我在书摊上买了一张新英格兰①的地图，此刻便开始描摹自己沿岸前进的路线。新英格兰，这个名字听起来既浪漫又乐天，同时让人觉得既亲切又陌生。地图上的名字让我想起被抛在身后的故土：曼彻斯特、诺威奇、沃里克。车窗外的曼哈顿让位给了耀眼的阳光、开阔的海滩和野餐的家庭，他们显然没有注意到列车正从他们身后飞驰而过。在终点下车后，我走向港口，登上渡船，望着波士顿的那些小岛渐次远去，直至听到固定在浮标上的一口钟的鸣响：

与其说是对未来的劝诫，不如说是过去的挽歌。无论谁听到它，都无法不想到那深眠于洋底的水手。

前方是茫茫的海洋。我不知道海的另一端会有什么等着我，等渡船靠岸时，除我之外的每个人好像都知道自己要去哪里。所以我就跟着他们，走进了普罗温斯敦②。

科德角③像一条蝎尾般翘进大西洋。这是一个新形成的岛屿，历史仅一万五千年，由数英里宽的冰川雕凿而成。内侧海岸更年轻些，由海角远端冲来的沙土构成，哪怕海水不停地冲走这些沙子，它们依然在与日俱增。这里也是大西洋的墓园，它的海滩见证了灾难的发生：沙砾掩埋了完整的残骸，沉船的桅杆戳出沙丘，接受无数双手的抚摸。

---

① 新英格兰，是位于美国大陆东北角，濒临大西洋、毗邻加拿大的区域。包括美国的6个州，由北至南分别为：缅因州、佛蒙特州、新罕布什尔州、马萨诸塞州（麻省）、罗得岛州、康涅狄格州。马萨诸塞州首府波士顿是该地区的最大城市以及经济与文化中心。

② 普罗温斯敦（Provincetown），位于科德角尖端的小镇，1620年"五月花号"在北美登陆的地方。

③ 科德角（Cape Cod），美国马萨诸塞州东南部的钩状半岛，科德角运河从半岛的基部穿过，虽然把半岛与大陆分开，却也使得纽约市与波士顿之间的航运距离缩短了120公里。

马可尼^① 正是在这片海滩上建立了他的无线电台，滨草间竖立着天线的森林，因为他相信自己能通过调频听到依然徘徊于虚空中的溺水者的声音。

与其说科德角是大陆的终点，不如说它是海洋的起点。150 年前，梭罗曾漫步于此，对他来说，这个地方的"一切都像是在缓缓地流逝进未来"。他写道："一个人若站在这里，便可以把整个美国抛之脑后。"但这里也是美国的起点。四个世纪前，清教徒先祖们就是在这个沙嘴首次登陆，而不是普利茅斯岩，就如他们出发的地点是南安普敦，而不是德文郡的普利茅斯。这些流放者想要寻找乌托邦，最后却发现了"一片可怕且荒僻的原野"。他们也并不知晓，科德角的原住民已经在这里居住了一千年。

在沙土中艰难跋涉了一个月后，清教徒们抛弃了只适合鱼类和野人生存的科德角。普罗温斯敦并未受到清教主义的影响，变成了一个无法无天的殖民地，它的昵称透露了它的声名：地狱之城。作为海盗、战争与革命的牺牲品，这里到了 18 世纪末还只有零星几栋房子。但是很快，这个充满纷争的不法之城就进入了最繁荣的时期——这繁荣

---

① 伽利尔摩·马可尼（Guglielmo Marconi），意大利无线电工程师，实用无线电报通信的创始人。

完全是因为鲸。

当清教徒们看到科德角海湾中无数悠游的宽背鲸时，他们深恨自己缺乏武器。这里就好像是这些动物的停泊处。数百头鲸"可望而不可即，如果我们有器械和方法捕获它们，我们也许能赢得丰厚的回报"。印第安人捕猎鲸只为生计，而欧洲人却在这些动物身上寻求利润，自巴斯克人① 航行至拉布拉多城始便是如此。

在"五月花号"起航之时，其他船舶也从荷兰港口出发，前往北冰洋进行商业捕鲸。"五月花号"上有两名船员曾在格陵兰岛捕鲸，他们估算，科德角的鲸能带来四千英镑的收入。事实上，正是鲸促使清教徒们考虑将普罗温斯敦作为据点，据科顿·马瑟② 记载，鲸油渐渐成为这个殖民地的主要商品。"五月花号"也被征用为捕鲸船，从普利茅斯航向这个海湾。

普罗温斯敦的船只也泰然自若地加入了捕鲸业。1737 年，12 艘捕鲸船离开这个港口，前往戴维斯海峡。1846 年，普罗温斯敦已拥有数十艘捕鲸船。有些家族房子前面就拴着自己的船，好像现代私人车道上停的车子一样，比如库克家，他们在城镇东区有排成一排的八栋房子。如今开着流行熟食店的建筑就曾是库克家的杂货店。附近有家锻造鱼叉和长矛的铁匠铺，铺里墙上挂着一块蓝色匾额，写着"戴维·C.斯卡尔，龙涎香之王"。稍后，亚速尔人和葡萄牙人开始加入镇上的大型腌鳕鱼贸易。他们的后代如今仍然生活在这里，用着诸如阿韦拉尔、科斯塔、奥利韦拉和莫塔这样的名字。在一年一度的船队祈福仪式中，

① 巴斯克人，西南欧民族。主要分布在西班牙、法国及拉丁美洲各国。

② 科顿·马瑟（Cotton Mather）是当时新英格兰地区的一名清教牧师、作家及意见领袖。

他们的渔船会插上旗帜，盛装打扮的圣彼得像会被抬往港口。

　　19世纪晚期，另一批访客抵达此处。波士顿和纽约的蒸汽轮船带来了"消夏的人"，其中包括艺术家和作家。他们被半岛周围跳动的清晰亮光吸引而来，这些亮光像是从摄影师的反光板上反射出来的，同时吸引他们的还有半岛的荒僻。普罗温斯敦一直是个临时驻地，而且并不安全。1898年的波特兰风暴致使五百人溺毙，并毁坏了许多停泊点。数十年的暴风雨毁掉了长角沙嘴上的房子，它们浮在破碎的浮筒筏上，在海湾中四处漂荡，等待着停泊于更平静的海滨处。激进派记者玛丽·希顿·沃尔斯这样写道："普罗温斯敦人很多时间都待在海船上，他们把房子看作某种陆地船舶，或是某一类房船，所以这些房子并不遵循普通房屋的规则。"

　　随着时间推移，这个城镇磨磨蹭蹭地安顿下来。排水系统安上了，人行道铺好了，通向此处——实际上是一个岛屿——的公路也修好了。梭罗写道："事实上，对内地人而言，科德角的景色始终像一个幻境。"

它的沙丘堆积流动，城镇本身迂回曲折，你永远搞不清东南西北。这里依旧与世隔绝，在地图上是一个被折叠的空间，说不清在美洲之外还是美洲之内。夏季里它生机勃勃，主干道上挤满了前来一日游的家庭和变装皇后①。越往城镇边界处人流越减少，边界处的地上曾经戳了一具鲸的颌骨为标志，现在的标志则是乔希的汽车修理厂，以及如同出自爱德华·霍普②画作的零星散落的海滩小屋。到了海面上，喧闹声便像消逝的和弦般安静下去，只余下海水的涨落声回荡在耳畔。

　　直到在预定离开普罗温斯敦的前一天，我才出发去第一次观鲸。我还记得小船离开海湾时有多寒冷，陆地的温暖让位给了海风的寒意。

---

① 变装皇后指身着女装的男性，当时这些人往往是娱乐艺人。

② 爱德华·霍普（Edward Hopper, 1882-1967），美国画家，以描绘寂寥的美国当代生活风景闻名。

驶出港口时，我们的博物学家描述着从下方掠过的斯泰尔瓦根暗礁的地形。他讲到渔民是如何从海床上把乳齿象骨骼给捞上来的，这里为何算是地球上最富饶的水域，大西洋最繁忙的航线又是如何从这里经过。他指着身后一张图表，告诉我们可能会看见哪些动物。他发了一些小册子给我们，画中那些不太可靠的形象，看上去就和我孩提时在图书馆书本里看到的恐龙一样不真实。接着有人大喊道："鲸！"不远处，一个灰黑色的巨大形体滑出水面，又回到水下。我还没反应过来，它们又出现了，就在船首下方，鲸群喧闹地从鼻孔中喷着水，随着波浪翻滚。就在几码外，一头年轻的座头鲸跃出水面，露出它的白色腹部，上面布满条条皱褶，好像某种巨大的橡胶外壳。这场景像是某种不可思议的跳跃动作特写：一头飞翔的鲸。

我忘了旁边还有孩子，脱口而出一句"妈的！"。其他鲸向空中甩起尾部，拍打着鳍状肢，仿佛是在向彼此，或向我们传递暗号。接着，越来越多的鲸出现了，像是受到某位隐形的马戏团驯兽师召唤一般。我目眩神迷地看着它们朝气蓬勃地掌控自己的身体，在海中优美地移动。我嫉妒它们，因为它们在不停游泳，因为它们总是如此自由。

每个夏季，座头鲸都会来到缅因湾。早前它们会禁食六个月，在加勒比海温暖但贫瘠的海水中交配，给它们的幼崽喂食鲸乳，乳汁浓郁得就像是白干酪。而后它们便开启一年一度的北上朝圣之旅。这是哺乳类中最宏大的迁徙。循着数百万年前它们的祖先开辟的殖民路线，这些鲸在古老且无形的信号引领下，穿越八千英里^①的海面，最后抵达海湾的东北岸。在那里，温暖的墨西哥湾流和寒冷的拉布拉多洋流

---

① 1 英里约合 1.61 千米。

交汇，从海床上搅起丰富的营养物——这个过程被称为上涌。

　　在这灰绿色的水中，一条巨大的食物链正在运转。鲸群吞食这里的玉筋鱼和鲱鱼，在季节性暴食中囤积脂肪。在离美国大都市之一波特兰不到两小时航程的海水中，这些庞然大物——"所有鲸类中最欢闹最快活的群体"——自顾自嬉戏着，"比赛着翻腾出更多欢喜的泡沫和水花"。捕鲸者给座头鲸取的绰号"戏乐鲸"，承认了这种活泼。不过它的学名在魅力上几乎毫不逊色：*Megaptera novæangliæ*，意为"大翅新英格兰藤壶守护神"。

　　这头庞然大物将重达 50 吨的鲸脂、血肉和骨骼抛向空中，它 15英尺长的鳍状肢就像是多瘤的翅膀，它的尾巴宽度是人身高的 3 倍，跃出海面时，它的尾尖堪堪掠过水面。

　　这场景会存留在你的脑海中，就像慢镜头的回放，一头跃出海的鲸似乎在尝试逃离自己的生活环境，但就算它冲出了水面，最后依然会坠入海中。没有人知道鲸为什么要腾空跃起。几乎所有鲸类都这么做，从最小的海豚到最大的蓝鲸，只是各有各的风格：背跃、俯跃、心不在焉的前跃或完整的空翻。这些动物有可能是在驱逐寄生虫——鲸跃起的力道足以让自己蜕皮，供人们收集以做基因检测。我们不知道它们何时会跃起，但它们跃起时，可能会没完没了地重复这动作。这通常是在刮风的时候，就好像是鲸鱼版的《欢乐满人间》——气候的变化召唤它们跃出海面。一位科学家推断说，体操运动员可能会发现"把身体砸在翻涌的水面，比砸在光滑的水面更快活、更舒畅，或者不那么痛苦"。

　　它们的特技有可能是一种精力充沛的沟通方式——宣扬身体的力量和存在感，告诉其他鲸，"这是我"，以及"我是不是很棒？"。但是，当你看到一头鲸像巨型企鹅一样跃出水面时，你首先想到的会是，这看上去很好玩。幼鲸和年轻的鲸更喜欢破开水面，这也许更加

说明，鲸群可能只是单纯在玩，就像普罗温斯敦那些跃下麦克米伦码头的男孩们一样，它们将自己从一种媒介抛向另一种媒介，潜意识里相信自己能够永生不灭。或者，它们是在怜悯被重力束缚的我们，所以就飞出海面，展示其壮美身姿，让我们一窥其真实本性。

在海上看到鲸，使我重温少年心性。我记起了这些奇异的动物为何令我着迷：它们种类繁多，形态和大小各异，可以凑成一整组，像泡泡糖卡片那样，供人收集一系列复杂的形态和颜色，从细小的鼠海豚到巨大的须鲸——其英文名 rorquals 来自斯堪的纳维亚语，意为"簧片鲸鱼"或"有沟槽的鲸鱼"，指的是它腹部有很多皱褶——还有神秘的抹香鲸，我曾在妹妹的玩具盒里找到它的一个小模型，还好好待在自己的塑料波浪上。我曾经恐惧的水世界仿佛重新装满了友善的生物，这是一个漫游全球的国际部落，它们像鸟类一样分布广泛且离散，但都属于一个类别。吸引我的是它们的完整性，这与人类的分隔状态截然相反。虽然我们都是群居的哺乳动物，但它们是一个宏大的整体，我们是一盘散沙。

鲸类的英文名 Cetaceans 源自希腊语 *ketos*，意为"海怪"，它们可以清晰地分为两个亚目。一个是有牙齿的齿鲸亚目，以鱼和乌贼为食，它又分为 71 个种类，包括鼠海豚、江豚和海豚、剑吻鲸（又名喙鲸）、逆戟鲸和抹香鲸。另一个是须鲸亚目或"胡子鲸"，包括至少 14 个种类，它们通过鲸须过滤海水中的浮游生物和小型鱼类为食。

鲸须的奇异特质似乎强调了鲸和其他生物的差异性，这种结构是从胚胎开始发育的。须鲸亚目的胎儿有牙蕾，但在它们出生以前，这些牙蕾会被重新吸收进颌部，由称为角蛋白的纤维蛋白芽代替，构成人类指甲的也是这种物质。这些长长的扁片构成柔韧的板条，在牙龈

上排列成巨大的 U 形，光滑的边缘朝外。它们不断生长，由这动物的舌头时常要弄，梳理出末端的流苏。它们张口能吞下一泳池的水，实际上它们贪食到会脱落下颌关节，以求最大摄取量。须鲸扩张腹褶，而后收缩，便可挤出多余的海水，从而将食物留在鲸须里。

齿鲸在海中追捕猎物是一条一条地捕猎。须鲸则随时进食，一次几大口，从鲱鱼和玉筋鱼，到细小的浮游生物——它们漂浮在海中，就像有生命的尘埃。在科德角富饶的海水中，占统治地位的是须鲸类：有神出鬼没、相对小型的小须鲸和爱表演的座头鲸，也有肥胖的露脊鲸和线条流畅的长须鲸。长须鲸是世界上第二大的动物，被称为海中灰犬，游速可达每小时 20 海里 ① 以上。

体形大小仅次于蓝鲸的长须鲸（*Balænoptera physalus*）也是所有

---

① 1 海里 =1852 米。

动物里最吵闹的。由于声音在水中传播得更远且更快，一头美国长须鲸（如果它在乎国籍的话）能被大西洋那侧的欧洲同伴听到。它的求偶叫声频率低于人类听力的最低范围，当科学家们首次侦测到它的叫声时，他们以为这是海床挤压的声响。而此时，就在几秒钟后，这头比任何恐龙都大的巨兽将从我身下游过。它低下宽阔扁平的吻部，潜至船的龙骨以下，动作微不可察，就像是由一台隐形且无声的马达驱动。

> 你站在那里……在你下面，在你的两腿之间，游动着海洋中最为庞大的怪物，甚至就像船只从古罗兹岛港口那著名的大铜像的双腿之间驶过。
>
> ——"桅顶瞭望"，《白鲸记》

就在这一个动作间，我整个身心都动荡不安了。我感觉到——而不是见到——这 80 英尺长的动物正在下方游动。我知道它在那下面，这个认知拉扯着我的身心，我内心被什么驱使着，想要跳入水中，与它一起潜到深不可测的水底，直到世上再没人能找到我们。

长须鲸完成了这个特技动作，从左舷一侧浮上来呼吸。鲸和人类不同，它们必须保持有意识的呼吸，否则就无法潜水。它尽全力收缩巨大的双肺，喷出废气，气流声就好像用手指按住自行车气门芯的声音。这是一次深沉的呼气，而不只是喷出一柱海水，空气中有可见的冷凝，就好像人们在霜冻的早晨呼出的白气。

在一秒钟里，这头鲸从它能发声的瓣膜鼻孔中喷出了一百加仑[①]

---

① 1 加仑（英制）约合 4.55 升。

的空气，每一次呼出的云雾都在阳光中形成了专属于它的彩虹。接着它一次又一次重复这个过程，为自己的躯体吸入氧气，直至它再次准备好潜入水中，这动作是为了在体内进行气体交换。它压缩肺部（肺里有一种特别的黏液能阻止器官粘在一起），并沿着身体两侧的关节挤压肋骨，所有残留的空气都被压入头骨中的"死腔"。它们有这样的技能，加上血液中缺乏氮，而骨骼中又没有空气，因此能够避免减压病。鲸是海洋工程学中的奇迹，其身体构造的精巧之处胜过任何潜水艇。

　　在最后一声"咻"的爆破音里，长须鲸往肺里吸满了空气，喷出了一股气体、盐水和一点点鲸痰的混合物，它闪亮的喷水孔如气闸般封闭，准备下潜。鱼腥味的水沫喷了我一脸。我就这样被喷了一口气，感觉像一场洗礼。

　　你很难不用浪漫的词语去形容鲸。我曾见过大男人在第一次见到鲸时哭泣。仅仅因为动物很大、很小、很可爱或者很聪明便将其拟人化，这是错误的做法，但也只有人类会这样做。因为我们是人类，而它们不是。有时候只有这样的方式才能让我们从一定程度上理解它们。

没有别的东西能以这样的尺度展现生命。看见一头鲸，和看见城市里树上的一只麻雀或一只过街的猫是不一样的。它甚至和看见在非洲草原上漫步的一只长颈鹿也不一样，哪怕后者在尘埃中眨巴它迷人的双眼。鲸的存在超越了正常的范畴，超越了日常生活中常见的一切。比起动物，它们更像地质结构，如果它们不动弹，你很难相信它们竟然是活的。以其身体大小——非凡的身体构造——来说，它们就像是残酷城市生活的解毒剂。也许正是因此，在我生命的这个阶段看到它们，才令我如此感动：我已经准备好看到它们，信仰它们。我来寻找某些东西，而我找到了。

这里有一头如此贴近我的生物——它与我一样有心脏和双肺，有哺乳动物的特质——但同时也拥有某种超自然的身体特性。鲸是那些我们看不见的海洋生命的可见标志，没有鲸，海洋对我们来说可能就是空空荡荡的。但它们又完全地捉摸不定，如梦幻一般，因为它们存在于另一个世界，因为看到它们时，我们就仿佛是飘浮在梦境里。也许，没有我们的想象，它们也只是另一个物种而已，是另一个上帝的造物（不过当然了，有人会说这本身就是一种想象）。不管怎么样，我们为鲸的持续存在赋予了奇迹之名，同时也如此定义我们自己。我们是陆生动物，被地表束缚，依赖于有限的感官。鲸藐视重力，占据了其他次元，它们生活在一种能淹没我们的介质里，这种介质远远超越了我们在陆地的支配范畴。它们被林奈定义为遵循隐形磁场的异域生物，用声音来观察，用身体来倾听，移动在一个我们一无所知的世界里。它们是伊甸园沦落之前的造物，清白无辜。

但它们也有口臭，也排泄脏水。它们毫无节制、不分昼夜地进食。它们是超大型的动物，动物学家轻蔑地称其为"魅力超凡的巨型兽类"。就像老笑话里说的，人们无法用鲸称重秤来称量鲸，哪怕它们曾经像羔羊腿一样被一块块堆上去。一旦离开生存环境，它们就会被自己的体重压垮，因为缺少能支撑自己的四肢，尽管身体庞大——也许就是因为身体庞大而无法自卫，境况悲惨。（一个人写到鲸时会迅速用完所有最高级形容词。）鉴于它们的身体状况，这些动物无法被涵盖，甚至无法被轻易描述。我们可以围着它们的尸体表示惊叹，并把它们肢解，但最终，能留下来满足我们好奇心的只有骨骼，而骨骼只能为它们生前真正的构造提供一点点线索。

鲸的历史早于人类，而我们直到两三代人之前才开始了解它们。在水下摄影技术出现之前，我们几乎不知道它们的模样。直到从轨道飞船上看到了地球之后，我们才在水下首次拍摄到了自由漂游的鲸。直至1984年，人们才在斯里兰卡的沿海拍摄到抹香鲸的第一个水下视频。在影像中，这些巨大且沉静的生物优雅无声地穿过海水，而这类拍摄的出现比个人电脑的使用还要晚。我们是先知道世界的模样，然后才知道鲸的存在。哪怕到了现在，我们也只能从冲上荒远海滩的骨骼来了解剑吻鲸。这些神秘的深海动物有奇怪的特征，生物学家从未见过它们活的或死的个体，因为研究过少，它们的现状只能被描述为"资料不足"。到了21世纪，人们还在识别新的鲸类，我们需要好好记住：这个世界庇护着比我们更大的动物，它们还有待我们去发现；不是一切事物都已被记录、被确定及被数据化。在深海中，还有未被命名的巨鲸在悠游。

2004 年 12 月，《纽约时报》发文对一篇鲜为人知的科学论文进行了报道。这份名为《12 年追踪北太平洋中唯一的 52 赫兹鲸鸣声源》的报道，研究的是一头在加利福尼亚州和阿拉斯加沿海的阿留申群岛之间逡巡的鲸，它"发出的叫声和其他任何鲸都不一样，而且没有得到过任何回应"。

　　"那叫声可能是求偶信号，这意味着这只动物生活在一种彻底且无望的孤绝中。"人们花了十多年时间追踪这个声音，它的音色渐渐变沉，表示这头鲸依然在发育期。一个科学家认为它可能"接错了线，播放错误的频率但接收正确的频率"；另一位则认为这头呼唤者可能是一头蓝鲸和一头其他种类的鲸联姻产生的杂交后代，"因此是真正的孑然一身"。

　　这样的故事牵动着我们的心，因为我们情不自禁要将感情投注在这些奇异的动物身上。鲸以极小的生物体为食，它们必须长得很大才能吞下如此多的数量，但它们也需要巨大的进食量才能维持庞大的体形。比如座头鲸，它一天要吃一吨鱼，大部分是玉筋鱼，这些鱼有排盐的腺体，因此富含淡水，能满足巨兽的解渴欲望。鲸也许生活在世界最大的水库中，但它们永远无法喝水。

　　鲸巧妙地适应周围的环境，以声呐脉冲宣告自己的存在。它们用声音来观察，判断一个世界的境况，而我们因自己的无知被隔绝在这个世界之外。作为自然选择另一个分支的产物，它们显然已经实现了一种高级的生存方式。对于这样一种巨大、长寿且智慧的动物来说，没有屏障、食物充足的浩瀚大洋是一种卓越的演化介质，在这个环境中，通信和交际取代了物质文化的地位。它们是一个无地盘的种族，摆脱了贷款和化石燃料的束缚，不受边界或欲望的拘束，满足于仅由吟唱、睡眠、进食和死亡构成的生活。

人类跨过漫漫历史长河，至今才接近鲸的本性。直到过去的几十年里，我们才开始了解鲸到底是什么。时间的长河见证了一个惊人的反转：一个世纪以积极地捕鲸开启，以低调地观鲸落幕。动物也有其历史，只不过我们仅能了解其中极微小的一部分。现代科学揭示了鲸的真正奇异之处，消除了它们的神秘感，从此，我们也改变了在近距离看到鲸类时对它们的态度。实际上，这种改变发生在它们开始出现在媒体上，比如照片中，电影里，电视上，以及部分公众演讲中时。

对于现代社会来说，鲸是这个危机时代中一个无邪的象征。它是创世时的动物，来自"第五个早晨的神话"，出现在玛丽·奥利弗[①]的诗中，既浪漫天真，又充满谴责。从另一个方面说，历史也在这吞下约拿[②]的大鱼身上发现了危险，还有辛巴达，他发现自己正在一头巨鲸身上，"它背上沉积着泥沙，树林自世界还年轻时就在这上面生长！"古代作家琉善曾讲述过一头鲸，它有 150 英里长，腹内容纳着一整个国家，国民相信自己已经死了，因为他们已经被吞进来很多年了。还有曾经袭击过安德洛美达公主，后被珀尔修斯杀死的巨兽，人们认为那也是一头鲸。海神波塞冬派出鲸鱼塞特斯去消灭埃塞俄比亚的年轻人，但它看到美杜莎时被变成了一块巨岩——每个秋天，当鲸鱼座升上南方地平线的天空时，这个神话都要在天空重演一次[③]。

---

① 玛丽·奥利弗（Mary Oliver），美国诗人，作品曾获普利策奖和美国国家图书奖。

② 在《圣经》中，约拿因不从神命，被鲸吞入腹，三天三夜后被吐出。

③ 希腊神话中，埃塞俄比亚国的王后得罪了海神波塞冬之妻，波塞冬派出鲸怪塞特斯蹂躏埃塞俄比亚，国王求得神谕，将自己的女儿安德洛美达献祭。英雄珀耳修斯恰好路过，用美杜莎人头将鲸怪石化，救了公主。

　　尽管 D. H. 劳伦斯[1] 将宣称 "救世主耶稣就是鲸利维坦。所有的基督徒都是他的小鱼"，但在基督教时代，启示录兽正是鲸。16 世纪的玄学派诗人约翰·邓恩写到过一头巨大的怪兽：

> 它的肋骨如立柱，它的高背如拱顶，
> 　　它的皮肤能磨钝最好的铁刃，可防雷霆。

　　身处远在新世界的大陆，西北美洲的印第安人相信冲走村庄的巨浪是雷鸟和鲸相斗激起的波涛。在印度版的大洪水中，毗湿奴的第一个化身便是一只独角大鱼的形象，它将摩奴与他的方舟拖到了安全处。[2] 而伊斯兰教的追随者声称有十种动物能进天堂，其中一种便是吞了约拿的大鲸。不过，现代的鲸有一个压倒性的形象，其庞大的身

---

① D. H. 劳伦斯（D. H. Lawrence, 1885-1930），英国小说家，代表作有《儿子与情人》《查泰莱夫人的情人》等。

② 毗湿奴是印度教主神之一，摩奴是其神话中人类的祖先。

影有最著名的作品代言：《白鲸记》。

> 永恒主的使者又对她说："看哪，你如今怀了孕，必生个儿子；你要给他起名叫以实玛利①，因为你受的苦难永恒主听见了。你儿子必像人类中的野驴：他的手必攻打人；人的手也必攻打他；他必居于和众邦亲相对的地位。"
>
> ——《创世记》16：11—12

我和许多人一样，都觉得赫尔曼·梅尔维尔翔实的写作风格很难读。我在其文字的尺度、规模以及野心前败下阵来。它们就像鲸本身一样费解。在很多年里，我拾起《白鲸记》这本书，看似全神贯注，实际上是神游天外。但在初次游历新英格兰后，我再次拿起了这本书。就如我做好了观鲸的准备一样，我也做好了阅读《白鲸记》的准备。

在一次漫长的横渡大西洋的飞行中，尽管机舱昏暗，周围的人也都裹着航空薄毯睡得像蚕蛹，但我的眼睛就是不肯闭上，这可能是因为我在当时阅读的《水手比利·巴德和其他故事》②中找到了一种慰藉。这是 20 世纪 70 年代企鹅出版社的书，纸页已经泛黄——它是我在伦敦上大学读英国文学专业时买的——这纸页上承载着更自由年代中的旅行传说，莫名令人宽慰，尤其是英俊水手的哀婉故事，这孩子注定要死于不属于他的罪孽。又或者，迷住我的是作者本身的神秘，这个男人活在自己预言过的美国世纪中，却在世纪末默默无闻地死去。

---

① 基督教《圣经》故事人物，亚伯拉罕和使女夏甲所生之子，后来与母皆被其父所逐。

② 该书也是赫尔曼·梅尔维尔的作品。

《白鲸记》在 19 世纪中叶出版，也就是 1851 年，在《呼啸山庄》出版四年后——这是唯一一本在神秘叙事风格上可与之媲美的小说。《白鲸记》吸收了梅尔维尔自己在十年前的一次捕鲸航行经验。该书有一个突兀的开场，令人惊奇却又很现代，就像一道湍急的水波般冲入读者怀中，这大概是所有小说作品里最令人精神一振的开场白：

　　　　　　叫我以实玛利吧。

　　这个宣告有意模棱两可，它是我们英雄的真名，还是某种方便的伪装？从这一宣告及其《圣经》隐喻[1]开始，我们跟随着这个居无定所的年轻人，从曼哈顿——他在那里厌倦生活到想要杀人甚至自杀的地步——前往他选择的避难所海洋。以实玛利从新贝德福德扬帆出海，环绕世界追逐鲸。他的愿望既诗意又平凡。"我总是以水手身份出海，"他揶揄道，"是因为他们一定会为我的劳动付费，我从未听说他们会付给旅客一分钱的报酬。"

　　不过，对于他那位装了义肢的半疯癫的船长亚哈来说，"裴阔德号"的航程是对一头巨型抹香鲸复仇的延伸行为：那不是近海一只温文的须鲸，而是一头令人恐惧、有尖利牙齿的深海怪兽。这头巨兽损毁了亚哈的身体，未来还将夺走他其余的一切。哪怕是在这个新的工业世纪里，人类依旧恐惧自然环境。在艾米莉·勃朗特[2]的书中，

———————————

① 以实玛利是《圣经》中人物，据称是阿拉伯人的祖先。"以实玛利（Ishmael）"是"神听见"的意思。
② 艾米莉·勃朗特（Emily Brontë），《呼啸山庄》的作者。

约克郡的荒野自成一个角色，同样，对梅尔维尔来说，鲸也是命运的邪恶手段。过往船舶"耶罗波安号"上那位疯狂的先知迦百列警告亚哈，说白鲸是"震教[①]神的化身"，倒并不是没有道理。上帝派遣鲸救了约拿，而亚哈被魔鬼的鲸摧毁。只有以实玛利以"又一位孤儿"的身份幸存下来，这身份象征着殉难和重生，因为要赢得这个身份就必须失去生命。

《白鲸记》超越了其他一切书籍，因为它与其他任何书都决然不同。它从开篇起就独立于自身之外，由以实玛利的"等而下之的图书馆员"收集了许多有关鲸的历史名言，罗列在引言中。由此开始，梅尔维尔试图在全篇奇异的分类学描述中抓获他的主题，哪怕他书中的猎手们正试图用鱼叉叉住它。以实玛利甚至在自己叙述故事时都在回避叙述，他几乎是故意地持续转移话题或离题来干扰读者，将自己抽离在外，好插入关于地狱之火的训诫或音乐插曲，又或是解剖学的讽喻以及对鲸脑油的感性论述。

一章又一章，梅尔维尔梳理出新的传说，包裹住那个世界和那头鲸。他创造了一个新的人类家族，他们执着地追逐那头鲸，他还从自己见证过的生命中挑选出了一个新的类别。他跳脱出油腻肮脏的捕鲸业，锻造了杰出的英雄事迹。在这个过程中，他将自己的海上经验与他对世界以及善恶本性的黑暗视角融合在一起，从他完美但渎神的创作中预见了自己国家的未来，就好像那头鲸是新时代的美国预言家一样。

现在，当我再次翻开《白鲸记》时，我将它看作一本因为鲸而神话化的书，同时它也反过来构建了鲸的神话。我们通过这一文学途径

---

① 震教，这一教派属于基督复临信徒联合会，是贵格会在美国的分支。

想象鲸，并想象一切与鲸相关的默认形象——从新闻漫画、儿童书籍，到鱼类、油炸食品店和色情明星。几乎无人能预知这本古怪的书会有什么样的结果，尤其是它的作者。《白鲸记》第一版没能卖完，梅尔维尔在世时，它几乎被完全漠视。直到新世纪开启，它的优秀之处才得到人们的欣赏。1921 年，维奥拉·梅内尔[①]宣称，"阅读并理解它是一个人阅读生涯的巅峰"，写到作者时说，"他的名气也许仍然受限，但犹如火焰，因为了解他就会有一部分永久地与他同化"。（她还写到，J. M. 巴里[②]以亚哈为原型创造了胡克船长，而那只追着胡克船长、肚子里有时钟的鳄鱼的灵感来自白鲸。）两年后，D. H. 劳伦斯在他不同凡响的修辞随笔集中写道，"他（梅尔维尔）远在未来主义还未得到描述前就已是一位未来主义者……一位神秘主义者及理想主义者"，他创作了"世上最奇怪且最美妙的书籍之一，封锁着它的神秘性与扭曲的象征性"。

《白鲸记》重新变成了伟大的美国小说。它还变成了某种圣典，一本每次只能读两页的书，一种先验论文本。我每次读它都好像是第一次读。我在地铁里研读它的微缩版本，就和我身边阅读《古兰经》的戴面纱的妇人一样心无旁骛。我每天都会意识到，它是我们集体想象的一部分：从如同亚哈一般追踪反恐战争的报业领袖，到无处不在的星巴克咖啡连锁店——它的名字来源于"裴阔德号"的第一任大副，顾客们坐在店里一边啜饮咖啡，一边聆听作者的侄孙理查德·梅尔维

---

① 维奥拉·梅内尔（Viola Meynell, 1885-1956），英国作家、小说家及诗人。

② J. M. 巴里（J. M. Barrie, 1860-1937），苏格兰小说家及剧作家，著名儿童文学作品《彼得·潘》的作者。

尔·霍尔①创作的音乐，他更出名的名字是莫比。

梅尔维尔的白鲸完全不同于《海豚的故事》或《人鱼童话》里那些令人愉悦的拟人化的鲸类，比如微笑的海豚和会表演的逆戟鲸，也不同于吟唱的座头鲸和"拯救鲸鱼"运动，这些形象都以各自的方式承载着我们自己的愧疚。准确地说，就如在亚哈眼中，白鲸莫比·迪克不祥的形态和离奇的青白色代表了《启示录》中的利维坦，这位复仇天使有着弯曲的下颌，上面挂满了其他猎手徒劳掷出的鱼叉。这头鲸不只是一头真实的动物，还是一条龙，而亚哈将会是杀死它的人。

捕鲸时代使人们与这些动物近距离接触——无论此前还是此后，再也没有比那会儿更近过。鲸代表了钱、食物、生计、贸易，但它也意味着某些更黑暗、更超自然的东西，因为人在捕猎它们时赌上了性命。鲸就是未来、现在以及过去，它们融为一体，而人的命运此时与其他种族的命运没什么区别。这个行业提供了支配权、财富和权力，哪怕它代表着死亡与灾难，因为人与怪兽直面相对，用脆弱的小船迎战强劲的尾鳍，并且常常在这个过程中死去。现代世界也许是在鲸的基础上构建起来的，我们任何人对这一点都没有足够的认知。文明的未来曾危如累卵，飘摇于自历史伊始人类与自然最残酷的对决中。既然这些动物为这种相遇付出了几近灭绝的代价，我们便要问问自己，我们的精神为此付出了什么代价。在这样短的一段时间里，我们对鲸的概念何以能发生如此大的转变？

闭上眼时，我总能看见那些庞大的生物在幻境中游进游出，沉入

---

① 理查德·梅尔维尔·霍尔（Richard Melville Hall），美国音乐家、制片人。其笔名莫比来自《白鲸记》（Moby-Dick）书名。

下方蓝黑色的水中。梅尔维尔含混的叙述也总是离不开这些生物，"在促使我做此决定的狂想之中，那无尽的鲸鱼队列，便成双成对地游进了我的灵魂深处"。在我自己飘忽不定的旅程中，我力图弄明白我为什么也总是对鲸念念不忘，对那头白鲸脸上凄凉的表情、逆戟鲸无力的鳍肢、脑海中那些挥之不去的画面念念不忘。就像以实玛利一样，我的心被海洋牵动，我警惕着下方的世界，却又永远为它痴迷。

第二章　寻找出路

　　这就是曼哈托岛城，腰带般环绕着一座座码头，就像那些西印度小岛为珊瑚礁所环绕——商业的浪潮已将其包围。左右两边的街道都将你带向水边。城的最南部是炮台，气势非凡的防波堤被海浪冲刷着，微风将它吹凉，几个小时之前从陆地还看不见它。瞧瞧那一群群看海景的人。

　　一个梦幻般的安息日下午，在城中巡行……你看见了什么？——环绕全城，到处都站满了成千上万必死的凡人，像沉默的哨兵一样，沉浸在对海洋的幻想之中……除了陆地的尽头，已经没有什么能满足他们了……告诉我，是那些船上罗盘针的磁力把他们吸引来的吗？

——"蜃景隐现"，《白鲸记》

　　如今的珍珠街铺上了沥青，但它也曾撒满牡蛎壳，就像你现在仍能在科德角看到的那些闪亮的白色街道。1819年8月1日，赫尔曼·梅尔维尔出生于此，当时这条大道标志着曼哈顿建筑的高度下限。现在的人们可能很难想象纽约没有高楼大厦的样子，这些广厦升向高空，贪得无厌地侵占着空间，但是梅尔维尔很熟悉纽约过去的样子，因为他在有生之年目睹了这座城市发生的剧变。

1819年的曼哈顿大部分还是农田，中央公园也尚未在解放的奴隶和最后的印第安人居住的公共用地上诞生。大多数纽约人是英国人或荷兰人的后代，这里还不是20世纪末那个多语种混合的城市。牡蛎生长的滩涂还没有被海洋夺回，珍珠街的尽头就是炮台，市民可以在这里吹着海风散步。克林顿城堡还是一个岛屿，后来它成为纽约水族馆所在地，1913年，查尔斯·H.汤森在这里展出了一头活的鼠海豚。

梅尔维尔出生的那幢房子很早前就被拆毁了。附近一面墙上嵌着作家的纪念半身像，有机玻璃像一个方形舷窗般罩着它，一栋办公楼遮去了它的阳光。路对面，在南街海港停泊着的那些过时的船桅列出的阴影下，清晨的渡轮吐出了从泽西城来这儿上班的人。

日光穿过布鲁克林大桥的钢索，一个无家可归者在河滨长凳上翻着身。这个地方始终日新月异，不断更新自己的图景，舍弃旧日的影像。但历史仍然在这些街道上留下印迹，在曾经行走其间的人们心中留下记忆。

以下这些人被我们称为中产阶级。赫尔曼的父亲阿伦·梅尔维尔是一位杂货进口商，他的姓氏本来是 Melvill，后来才在末尾加了个"e"，以彰显自己的祖先是苏格兰贵族。作为一个把头发往前梳的时髦人物，他经常前往欧洲，带回法国的古董和版画，他的孩子们会在一个周六下午聚精会神地研究它们。"其中有一张巨鲸的图画，它像一艘轮船那样大，身上插满了鱼叉，三艘小艇像飞一般紧跟在它身后。"这样的画面给他的小儿子留下了"模糊的预示，总有一天，我将注定成为一名伟大的航海家"。

梅尔维尔的母系和父系祖辈都是英雄。他的祖父托马斯·梅尔维尔少校是"印第安"突袭者之一，他们将茶叶倒入波士顿海港，以反抗英国的税法，家人还留着一小瓶茶叶纪念他。[①] 外祖父彼得·甘塞沃特将军在 1777 年反抗英国与印第安人的围城战中，领军守住了斯坦威克斯堡，赫尔曼的兄弟以他的名字命名，赫尔曼后来给自己的儿子取名斯坦威克斯，以纪念这场著名的胜利。家族血脉中也流淌着海的气息。他的叔叔约翰·德沃尔夫二世船长曾从堪察加半岛出海，船撞上了一头鲸的背脊。"就好像撞上了一块礁石，我们完全卡住了，"

---

① 波士顿倾茶事件（Boston Tea Party），是 1773 年 12 月 16 日美洲殖民地发生的一场政治示威事件。示威者们乔装成印第安人的模样潜入商船，将英国东印度公司运来的一整船茶叶倾入波士顿湾，以此反抗英国国会当年颁布的《茶税法》。

他记录道，"那怪物很快显出了身影，喷出一道水柱，'踢打'着尾鳍沉下去了。它看上去没有受伤，我们也没有，只是吓了个半死。"德沃尔夫是小赫尔曼人生中遇见的第一位船长，他是个英俊且高尚的人，一头白发，脸色红润，但后来在海上失踪了。

梅尔维尔家族渐渐壮大，房子也越换越大，一步步向上流住宅区移动，最后定居在了百老汇大道 675 号——那一片被称为邦德街，原来的贵族氛围早已被商业与廉价牛仔布的浪潮冲没。赫尔曼和他的兄弟姐妹们在这里由一位女家庭教师教导，但一场猩红热损坏了他的视力，令他难以阅读。生活似乎相当稳定，但是到了 1830 年，他们的父亲宣告破产。家人被迫搬到了奥尔巴尼城，位于哈德逊河上游的纽约州首府。两年后，年仅 48 岁的阿伦死于一场高热，给妻子玛丽亚留下的只有债务和 8 个需要照顾的孩子。

在性格形成的最关键时期，12 岁的赫尔曼被扔进了漂泊不定的生活，在他最需要安全感的时候失去了所有安全感。他后来声称他的母亲憎恨他，她是位严格的加尔文教徒①。他辍学去一家银行工作，但没能安定下来，后来他教了一阵子书，又在叔叔的农场里干了一段时间的活，之后便去了西部，想在某条美国内陆修建的新运河上成为一名测量员。他远行直至边疆，到了密苏里州的圣路易斯市，而后返回纽约。到了纽约，他在应聘一份律师文员的工作时被拒，因为他的字写得太糟了。"没有人会比一个受挫的男孩更厌世，说的就是我，逆境抽打掉了我灵魂中温暖的部分。"既然被陆地拒绝，这个年轻人

---

① 加尔文教派是基督教新教的三个原始宗派之一，认为人类能否得到救赎完全取决于上帝的旨意，否认一切善行的作用。

就向海洋去寻求新生。

1839 年 6 月 5 日，"圣劳伦斯号"载着一船棉花从纽约出发，航向兰开夏郡的工厂。19 岁的赫尔曼·梅尔维尔也在这艘船上。他与这里格格不入，常常因为中产阶级的礼貌、时髦的服装和对航海生活的无知而被船员辱骂虐待，"所以最终我发现自己像以实玛利一样是个被放逐者……没有朋友，没有同伴"。他在大海中找到了慰藉，海水的涨落无从解释，仿佛拥有自己的意志。有一次，他在纽芬兰的浓雾中听到了叹息与呜咽声，于是走到船舷处。他在那里看到"四五条长长的黑色蛇形，只露出水面几英寸"。这并不是他父亲雕版画中的那些巨鲸，不是"一般的北海巨妖，后者……沉下去觅食时就像被淹没的大陆！"。它们甚至令他怀疑约拿的故事有可能是真的。

大英帝国第二大城利物浦的景象震撼了这个年轻人。他看到一座水上礼拜堂，它是由一艘单桅战船改建的，尖塔代替了桅杆，露台搭得像讲坛。威廉·索克斯比在这里布道，他本是英国最伟大的捕鲸者之一，现在成了一个牧师。但这里的贫穷和别处并无二致。一个年轻人沉默地展示着一份海报，那上面描述他自己"被某个工厂的机器卡住，卷进了主轴和齿轮间，四肢都血肉模糊"。另一个画面甚至更加恐怖，某个地窖的台阶底下，有一个莫可名状的形状在悲鸣：一位穷困潦倒的母亲抱着一个婴儿，左右还各有一个骨瘦如柴的孩子。"婴儿的脸虽然肮脏，也还是显得一片雪白，但那紧闭的双眼就像是两个靛蓝色的球。他一定死了几个小时了。"

9 月 30 日，梅尔维尔搭乘"圣劳伦斯号"回到纽约，但发现他之外的世界并没有什么改变。他没有赚到钱，不得不重新开始教书，以养活他寡居的母亲和四个姐妹。但他已经了解了海上生活，一年后，他将开始一次更加雄心勃勃的航程——从"捕鲸之城"新贝德福德出发。

　　我可以向你保证，从小学校长到水手的转变是一种切肤之痛……

——"昼景隐现"，《白鲸记》

在《白鲸记》第二章中，以实玛利于一个周六雪夜抵达新贝德福德，但他发现必须要再等两天，才会有下一班船开往楠塔基特岛，他要登上的捕鲸船就在那里。他想在这个拥挤的海滨城镇找一个便宜的床位过夜，最后找到了喷水鲸客店。客店的木板内墙上挂着"可怕的器具"和阴森的画作，画上是一些费解的海景。老板告诉他，他必须和一个鱼叉手合铺过夜。

　　这倒没什么特别的，亚伯拉罕·林肯就常常和旅伴共享床位。但以实玛利发现他的室友是一个 6 英尺高、面有刺青的野蛮人，他惊骇莫名。"怎样的一张脸啊！黑里透紫，还带点黄，到处粘着发黑的大方块。"当奎奎格收起他试图在镇上兜售的干瘪人头，于烛光中脱掉衣服时，以实玛利惊恐地发现这食人者全身满是刺青。

　　他要和这样一个人共度一晚。不过，在一番折腾后，这位美国白人和这位蓝汪汪的波利尼西亚人躺在了一起。到了早晨，以实玛利醒来，发现奎奎格的胳膊正紧紧搂在他身上，"满是柔情爱意。你几乎会以为我是他老婆"。然而当这年轻人动弹不得地躺在那儿时，他回忆起儿时的往事，那是一段黑暗、幽闭且恐怖的记忆。

　　那是仲夏日。因为犯了一点小错，小以实玛利被早早打发上床睡觉。在他忍受这可怕的监禁处罚时，卧室之外的世界仍在继续运转。马车来来往往，孩子们正在玩耍。太阳在一年最长的日子里明亮地照耀着，藐视他意图消磨时光的努力。

　　最终，他"打了个盹，坠入了一个不安的梦魇之中"，然后他醒过来了，胳膊搭在床边，却发现有另一只手握着他的手。"仿佛过了一个又一个世纪，我躺在那里，强烈的恐惧让我动弹不得，仿佛冻僵了一般，我不敢抽回手。"到他再次睡着后，这种感觉消失了，但他永远也无法平和地接受这半梦半醒间与一个"无以名状、难以想象、沉默不语的人或幽灵"的奇异遭遇，它抓着他的手。

　　在新贝德福德这个雾蒙蒙的十二月清晨，被床伴禁锢在床上的以实玛利勉强从床罩上辨认出了奎奎格的胳膊。床罩和这条胳膊上都满是图案，几乎混在了一起："他刺满文身的这只胳膊上满是克里特迷宫一般漫无止境的图案"，而百衲被上"满是零零散散色彩纷乱的小方块和小三角"。以实玛利被这巨人牢牢搂着，好像他自己也要全身都变得满是图案一般，这种感觉并没有让他觉得恐惧，反而令他感到慰藉。从这夜起，他变成了奎奎格的"知心朋友"，两人将甘愿为对方舍弃生命。以实玛利与这样一个异教者建立起如此亲密的认同感，这是他对正常世界的反抗。

在维多利亚时代的文学作品中，这些半是梦魇半是浪漫的场景是最令人难忘的特征之一，其文笔极其生动，以至于你几乎会相信作者亲身经历过这些事。但是，当梅尔维尔于1840年圣诞节抵达那个寒冷的港口时，他住在河的另一侧——费尔黑文。兄长甘斯沃尔特陪着他，给他买了他需要的物品：一套油布衣服、一件红色法兰绒衬衫、一条帆布裤；一套稻草被褥、枕头和毛毯；一副带护套的刀叉、一副锡汤匙和盘子；针线包、肥皂、剃刀、杂物袋；还有一个用来装上述东西的水手储物箱。

1840 年 12 月 30 日
人员名录
——费尔黑文"阿库什尼特号"的船员
由船长瓦伦丁·皮斯带领，航向太平洋

名　字：赫尔曼·梅尔维尔
出生地：费尔黑文
居住地：纽约

国　籍：美国
人员描述
年　龄：21

身　高：5 英尺 9.5 英寸

肤　色：偏暗

发　色：褐色

　　准备搭乘"阿库什尼特号"出海的有 26 个人，每个人都在她未来的利益中占了一定份额或一个位置——那一点点份额就像军服上的金穗带一样令人神往。作为船长和船舶共有人，皮斯船长能得到全部利润的 1/12；楠塔基特的弗雷德里克·雷蒙德是大副，他将得到 1/25。梅尔维尔是个行家里手，他的份额是 1/75；而纽约的卡洛斯·格林地位卑下，是个真正的新手，就只能巴望 1/190。对某些人而言，甚至有这么一点份额都是极好的，尤其是大厨威廉·梅登、甲板水手托马斯·约翰逊和伊诺克·里德，根据记录，他们的肤色是黑色或黑白混血。他们曾在某位主人手下劳役，而现在，他们为了鲸签下了生死状。

　　"阿库什尼特号"刚刚离开生产线下水，据说，在捕鲸业的鼎盛时期，新捕鲸船"就像香肠一样从生产线上削下来"，从船厂鱼贯而出。其他捕鲸船则由客轮或班轮改造而成。"于是，这曾经载着热热闹闹的绅士淑女驶往利物浦或伦敦的船舶，如今却载着一群鱼叉手，绕过合恩角，进入太平洋。"贵族们曾享受海风吹拂的后甲板，现在散发着鲸油的臭味。"船身坚实、桅杆轻长"的"阿库什尼特号"长 104 英尺，宽 27 英尺，高 13 英尺①。她以下水处的河流命名，在费尔黑文的码头傲视四方，她的索网和高高的桅杆都彰显着工业的力量与刚毅的精神。但从另一面说，她没有嵌满鲸牙的舷墙或用鲸颌改造的舵柄，这些装饰使亚哈的"裴阔德号"就像"一头工艺食人兽，在追捕路上碾着她敌人的骸骨前进"。"阿库什尼特号"有自己的伪装：舷侧涂绘着假炮眼，以躲避海盗或野人的袭击。

她隶属于一个 18 人组成的企业，这其中有代理人梅尔文·O. 布拉德福德及其兄弟马尔伯罗·布拉德福德，两人都是贵格会信徒。船长小瓦伦丁·皮斯当时 43 岁，是一个严肃的、留着络腮胡、有时会咒天骂地的高个子男人，也不算是个福星高照的人。第一次掌船时他驾驶的是"浩阔号"，驶至塔希提岛，他的第一任大副爱德华·C. 斯塔巴克"在古怪且没有合理解释的情况下"被开除。后来遇到一头鲸冲撞他们船只，7 个人淹死，2 个死在船上，还有 11 名船员逃走了，最初的成员只剩下 3 个返回港口索取报酬。

这不是什么稀罕事。在"阿库什尼特号"最初的 26 名船员里，只有 11 个能原船返航。剩下的人要么逃走，要么被开除，漫长而荒芜的航程和船长的霸道苛责消磨了他们的勇气。合同要求船员们在船只载满鲸油之前不能离船，而且他们必须坚守应有的"良好的秩序、有效的管控、健康和道德习惯"。对女人的"犯罪性行为"将被罚没五天的薪水；"酗酒淫乱"也会被处以相似的惩罚，或者鞭刑。雪上加霜的是，衣料的磨损使他们必须从价格过高的船上补给中购买新衣

----

① 即约长 31.7 米，宽 8.2 米，高 4 米。

服。等到从航行利润的应得份额中扣掉债务，他们常常发现自己变得身无分文，甚至倒欠了钱。在这样的状况下，无怪乎人们会弃船而逃。事实上，"阿库什尼特号"上的两个船员甚至在她启航之前就逃走了。毕竟他们并没有卖身为奴。

　　一个地方总会有一些你不知道的秘密，就好像和它的过往合谋过一般。看看现在的新贝德福德，你不会猜到它曾经是美国最富裕的城市。这个城镇现在看上去杂乱无章，至少对没有在这里住过的人来说是如此。但它曾经是一座枢纽城市，掌控着当时席卷全球的一种新型经济；它也曾是一个熙熙攘攘的工业中心，这个中心所属的共和国是在鲸背上建立起来的。

　　新贝德福德的根基源于其掩蔽的港口，以及与新英格兰其他地方的优良交通，不过最重要的是，它与楠塔基特岛的贵格会教徒有紧密的联系——18世纪早期他们的捕鲸技巧日臻成熟，推动这座港口城市达到空前繁荣。在美国独立战争结束后的数年里，一个名叫约瑟夫·罗奇的贵格会教徒对新贝德福德进行了开发。到了19世纪40年代，梅尔维尔来到时，这里已经变得富有——自从它与隔河相望的姊妹城市费尔黑文之间的大桥建好后就更是如此。

曾被称为"国王路"的 6 号高速公路一路通向科德角的顶端，它现在仍然从一座 19 世纪的回旋桥上穿过阿库什尼特河。这座桥是一个麦卡诺式①的建筑物，可绕枢轴旋转，以便更重要的交通工具通过。在这里，轮船的通行依然优先于车辆。这是一座工作中的港口城市，充满了柴油和鱼的味道，街道尽头停靠着船舶。它还被指定为国家公园，展示的并非绵延的群山或森林，而是 13 个城市街区，它们全都承载着一个记忆：

新贝德福德——捕鲸之城

就在现代高速公路的旁边，在一座街区模样的庞大渔业制冷厂的外墙上，有一幅巨大的喷枪壁画：鲸群在宝石蓝的海水中安静地悠游。新贝德福德到处都印着鲸，甚至来往的汽车牌照上都有抹香鲸的浮雕，它是隔邻康涅狄格州的州动物。

在免费公共图书馆前面的花岗岩石基上，立着一尊特大号的雕像。它形似战争纪念雕像，不过落成的时间是 1913 年，上面刻了一行简明的描述：

一条死去的鲸或一艘被击穿的船。

——这是一个足够简单的等式。这个理想化的、肌肉遒劲的捕鲸人稳稳地站在断开的船首上，他下巴方正，有着雅利安人的面貌，但

---

① 麦卡诺（Meccano）是法国的金属拼装玩具品牌，起源于 1898 年。

也有某种部落的特征，他很可能是个大平原印第安人。他的标枪势不可挡地瞄准了一个点：我们就是那头鲸；他是鲸看见的第一个人，也是最后一个。

碑石屹立，标枪在手。强壮的海之子将财富拖回陆地。

今天的新贝德福德在这些纪念碑的阴影中讨生活。布鲁克斯大药房贩售俗丽的捕鲸之城明信片。游客可以去"追上鲸"——这是市中心一路往返班车的名字，也可以在黑鲸商店里购买 T 恤。转过街角，1947 年创立的卡特男装店昏暗的室内堆满了工装和渔夫帽，游客可以装扮成现代版的以实玛利。周六早晨，年轻的店员朝少许顾客点头示意，更乐于继续谈论自己周五的夜生活。第二天，街对面那座教堂的尖塔将把水手召唤到上帝的身边，还有那些住在喷水鲸客店的昏昏欲睡的游客。

就在这同一个新贝德福德，矗立着一座捕鲸者的小礼拜堂，来做礼拜的喜怒无常的渔民们寥寥无几，他们不久就要起航前往印度洋或太平洋，星期天来不及到这里来了。我当然不会不来的。

——"礼拜堂"，《白鲸记》

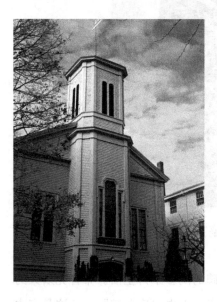

海员礼拜堂的护墙板和方塔使它看上去像一艘航行在约翰尼蛋糕山山脊上的船，在礼拜堂入口处，一位从隔壁布道所过来的老兵把我领到室内，便走出去抽烟了，留我一个人在里面晃荡。幽暗的门厅通向一处敞亮的空间，里面摆着一排排老式长椅，墙上嵌着白色的大理石板，它们全都见证了过往的哀伤，"仿佛每一份无声的悲哀都是与世隔绝且无法传达的"。

纪念楠塔基特岛
"克里斯托弗·米切尔号"的主人
威廉·斯温船长。

这位可敬的人

在扎中一头鲸后，

被绳索拖下了船，

于 1844 年 5 月 19 日溺亡，

享年 49 岁。

————————

所以你们也要预备。因为你们想不到的时候，人子就来了。[①]

————————

　　这礼拜堂的牧师是大海，一直都是。当港口的子民亡失于海时，这些石板上就会添加新的名字。这个地方还可以成为舞台布景，就我所知，约翰·休斯敦[②]的摄影机说不定还在长廊里，拍摄着他 1954 年版的《白鲸记》，而教堂高顶下还回荡着哀伤的圣歌，唱着约拿的困境：

　　　　鲸的肋骨拱接于我头顶，

　　　　可怕地以凄凉的阴暗包裹着我。

还有奥森·威尔斯扮演梅尔维尔故事中虚构的梅布尔神父，向他的海之会众布道，讲述相同的《圣经》故事：

————————

① 最后一句出自《圣经·马太福音》24：44。
② 约翰·休斯敦（John Huston, 1906-1987），美国导演、编剧、制片人、演员。

是的，世界就是一艘出航的大船，航行尚未完成，讲道坛就是它的船头。

以实玛利于此向造物主表示敬意，并倾听了梅布尔神父在一个建造得如船首般的讲道坛上的布道。但休斯敦的电影实际上是在英国拍摄制作的——它在新贝德福德的州立电影院首映，在首映式上，庆祝队伍在镇上穿行，为首的就是电影明星格里高利·派克——如今竖立于此的戏剧化的讲道坛是一位当地造船木匠在1961年受托制作的，以满足来此游玩的影迷的期望。

教堂外面的街道光秃秃的，在以实玛利眼中是乏味的"黑漆漆一片"。我穿过马路，来到现代的捕鲸博物馆，迎接我的是一具鲸骨。它本是一头重50吨、长66英尺的蓝鲸，现在这骸骨悬挂在前台上空，就像一个庞大的玩具吊顶装饰。

1998 年，这头鲸被冲上了罗得岛附近的一处海滩，它六岁大，还是只幼仔，但造成了一个巨大的问题。博物馆和史密森学会都想要它，后来他们达成了协议——所罗门^①的利维坦判决。协议认可这头鲸为博物馆所有，但条件是它必须被放在公众的视野中，昼夜开放。

为了实现这一壮举，它首先得被解剖。尸体被切分成几个部分，然后装进笼子沉入河中。阿库什尼特河中的小型生物居民花了两年时间把鲸肉吃掉了，最后它的骨骼被啃得像排肋一样干净。为了遵守协定，它被重新拼接起来，挂在博物馆的中庭，如今它就像一个被关在玻璃监狱里的细弱孤儿。它仍在不断地滴油，就好像新砍伤的松柏树流出的树汁，又或是铁路枕轨上的焦油。气味充斥着大厅，那是一种难以言述的海洋气息，让空气变得油津津的。

新贝德福德博物馆的展出内容简洁明了，关于鲸的所有已知图像几乎都陈列在这里。其中最杰出的是 1617 年埃萨亚斯·范德弗尔德所绘的《搁浅在斯赫弗宁恩和卡特韦克之间的鲸，以及优雅的观光客》，16 及 17 世纪的荷兰海岸上曾搁浅过许多抹香鲸，图画中展示的只是其中之一。在一个变迁的时代，这样的搁浅是国家命运的象征，它们出现在沉静的灾难场景中，复制于雕刻品，甚至代夫特陶盘和瓷砖上。它们讲述着荷兰的黄金时代及其遭遇的威胁，在一张精益求精、尽善尽美的画作上，贾恩·桑里达姆描绘了一头 60 英尺长的抹香鲸，它是 1601 年 12 月 19 日被冲上贝弗韦克海滩的。

这头鲸躺在陆地与海洋之间，它的躯体令人吃惊，甚至令人神思

---

① 所罗门，古以色列联合王国的第三任君王，以智慧著称，传说他曾做出许多严明公正的审判。

恍惚。沿着其腹部站着一些衣着光鲜的访客，他们穿着紧身上衣，戴着轮状皱领，其中便有画家自己。他站在前景中，正在画素描，助手则举着他的披肩为他遮光。这些人摆着各种各样的姿势，有的骑在马背上，他们和鲸之间有一种古怪的距离，隐含着某种寓意，仿佛双方完全存在于不同的次元。鲸在这里，人在那里。

甚至连狗都在瞪着眼看。

画作中心最突出的形象是戴着羽毛头饰的拿骚伯爵恩斯特亲王，这幅画也是献给他的。他是新近抵御西班牙的战斗英雄，画中他用一块手帕掩住他的贵族鼻子遮蔽臭味。还有人爬到了鲸的身上，一个军官把军刀捅进了它的喷水孔。

这些人像蚂蚁一般爬上这头被玷污的动物，围着它。它沉厚但已失去力量的尾部早已被套上了绳索，在那后面，马车运来了更多身穿丝绸的贵族，还有搭起的帐篷，为这些成群结队奔来的人提供服务。如果这生物是在英吉利海峡搁浅的，那么它将成为童贞女王的财产，伊丽莎白一世喜欢吃鲸肉。而在荷兰这里，它就变成了艺术家们的猎物，因为他们热衷于描绘这一类奇异的自然死亡现象。1528 年，阿尔布雷希特·丢勒[①] 差点遭遇海难，随后在一场高烧的折磨下英年早逝，当时他正试图前往西兰岛[②] 观察一头在那里搁浅的鲸，它"远远超过 100 英寻（约 183 米）长"。据报道，当地人忧心"那浓烈的臭味，因为这头鲸太大了，他们说它无法被切片，鲸脂熬煮了整半年"。这样的事件像是死亡的先兆：斯赫弗宁恩的鲸四天后才死去，死亡的

———————

① 阿尔布雷希特·丢勒（Albert Durer, 1471-1528），德国画家、版画家及木版画设计家。

② 西兰岛在丹麦东部，为哥本哈根所在地。

那一刻它的肠子爆裂了，观众无可避免地被喷了一身。

桑里达姆的画作中充满了有说服力的迹象和奇观，外框画面中都是这巨兽来临所预言的各种天启事件。一对小天使支撑起涡卷花饰，花饰中的内容包括近期发生的地震"大地之死（Terra mortus）"。我们还能在两侧看到月食和日食，太阳和月亮两侧又各有切开的半头鲸，这是它注定的命运。同时，时光之神从一角俯视，而有翅的死神在另一角拉开了弓箭，这象征着刚刚在阿姆斯特丹肆虐的瘟疫。在这样一张富含意象的图画里，值得注意的是，人们的注意力会被这动物伸长的阴茎所吸引。和16世纪的阴囊袋①一样，它是生殖力的象征，而它此时的软弱无力和亲王头上竖立的羽毛，以及鲸本身的名称②形成了鲜明对比。不过，从动物学家的角度看，它证明了只有雄性抹香鲸才会冒险来到这极北之地。

新贝德福德的博物馆里到处都是男性视角下的鲸。鲸喷溅着血液，而水手们像骑师般骑着它们。鲸翻着肚皮，喘着气，腹部插满了鱼叉和长矛。这些好莱坞风格的画作，炫耀着凯旋。如果以实玛利在等待踏上捕鲸之旅时，决定在港口再多晃荡一会儿——比如150年左右——然后把他的七美元扔进收银机，来审视一下这些展品，他会说什么？

在"荒谬的鲸鱼画像"那一章，我们严肃的叙述者对"古怪的虚构画像"提出异议。他指责古人才是"所有那些图形妄像的最初来源"，但那个时代最糟糕的犯人是弗列德利克·居维叶，他是著名法国科学家乔治·居维叶男爵的弟弟。他在1836年创作了《抹香鲸》，以实

---

① 阴囊袋，15至16世纪男裤前方遮蔽生殖器的构造。

② 抹香鲸英文名 sperm whale，直译为精子鲸。

玛利坦率地称之为"挤瘪了的"。它们被画成这样是因为归因谬误。法国科学院认为抹香鲸的种类不少于 14 种，于是画家们就适当地把画像调整得更像执政内阁时代夸张的时装图样。鲸鱼按照流行样式束腹了，还加了领圈，鱼尾也更加光滑，或者是有着比例失衡的腹部和错位的眼睛。

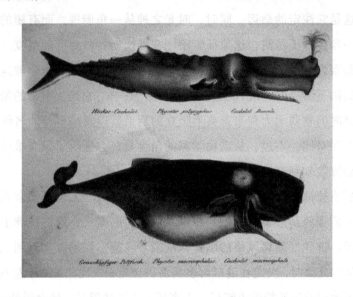

鲸到底是什么样子？以实玛利承认，这些明显的错误之所以存在，是很有理由的。他提到，这些动物只有在搁浅后才会被看到全貌，而"活着的利维坦永远不会完全浮上来好让人画张肖像……因此尘世间没什么办法能精确地探明鲸到底是什么样子"。他的声明十分值得注意——并且绝不仅仅是值得注意——因为它们至今仍然适用。鲸类依然莫测高深，将"自始至终无法描绘"。

关于它活着的轮廓，你能勉强有个大致概念的唯一方式，就是自己去捕鲸。但是这样做的话，你将有极大的风险会永远被它冲撞至沉没。因此，在我看来，当你好奇地探索这利维坦时，最好对过程不要太苛求。

相似的是，翻开古老的书籍，鲸的印刷图画就好像是文艺复兴时期的大师之作，只不过某些地方错得离谱：不在于天使宣告童贞女生子，也不在于商人之妻平静地坐在整洁的会客室里，错在一只巨大的动物在死前的剧痛中疯狂挣扎。画面的静止似乎更强调了它们的奇异性，并扩大了它们的本身属性及其扮演角色之间的差距。在所有这些鲸的图像里——绘画、牙雕、木板、铁皮、石像、山峦间、星相上——描述与现实的差距从未如此之大。言语和图画从未如此全方位地令我们失望。

抹香鲸的身上有某种东西在引诱着我，直到现在我依然觉得难以描述。无论我见过多少图画，我也无法充分地理解它。无论我尝试描绘它多少次，我依然无法获知它的形态。但是哪怕以实玛利提出了警告，我对它的好奇一如既往。当以实玛利徘徊于新贝德福德的鹅卵石街道，走进卡特服装店去买一些急用的服装，为前方的漫漫旅程做准备时——此时他已准备好与鲸近距离接触——我那位时隐时现、愈加变幻不定的向导似乎在挑衅我，要我去弄明白，为什么"和所有其他被猎捕的鲸不同，它的生命依然尚未得到描述"。

第三章 抹香鲸

我不了解它，而且永远也不会了解它。

——"尾巴"，《白鲸记》

在中世纪的某个时候，某个人扎穿了鲸的脑袋，充斥其中的蜡状油流了出来。接触到冰凉的北部空气时，这种热乎乎的珍贵液体腾起了雾，怎么看都像是精液。因此人们开始相信利维坦的精液是储存在脑部的。抹香鲸的英文名称直译就是精子鲸（sperm whale），这个名字也许起得有些不雅，甚至失礼，但它同时也非常恰当，因为抹香鲸是非凡的鲸：它是群鲸之首，鲸中之王，是至高无上的鲸之君主，有与生俱来的帝王之力。它满足了我们对鲸的一切期待。只要想到鲸，抹香鲸便会游入你的脑海。让一个孩子画一头鲸，他定会描绘出一头抹香鲸，纵跃于海上。

但抹香鲸也承载着人类遗留的罪孽。它的生命只有被扼杀后才能被描述，它被冠以超绝与奇迹之名，若不是有人见过它，我们很难相信它是存在的——就算有人见过，我们可能也不太确定。只有这样的生物才能为梅尔维尔的书赋予力量，毕竟"疯屌 ①"这样的标题不可能是在写一只蝴蝶。

从科学角度来说，抹香鲸自成一科，1758 年，分类学之父林奈将其命名为 *Physeter macrocephalus*，意为巨头鲸，不过它俗称 "cachalots"，即抹香鲸。抹香鲸是最古老的鲸类，是 2300 万年前演化出的抹香鲸科中仅剩的成员，这一科在上新世和中新世曾有 20 个属。（事实上，林奈最初命名了 4 个种类：*Physeter macrocephalus*、*P. catodon*、*P. microps* 和 *P. tursio*。但现在我们知道它们同属一种。另外还有小抹香鲸［*Kogia breviceps*］和倭抹香鲸［*K. sima*］，它们被分在另一科小抹香鲸科［Kogiidæ］中。）用某位科学家的话说，它们作为史前遗迹，是"地质时代的牺牲品……被束缚在自己橡胶般的巨大皮肤内"。它们在陆地上最近的亲属是河马，但它们那灰色的皱皮、小眼睛和白色獠牙总让我更多地想到大象。

抹香鲸独树一帜。它长成了某种不成形的、不完善的形态，好似缺了什么东西，比如一对鳍状肢或鳍。它的轮廓看上去就不像任何动物，更遑论是世界上最大的捕食动物。对以实玛利来说，那头鲸是"略具雏形的有关超自然力量的联想"的不祥化身。但现在，人们将它看作"通常很温顺且脆弱的生物"，它从恐怖的仇敌变成了宁静温文的海中巨兽。这两种概念之间的鸿沟是神话和现实的鸿沟，是传说和科学的鸿沟，是人类史和自然史的鸿沟。抹香鲸完成了从凶恶精怪向脆弱幸存者的转变，这一转变的本质是神奇的，它象征了所有鲸类的命运。

---

① 《白鲸记》的英文原名为 *Moby-Dick*，此处为直译。

现今的抹香鲸大概已存在了一千年，但我们了解它的时间却只有两百年。直到 18 世纪初，随着现代捕鲸业的兴起，人类才开始对这种动物有了初步了解。它如今依然使我们困惑。抹香鲸是比任何恐龙都大的食肉动物——这个事实让它可怕的大嘴显得像是水生霸王龙的嘴——但水占了它身体组成的 97%，人类的主要组成部分也一样是水，我们的体内都容纳着海洋。和其他鲸类一样，抹香鲸从不喝水。它被描述成一种沙漠动物，就如骆驼靠驼峰生存一样，厚厚的鲸脂层也使抹香鲸能够承受海洋的水体变迁——从富饶到贫瘠。在一个食物储存量变化剧烈的环境中，能禁食三个月依然存活，并且其迁徙的范围从热带一直绵延至极寒带——这是它们的优势。

真的，它们是遍布全球的动物。抹香鲸生活在每一个纬度和每一片大洋中，从北大西洋到南太平洋，甚至地中海也有它们的身影。飞机与轮船的直观勘测数据显示，今天还有 36 万头抹香鲸悠游在全世界的海洋中，这个数量不到铁鱼叉出现之前的四分之一，那是它们的繁盛时期。它们喜欢深水，在陡峭的大陆架下方搜寻食物，这意味着直到最近，都只有捕鲸人才能看到活的抹香鲸——他们形容自己的猎物穿行于洋脉之中，就好像"由准确无误的直觉"指引（以实玛利补充道："更确切地说，是凭借来自上帝的秘密情报。"）。因此，对它们的研究仍未发展起来。在 19 世纪的插画家笔下，超重的鲸鱼还躺在热带棕榈树海滩上，我们如今的探索似乎并未比他们更进一步。

我们确切了解的事实就像鲸群本身一样簇拥在一起，让人无从解析。它们是什么颜色的？在水下，透过海水的蓝色，它们显现出幽灵

一头抹香鲸

般的灰色，但到了阳光下，它们又变成褐色甚或润泽的黑色，这取决于它们的年龄和性别。它们甚至可能趋近于华美的紫色或淡紫色，还有浅色的斑点散布在腹部，渐渐过渡到嘴边的珍珠白，"真是一张漂亮整洁的嘴巴啊！从地板到天花板，都镶衬上了，或者毋宁说是糊上了一层闪光的白色薄膜，像新娘的缎子礼服一样光滑"。从侧面到下方，这白色就像半敞的冰箱透出的光，既是邀请，也是警告。那巨大的头杂色斑驳，轻薄的皮肤常常像旧颜料般剥落。它的头部相对算是光滑，但它身体靠后的部分就像梅子干般沟壑纵横。这种不定性给这动物赋予了某种可变的维度。

从流体动力学的角度看，抹香鲸就像是由一位古怪的工程师设计的。它在形态上毫无婉约之处。它尖锐的尾鳍和曲婉柔和的座头鲸不同。它就像一支动物形态的钝硬短枪，粗鲁突兀、高效实用。它方头方脑的形状似乎是在对抗且挑衅水的力量，而不是顺服于海洋。但从上方看，它砖块般的头部其实相当狭窄，呈楔形：这是一种天生适合长时间深海生活的动物，它在深海中待的时间如此之长，以至于一位科学家认为称抹香鲸为潜水者，还不如称之为浮水者更加适合。巨大的体形使它能够长时间待在深处，它的身体就是一个巨型氧气罐。

　　在标志性吻部的下方，悬着抹香鲸另一个可怕的特征：它的下颌里面长着 40 颗以上的牙齿，它们能够嵌进无齿的上颌，就像插脚嵌进电源插座。这些长尖牙的尺寸不等，有的只有鸡蛋大小，有的是一英尺长的巨大圆锥体，粗到我无法用手指圈住。将一颗牙切成两半，就能看出它主人的年龄，因为这牙齿像树的年轮般一层层生长，可以计数。以实玛利观察到，最老的鲸牙齿"磨损得很厉害，不过没有蚀空，也没有像人类那样不自然地填充起来"。不过事实上，抹香鲸常常被龋齿折磨。在很罕见的情况下，也有抹香鲸长着埋在牙龈里的上牙，这是拥有完整齿系的祖先遗留下来的。自然选择只给这些后裔留了一排下牙，就好像祖先们在夜里把假牙放错地方找不到了。这让抹香鲸看上去更温和了一些，只是半头怪兽。

　　这些牙齿是黄色的，只有磨光后才能显出明亮的乳白色，就像我祖父在"一战"后从印度带回来的乌木象雕那细小的长象牙。它们掂着很沉，手感细致、光滑，带着自水而来的重量。但即便如此显眼，它们的功能却莫名地模糊。一位 19 世纪的作家注意到，那些牙齿上有倾斜的刮痕，"好像是劣质粗锉刀锉出来的"。他认为这是由"珊瑚、碎贝壳或沙砾"以及常与海床碰触导致的。但是，在抹香鲸腹内发现的食物极少有牙齿留下的痕迹。小鲸在牙齿长好之前长期食用乌贼和鱼类，雌鲸一直要到成熟后期才会长牙，甚至根本不长。显然，牙齿并不是进食的必备条件。（对于某些鲸类而言，牙齿实际上是一种极端的妨害：长齿中喙鲸［*Mesoplodon layardi*］的长牙会渐渐长得超出上颌，相当于给自己造成一个口套，而它们还要设法透过这个口套进食。）

在 1839 年出版的《抹香鲸自然史》中，托马斯·比尔提到了三头被捕猎的鲸，其中一头眼盲，另外两头的下颌变形了，但除此之外它们状态良好。这证明它们进食时既不需要牙齿，也不需要视力。这巨大的捕食者并不咀嚼它的猎物，相反，它像一个巨型真空吸尘器般吸食它们，其"喉腹褶"的存在也显示了这一点。有人说，抹香鲸可能以自己的下颌为巨大的诱饵，像鱼竿般悬着这个部位，并利用所食乌贼的生物发光物质作鱼饵。比尔认为鲸只是消极地悬停在水中，等着它的食物，而乌贼是被"抹香鲸特殊且浓郁的味道"以及"闪着白光的"下颌所吸引，"实际上簇拥在嘴和喉咙周围"。然而现代科学发现，事实并非如此。

以实玛利在探索抹香鲸头颅部分的谜题时，向那些对此一无所知的读者指明，它的头骨形状根本不反映其头部外观，见过它头骨的人绝对无法猜到动物活体有这样一个吻部。对以实玛利来说，这是抹香鲸欺天罔人的进一步证据，他进行了颅相学诊断后——诊断过程基本上就是摸了摸鲸额上巨大的隆起——宣称那巨大的前额虽然使这动物显得很智慧，然而这"完全是一个假象"。但以实玛利自己也被误导了，因为抹香鲸拥有有史以来所有生物中最大的大脑，重达 19 磅（人类的大脑只有 7 磅）。至于它用这样一个器官做什么，那就是另一个问题了。

　　在新贝德福德的博物馆里，有一具抹香鲸的骨骼横跨在一条走廊上。仅仅是绕着它走一圈，就已经是一种令人恐慌的体验。头骨本身就超过了20英尺（约6米）长，高度超过了我的肩膀。它基本上是一个不对称的结构，因为其喷水孔偏左（齿鲸类的鼻孔只有一个，须鲸类有两个），这也是显见的不祥之兆（我想知道这些鲸是不是和我一样的左撇子）。对于用来安置重要血管和神经的复杂槽洞结构来说，这个单孔特质为其赋予了一种抽象的造型。一条通路连接了脊髓和大脑，另一条通路连接了耳朵和眼睛，通路本身由厚重的骨骼保护着，而下颌的叉形骨又由这个骨骼区域伸出，形成有齿的"吊闸"，"像是一艘船的斜桅"般悬挂着。我不得不赞同以玛利：这具钙质棚架很难表明这头鲸的真实形状。你可以从人类的骨骼判断出人类的形态，但谁能从这具骨骼想象出这头动物的实际模样呢？

谜一般的抹香鲸在死去后并不泄露多少秘密，而它活着时看我们的角度也与众不同。这动物的眼睛位置恰好使它无法直视前方（它的眼睛位于楔形头部向下颌收窄之处，因此它可以看到自己下方的立体影像——估计是一个有效的捕猎战略，并且可以仰泳以仔细观察上方的目标，决定是否吃了对方）。以实玛利推断，鲸在大半生里必定都把世界看作两半，它的头很碍事，"在两侧之间，一定是漆黑一团，什么都看不见"。这样强大的生物竟然如此盲目，这显得很古怪。以实玛利说，这种盲目也使抹香鲸变得"胆怯和容易受惊"。一头"吓蒙了"的动物会潜入深海，远离人类及其鱼叉的触及范围。

　　在这样寂静的逃亡中，抹香鲸是不可能被追上的。比起其他海生哺乳动物，它更可谓是海洋的主人。它运用自己肌肉发达的尾部，可以一路迅猛地潜下数千英尺，它桨形的鳍状肢收在身侧，就像飞机起落架般灵巧。一旦潜到下方，它可以在海底待足两小时。要完成这一壮举，鲸必须在海面上尽可能长久地呼吸——水手们称其为"喷气"——在 10 或 11 分钟的时间里呼吸 60 至 70 次。

> 　　……抹香鲸的呼吸只占它全部时间的七分之一，或者说它只在星期天呼吸。
>
> —— "喷泉"，《白鲸记》

人类在潜水时要毫无效率地屏住呼吸，但鲸类会在下潜之前给自己的血红细胞载满氧气。它们下潜的地方通常正是它们浮出海面的地方，也许是为了确定在下方所勘测到的食物位置。在这气势磅礴的深潜之旅中，鲸总是有鲖鱼陪伴在侧。这些苍灰色的随员像小妖怪般用吸盘附在鲸皱起的侧翼。"诚然，的确是鱼，但不是什么正派的鱼"，它们是一些没有个体移动能力的寄生者，生活依赖于宿主，若是没有宿主，它们就会坠向海床。七鳃鳗比它们更凶残，"这蠕动着的、一码①长的、黏滑的褐色生物甚至让动物学家都觉得厌恶"。这些鱼用锉刀般的嘴附在鲸身上，给巨大但无助的受害者留下爱痕般的伤疤。

通常，抹香鲸的下潜深度在 300 至 800 米之间，轨迹呈 U 形。等到它抵达自己选择的深度，它便会水平游出长达 3 千米的距离，大概是在觅食。抹香鲸偶尔会潜得更深，人们曾在 1134 米深的水中发现与水下电缆缠在一起的抹香鲸尸体，不过这数字并不能用来衡量鲸溺毙时的痛苦，它的下颌被卡在了绝缘电线中。

1884 年，一艘在南美修理电缆的蒸汽轮船拽起了一条电缆，上面困着一头垂死的鲸，它的内脏都流出来了，而电缆上有 6 处咬痕。人们对鲸的了解总以它的死亡为代价。1969 年，人们在南非德班南部捕到了一头抹香鲸，发现它的胃里有两头异鳞鲨（*Scymodon*）的残留物。这些鲨鱼是底栖生物，在 3 千米深处觅食，因此证明了抹香鲸超卓的潜水技能。我们对抹香鲸的大部分了解都来自于那些意图杀死它们的人。鲸在死后才可能被人描述。

它们的数量也不容易恢复。抹香鲸是所有哺乳动物中生育率最低的——雌鲸每 4 到 6 年只会生产一次，每胎只有一头幼鲸。它们也是两性形态差异最大的鲸类：雄性可能有雌性的两倍大。在一生的大多数时间里，雄鲸和雌鲸都分开生活。雄性身形越大，就越吸引潜在的配偶——如果它们偶遇的话。不过这有利于保持其物种优势：广袤的

---

① 1 码约合 0.91 米。

迁徙距离确保了抹香鲸的全球种群在基因上有着惊人的相似性。

它们前往南方交配，雄性之间会战斗以争夺雌性的青睐。它们的下颌扭曲——有的甚至打了结，在《白鲸记》的描述中，亚哈的腿就是被莫比·迪克那镰刀状的下颌切断的。比尔认为这些下颌的形状证明鲸进行了野蛮又短暂的战斗，证据还包括这些动物头部、背部和腹部的牙印。抹香鲸不像发情的雄鹿般要守卫自己的领地，但它们会狠狠咬开对手的皮肉，用那好斗的前额互相冲撞，雄鲸的前额膨大得几乎令人憎恶。

成功配对的伴侣会腹部贴着腹部性交，雌性在下方——以实玛利的用词更谨慎些，"像人一样"。鲸的孕期长达 15 个月，成鲸至少会照顾幼鲸两年，有时鲸群一起照顾幼鲸，我们知道还有 13 岁的鲸依然在吃奶。"鲸奶很甜很腻，"以实玛利说，"有人尝过，配草莓吃起来很不错。"幼鲸没有嘴唇，它们是在母鲸的乳头喷出鲸乳时用嘴的侧面接住乳汁的，最早辨识这一技巧的是医师威廉·王尔德爵士，就是奥斯卡·王尔德的父亲。

抹香鲸的社群结构是除人类外所有动物中最复杂的。和其他齿鲸类一样，它们集群迁徙，以性成熟度的不同分隔为生殖群体和单身群体。雌性和未成熟的幼鲸以 20 至 30 头的数量为群体单位，在一个广阔的区域中分散游动。它们更喜欢温暖一些的海水，也许因为这些水域里虎鲸更少——这是它们唯一的天敌。群体照护巩固了它们的延伸关系：当一头母鲸要下潜觅食时，她会把无法跟上她的幼仔留给其他雌鲸或未成熟的鲸照顾，那相当于一个鲸的托儿所。人们曾经看见个头很大的雄鲸温柔地把幼鲸含在自己嘴里，不过事实上，这么做的同时，这些雄鲸还会亮出伸长的阴茎，这可能意味着，比起照看，这种行为的含义更可能是求偶。

到了十几岁及二十几岁，年轻的鲸将加入单身群体，就好像进入新一段鲸生。它们19岁就发育成熟了（雌鲸最早在7岁便能性成熟），但要等20岁之后才会求偶。它们也会游到更远的地方去寻找猎物，成年雄鲸漫游的距离超出了南纬40度至北纬40度之间的海域，形成的松散群体散布于方圆200英里以上的水域。最终，群体规模将会缩小，中年雄鲸会渐渐开始独自行动，它们可以巡游到靠近极点的海域，去寻找新的觅食场，而后再返回温暖的海域去求偶。

为了确保秩序，捕鲸人会细分猎捕对象，给海洋哺乳动物冠上了人类的贸易及组织术语：

> 组：最多20头鲸
>
> 队：20至50头鲸
>
> 大群：50头鲸以上

单身大雄鲸被称为"校长"，雌鲸群是"妻妾"，而年轻雄性是"40桶油①"的单身汉群体。以实玛利对"裴阔德号"驶入一个鲸群育儿所的场景做了令人难忘的描述。他俯瞰清澈的水下，在那里，

> 当我们俯身在船舷边向下凝望时，另一个更为奇异的世界映入我们的眼帘。因为，倒悬在这个水底苍穹之中，漂浮着一些正在哺乳的母鲸……如同正在吸吮的人类婴儿会沉静而专注地凝视

---

① 一头抹香鲸可取的油通常在25—40桶间。

着别处，而不是母亲的胸脯……这些小鲸便是如此，它们在吸吮时似乎也在仰望着我们，但又不是望着我们，在它们那新生的目光来看，仿佛我们只不过是一些马尾藻。

然而，这一切都无法阻止船员向这纯真的场景发起猛攻。其历史宿命中最残忍的一点是，这些被疯狂追击的鲸本应有漫长的一生，它们巨大的心脏一分钟只会缓慢地跳 10 次，这预示了它们的长寿——一只鼩鼱的心脏每分钟能跳 1000 次，但它只能活 1 年。这巨兽的生活史就仿佛是被其种族存活的百万年历史减缓了。抹香鲸 45 岁时正值中年，体形正是最好的时候，和人类一样，它要到 70 岁以上才步入老年。雌鲸可以活到 80 岁以上，也许能活到 100 岁甚至更久。不过就目前所知，雌鲸到 40 岁后就不再产崽了。现代杰出的抹香鲸专家之一霍尔·怀德海称，这些女性长辈以"我们还未理解的某些方式"转而协助其他雌鲸。他把这些年纪更大的雌鲸称为"智者"，让人想到那些白发苍苍的老祖母，教导她们的儿女如何抚育孩子，把优良觅食场的信息传递给它们。

尽管繁殖过程缓慢，并且数世纪一直遭受捕猎之苦，巨头鲸在全世界的海洋中依然如此普遍存在，这一事实证明了它在演化上的成功。在哺乳动物中，只有虎鲸和人类的分布范围遍及全球。抹香鲸依恋深水，但也有人在长岛附近海域见过它们，就在纽约市辖区的边缘，与此同时，别的抹香鲸正在康沃尔①或挪威海岸附近游泳。这些通常都是独自行动的雄鲸，但也有数百甚至上千成群的团体，弗雷德里克·本

---

① 康沃尔，英格兰岛西南端的半岛，北和西濒大西洋，南临英吉利海峡。

尼特①称，这些鲸群的数量"超越了任何合理的范畴"。捕鲸船有时会突然偶遇这些庞然大物的巨型群集，就像平原上的野牛群。怀德海博士也将它们比作漫游于海中稀树草原的象群，两者有着相似的社群结构和群体依存性——甚至有同样高度演化且极其有用的鼻子。

悠游于海中的抹香鲸没有日夜的概念。和所有鲸类一样，它们自主呼吸，并且在睡觉时必须让一半的大脑保持清醒状态，和狗相似，在这个过程中它们还会做梦。有时它们像蝙蝠一样垂直地悬着，气孔朝向海面，在进食之后簇拥在一起打着瞌睡。抹香鲸展露出的社交技能远超出了群居本能。它们喜欢身体接触，会数小时地在海面下方绕着彼此翻滚。"它们似乎很喜欢互相碰触，"乔纳森·戈登评论这种水下舞会时说，"看到它们温和地互相扣住下颌并不是罕见的事。"

这样的凝聚力也延伸到了自我防御上。鲸群永远都在移动，它们排成队列游泳，"像接受检阅的士兵"，以数量寻求安全，组队潜水觅食，同步鸣叫以防御敌人。但即便如此披坚执锐，这些动物面对虎鲸的攻击时依然是脆弱的——尤其是在海洋这个三维狩猎场中，它们无处可藏，威胁可以来自任何角度。在这里，它们唯一的庇佑来自彼此。

受到威胁的抹香鲸会停止进食，游到海面，聚集成群。它们头朝内将幼鲸围在中间，组成一个被称为"雏菊阵形"的战术圆圈，身体像花瓣一样朝外伸展。这样它们就能用强大的尾鳍来对付任何入侵者，以鲸的军阵来保护小鲸。在另一种阵形中，它们尾部朝内，头朝外，用嘴来迎敌。被包围的鲸会静默地守住自己的位置，按兵不动。如果一头鲸被隔离到阵外，会有一两头同伴离开自己的安全区，去护送前

---

① 弗雷德里克·本尼特（Frederick Bennett, 1918–2002），英国新闻工作者。

者回到阵内。它们在这个过程中冒着生命危险，因为虎鲸会像狼群一样袭击，从它们身上撕扯下大块的血肉。一位博物学家写道："这从任何角度来说都是'英勇的'行为。"

讽刺的是，这样的技巧对付虎鲸是成功的，但却使抹香鲸更易遭到人类的屠杀。"雌性非常依恋幼鲸，"比尔评论道，"人们常常见到它们以最锲而不舍的温柔与关怀催促并协助幼鲸逃离危险。"如果有雌鲸遭到攻击，"她忠诚的同伴们将一直环绕在她身边，直到最后一刻，或直到它们自己受伤"。捕鲸者称其为"滞航"，他们从资本的角度来看待这些猎物遇险便围拢的致命习惯，通过"巧妙的操纵"摧毁整队鲸群。在20世纪的一次捕鲸中，一名观察者称，"它们不游走也不下潜"。比尔辛辣地补充道："所以投手可以非常轻松地杀掉这些鲸，从最大的那只开始。年幼的鲸显然有同样的情感依恋，在它们的父母被杀死数小时后，船边还能看到幼鲸的身影。"

给鲸赋予人性的做法逾越了界限，但是当你看到鲸的整个家族跟着一头受伤的亲属搁浅在沙滩上，或是一头被轮船螺旋桨割出致命伤的雌鲸被驮在同伴背上时，你很难抑制内心爆发的情感。它们真的是一些温和的巨兽：正如大象会被一只老鼠吓跑一样，抹香鲸也会被一群好斗的海豚击败。一头海豹，甚或按相机快门的声音都可能吓得它们甩尾逃走。就如怀德海博士评论的，这些鲸似乎把自己的栖息地都看作是一个危险甚至可怕的地方。

　　但它们是食肉动物，并且食欲旺盛。它们主要捕食头足类动物，不过也吃金枪鱼和梭鱼类，人们在它们胃里还发现过长30英尺（约9米）的整头鲨鱼。抹香鲸的消耗量巨大，一天要吃300至700只乌贼，全球的抹香鲸每年要吃掉1000亿吨的鱼——相当于整个人类海洋渔业的年渔获量。

　　抹香鲸的下潜深度超过了其他任何哺乳动物，因此我们无法知道它们在深海如何行动。我们了解它们吃的食物，是因为我们在它们胃里有所发现；但我们不知道它们进食的过程。声音对它们的生活来说至关重要。它们没有音腔，托马斯·比尔提到，"抹香鲸是海洋动物中最寂静无声的一种……最老练的捕鲸者都知道，除了喷水时发出的一点微不足道的嘶嘶声外，它们从不由鼻腔或口腔发出任何声音"。但这种鲸拥有动物中最大的音响系统，它们使用1/3的身体来发出响亮的咔嗒声，这种声音时常在其猎食时响起。事实上，鲸硕大的吻部是一个高效的巨型乌贼搜索器。

　　就如蝙蝠发出声波来寻找飞翔的昆虫，抹香鲸也会发出相似且更加响亮的脉冲来定位猎物。它们特有的咔嗒声是由其鼻腔中的"水泡"膨胀收缩而产生的。正如怀德海博士解释的，这个过程有一种非常复杂的序列。两个鼻腔通道从外部喷水孔一左一右地延伸，左边的通道直接通向肺里，但右边的通道会经由瓣膜穿过一个末梢气囊，此处的瓣膜被称为"猴嘴罩"。

　　声音最初的产生是由空气被挤压穿过瓣膜——很像我们弹舌发出的嗒嗒声——而后空气穿过这头动物上部的脑油器或"腔"，再弹向头骨后方的另一个额叶气腔——它实际上可算是一种骨质的声反射镜。接着，这股空气改变方向，扩散着穿过"小脑油舱"中的一系列声透镜，这个含油的器官位于鲸头的下部。因此，抹香鲸鼻子里奇异的机制就如同一个活生生的扩音器。一些声波还会沿着腔室来回反弹，形成第二波脉冲。由于其脉冲间隔等于腔室的长度，因此一头鲸发出的真实的声音——咔嗒声之间的脉冲——可以用来量度其身体大小。你可以从脉冲间隔推断出动物的身长，也就是说，鲸及其头部越大，

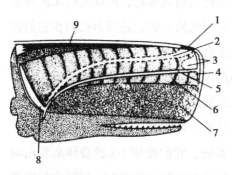

它的咔嗒声就越有力。繁育期的雄鲸也许能根据彼此的鸣声判断其身形大小，并且还能判断其性别。这些鸣声就好像南非科萨人使用的语音一样，可以用来界定不同的部落。

　　鲸的咔嗒声可以传播很远，这对导航和交流来说都很重要。它们使鲸的感官范围远超出了自己的身体，在不同的鲸群中，声音的速度和变化都不一样，就好比约克郡的方言有别

抹香鲸脑油器和头骨鼻腔通道系统的结构：
1.喷水孔；2.左侧鼻腔通道；3.末梢气腔；
4.末梢气腔的袋状外翻结构；5.右侧鼻腔通道；6.上部的鲸脑油囊（脑油器）；7.下部的鲸脑油囊（小脑油舱）；8.额叶气腔；
9.肌腱层

于汉普郡。这使每头鲸都能识别自己家族的成员，并与之交流。就算是在运用地球磁场探索水下领域时，它们也一样能和家族沟通，海中的山峰与深谷对它们而言畅通无阻。它们潜水时通常随意组队，下潜时会使用这种咔嗒声来定位并扫描猎物的距离、存在及特性，精确度非同一般。人们认为鲸能"看穿"其猎物，对它进行诊断，甚至到了能判断其是否怀孕的程度。反弹回来的咔嗒声穿过坚厚的颌骨被"听到"——亚哈的假腿就是用这块骨头雕成的——这骨骼本身就是一种听力装置，它能引导声音穿过传音油脂，直达中耳。鲸的外耳基本上是无用的，它直接通过身体来倾听。

鲸潜得越深，感官就越灵敏，因为这样可以远离上方世界的各种嘈杂纷扰。一头抹香鲸可以制造出200分贝的洪亮鸣声，令其沿着"海底信道"散播到100英里之外，这里的深层海水易于传导声响。身形如此庞大的生物要依赖于这样无形的渠道，这一点似乎很奇怪，但是雄性抹香鲸凭借其更大的头部，可以发出非常强大的声音，以震昏甚至杀死猎物。这些定向音爆通过鲸的前额聚拢，犹如枪击，就像一名作家所言，这就相当于鲸朝其猎物放声大吼从而杀死后者。

20世纪的苏联热衷于捕猎抹香鲸，这使他们的科学家拥有充足的机会对其进行研究。这些科学家认为，为了在200米以下只有1%阳光能穿透的深海中捕猎，抹香鲸使用一种"独特的视频信号接收系统……哪怕是在完全的黑暗里，它们都能在反射能的音流中获得目标物体的图像"。换句话说，抹香鲸可以用声音来看见猎物。如果你觉得这动物已经没有什么特质能让你迷惑，那可以听听另一个理论，它认为鲸的音爆及其头部动作也许能让深水中的浮游生物进行生物发光。在一片漆黑之中，这利维坦也许能点亮通往午餐的道路。

就算已经离开了那个地铁站，你依然是个地下旅客，由铺着瓷砖的隧道指引前行，随后便步入一座堂皇的大教堂的阴影中，这就是伦敦自然历史博物馆所在地。教堂外立面的陶瓦叠得像地质分层，上面附着了各种工业风的动物：纹章上常见的格里芬、中世纪的有鳞鱼类，最吓人的是利齿森森的翼手龙，它们如鹳鸟般的嘴十分可怕，凸出的眼睛就如石像鬼一样，还有裹在外面的皮包骨头的翅膀。

在哥特风的中央大厅，孩子们绕着一只发黑的梁龙一圈圈地跑着，而它漠然地摇晃着自己鞭子般的尾巴。一百年前，这里原本还有另一头怪兽迎接他们，那是一具抹香鲸的骨架，一位貌似维多利亚时代人的警察守卫着它，好似守着本顿维尔监狱的一个犯人。

路线像失落的记忆般重新浮现。我经过在那早已消失的三叠纪海洋中徜徉的鱼龙，还有被虫蛀坏的稀树草原和雨林动物群，这里展示着一众死去的动物。忽然，走廊转过一个弯，通往一处更像飞机棚而不是博物馆的空间。这里悬吊着一个模型，看上去像是我曾挂在卧室天花板上的那些飞机模型。那是一头蓝鲸，是伦敦自然历史博物馆里最大的物件。

儿时的记忆常常蒙骗我们，但此刻与之相反，它实际上比我记忆中的还要大。从鼻尖到 20 英尺长的尾鳍，这头鲸有近 100 英尺长，能轻而易举地在身体内装下一大栋住宅。它带着某种格林兄弟发明的童话风格：巨大的嘴微微笑着，不成比例的小眼睛从起皱的眼窝向外凝视，半是沉思，半是恳求。就连林奈给它起的名字都带着一点瑞典式的幽默：*Balænoptera musculus*，其中 *Balæna* 是鲸的意思，*pteron* 是翼或鳍的意思，而 *musculus* 同时有肌肉发达和胆小羞怯的意思。

就如此刻的各位访客一样，我被这具模型欺骗了，因为这木头与石膏的构造只是蓝鲸的近似物。比起这吹胀的模型，它本身的线条要流畅得多。这具鲸的塑像是在20世纪30年代做成的，那时还没有任何人见过整头生活在自然环境里的活鲸。这具塑像的创造者们依靠的是从水中拖出来的鲸的尸体，它们就像古旧的内轮胎般瘫在那里，无法展现其真正的美。和伦敦水晶宫里的恐龙一样（我们全家曾去那里游览，观赏拴在一个郊区公园里的混凝土禽龙和蛇颈龙），这头壮观的蓝鲸也是错误和迷思的产物。小时候，我以为模型体内就是那头动物的骨骼，就好像一座教堂坟墓包裹着圣人的骸骨。但实际上，这模型是中空的，是用石膏和细铁丝绕着一副木架就地制作而成，就好似这宏伟的大厅也是环绕着它建成的一般。

早在1914年，就有人提出构想，要为博物馆建一个新的鲸类大厅，但战争阻碍了它的进程。项目在1923年重启，当时的博物馆馆长是先锋派的西德尼·哈默，他提请理事会注意，馆中"缺乏较大型鲸类的展览系列。目前捕鲸主题基本上还悬而未决"。他还提醒理事会，他们"曾频繁地表示支持那些保护鲸免于灭绝的努力"。

　　哈默对自己的构思愈发热心，他用了三张淡蓝色的大页纸声明："在这样的情况下，我们很自然会期望鲸厅中能展示弓头鲸、蓝鲸和座头鲸这样的物种……好让参观者充分了解这三个重要的物种是什么样子。"声明甚至认为可以挪用政府为因战争失业或残疾的人调拨的救济款项。不过，建造新大厅主要是为了宣传当时探索频道在南乔治亚岛所做的工作，科学家们正随英国捕鲸舰队在南冰洋组织调查研究。

　　哈默宏伟的蓝图花了将近10年才得以实现。1929年6月，官方向外宣布了新大厅动工的消息，它以现代主义风格搭建了用钢梁架构的玻璃屋顶，不过直到1931年它才真正竣工。为了填充这个广阔的新空间，人们提议构建一头实物大小的鲸。于是1933年，博物馆决定委托一位挪威工程师去采购一头蓝鲸，将它尾朝上吊在一个雕刻工作棚里，根据它来铸造模型。这个野心勃勃的计划要花不少钱，不过人们出售这头鲸的鲸脂，并向美国的各家博物馆推销它的铸模，从而抵销了一部分成本。然而，这个计划明显的"实验性质"使它最终也被抛弃。

　　将近五年后，1937年4月，博物馆的技术助理兼标本剥制师珀西·施塔姆威兹提议，由他在大厅里制作模型。施塔姆威兹和他的儿子斯图尔特花了近两年时间，按照南乔治亚岛科学家给出的测量数据，制作了上述蓝鲸模型。工人们使用像裁缝工具那样的巨大纸板，在木头上切割出横切面，再用板条以3英尺宽的间隔将这些木质横切面连接起来。在这结构外面又缠上了成圈的铁丝网，以铺设最后的石膏外壳。斯图尔特亲自描绘了蓝鲸的眼睛。这是一项冗长艰辛的任务，在制作期间，工人们就把模型内部当作了食堂。这就如同1853年，便雅悯·瓦特豪斯·郝金斯[①]在他搭建过半的禽龙肚子里开了一场新年前夕晚宴，某本期刊上写道，一群科学家就像当代版的约拿似的被吞进了怪兽的肚子里。

这个模型以木料为基础，因此看上去像一艘大船，这方舟的龙骨躺在博物馆的大厅里，随时准备在洪水来临前去援救馆中的一切物种。它又好像是两场战争的间隔期出现的飞艇，预备充满氢气飞越大西洋。事实上，当它被悬挂至天花板时，涂绘鲸身的画家们都抱怨说，它摇晃得过于厉害，导致他们都晕船了。

最终的成品看上去如此真实，连《泰晤士报》都认为它"无疑会被偶遇的访客错认为是一头'填充'的标本"。它完成于1938年12月，就在战争即将爆发的时候，一本电话簿和一套硬币被当作某种时空胶囊放进了模型内部。因此，在战争前夕，这宁静的大鲸变成了对短暂和平时期的纪念，如同一座鲸形纪念碑。它也是一个巨型幸运符，因为看守人曾往它的尾鳍上放上便士，以鼓励访客们也这么做，就好像往幸运喷泉里扔硬币一样。等到夜晚闭馆时，看守人就把这些收入扒拉下来，去酒馆里花掉。

今天它的一侧有一个告示：

> 请勿往鲸尾上扔硬币，这会造成损坏。谢谢。

---

① 便雅悯·瓦特豪斯·郝金斯（Benjamin Waterhouse Hawkins），19世纪英国雕刻家、博物学艺术家，曾参与制作伦敦水晶宫的恐龙模型。

告示旁边，在石膏尾鳍上，躺着一枚 20 便士和一枚 10 便士的硬币。

　　人们又为展览另做了一个模型，施塔姆威兹最初想使用填充的海豚标本，但事实证明，这和早期想用真蓝鲸铸模的尝试一样没有成功。于是人们用一小群玻璃纤维制的鲸代替了这个构想，其中有小只的恒河豚，也有看上去很古老的索氏中喙鲸。它们全都跟在蓝鲸领袖身后，仿佛在某个夜里，她就会冲破墙壁，带着它们冲向泰晤士河，直奔大海。在那之前，它们悬空挂着，等待着时机，用玻璃眼珠观望着那一群群来访的学生。

　　在鲸厅的下方，也是整幢建筑的腹部，海洋哺乳动物馆的馆长理查德·萨宾带着我穿过许多自动门，它们像宇宙飞船的舱门一样在我们身后关闭，隔绝外界，密封住这个严格控制气候环境的区域。我跟着他，经过成排巨型的灰色存放柜，它们从地面一直顶到天花板。

当他打开一扇扇柜门时，我看到了其中的存放品：浸泡在酒精里的鲸类组织，上面贴着拉丁文双名：*Phocœna phocœna*（港湾鼠海豚）、*Tursiops truncatus*（宽吻海豚）、*Balœnoptera physalus*（长须鲸）。某个像小鱼缸那么大的容器里装着一个座头鲸胚胎，它张着嘴，肤色苍白，看上去就像个橡胶玩具。

　　走廊尽头通往一个宽敞的房间，里面摆满了架子，上面立着许多装有浅褐色液体的罐子，和头顶嗞嗞闪烁的白色灯光形成鲜明的反差。每个玻璃罐里都塞着一只动物，像腌小黄瓜一样被残忍地装在里面。一只粗毛的食蚁兽扭曲着，像是想用它属于啮齿类的爪子，从这透明的监狱里爬出来。一个鲨鱼头立在广口瓶底，用斥责的目光瞪着外面。陷在另一个罐子里的是一条腔棘鱼布满鳞片的尸体，它仍然在这被时光染成烟草色的"海洋"里游弋。

　　这都是我噩梦的素材来源。我沿着一排标本走去——其中某些

标本是达尔文亲自收集的，所有标本都以手写的行李标签有序分类，好像随时预备被运到其他地方去——走到尽头时，一头被人随意放在一边的突眼大硬骨鱼吓了我一跳，身后又有一排封闭的金属大缸拦住了我的退路。它们就像食堂厨房里的一堆平底锅，只不过上面的影印标签使它们更加令人生畏，标签上显示了缸中密封的内容：整头海豚和幼鲸。但是，这些恐怖的东西没有一个比得上那个占满房间整个左半侧的巨型厚玻璃水槽，支撑着它的支架就好像棺材架。水槽里头，在福尔马林和海水的混合物中，浮着一只大王乌贼，抹香鲸传说中的宿敌。

它躺在那里，像一个诡异的幽灵，在微弱的绿光中隐约透出它生前的红色。福克兰的渔民们从南冰洋里粗暴地将它扯出海面，把它像巨型炸鱼条般冻起来，运到了赫尔，而后又送到了这里——南肯辛顿的地下室中。这个标本长 28 英尺（约 8.5 米），它绝不是同类中最大的，1880 年，人们在新西兰的岛湾捉住了一头长 61 英尺（约 18.6 米）的乌贼。有些乌贼可能会长得比这更大。纳尔逊·科尔·哈利从 1849 年至 1853 年乘"查尔斯·W. 摩根号"捕鲸船航行，他声称在新西兰西北岸看到了三只一起游泳的巨大乌贼，他估计其中一只有 300 英尺（约 90 米）长。

对于这骇人听闻的乌贼队伍，哈利承认"有人可能会说这又是一个荒诞的故事"，但他曾见过许多鲸和其他生物，"虽然眼前景象把我吓坏了，但我没有丧失理智，还是能如常地用我那一点点判断力去审视它们的外观"。他很确信他看到的是"奇妙的深海怪兽"。也许科学已经证明了哈利所见幻影的真实性：最近的声学研究从深海中识别出了一种"低沉的"声音，它只可能由一头非常大的动物发出，也许是一头长达数百英尺的巨大乌贼，比一头蓝鲸还要大得多。

对水手来说，这些生物就是原版的北海巨妖，是神话中的海怪，是能将整艘船拖进海底的"异灵"。它似乎是自然为鲸创造的一个旗鼓相当的对手。在追捕莫比·迪克时，"裴阔德号"遇到了"一大堆白色的东西"，它慵懒地浮上海面，如此巨大以至于成了一片活的地貌："一大团烂烂糊糊的东西，长宽都足足有几百米，闪烁着奶油色，平躺着浮在水面上，从它的中央辐射出无数长长的手臂，不停地盘绕、卷曲，像一窝蟒蛇，好似要盲目地攫住任何够得到的倒霉的东西。"

"鲸"这个词能唤醒诗意的完满，相反，"乌贼"这个词表达的是碎片化的、无形无相的邪恶。当这个"怪异的、无定形的、偶然出

现的活幽灵"在"一阵低沉的吮吸声"中下沉时，以实玛利似乎也不寒而栗。"正因为它非常罕见，所以，虽然所有人都宣称它是海洋中最大的生物，却很少有人对它真正的本性和形状具有哪怕最为模糊的概念；不过，人们都相信它是抹香鲸唯一的食料。"但在伦敦的这个地下室中，这做过防腐处理的怪兽躺在它的玻璃棺材里，一个传说萎缩成了一条死鱼。

这是一团庞大的、纠缠的肉管，因为受到拖网的粗暴对待而有磨损痕迹。如今，那覆着肉膜的8条长触手只是一团黏糊糊的伸长的肉索，上面布满邪恶的圆形吸盘和倒钩，它们可以在鲸皮上烙下痕迹。在触手末端藏着乌贼的颚，它坚硬又强壮，像鹦鹉的喙般闪着光泽，由几丁质构成。这怪物除了像阴茎，还十足像"长牙齿的阴道"。从黑暗的海床被移到这狭小的陈列柜中，它那直径超过1英尺以获得最佳光线的巨眼在眼眶中干瘪了，失去了它曾经拥有的任何特性，使之

寻鲸记

对命运盲无所见。头足类动物有高度发达的神经系统，这动物之所以有坚硬的喙，是为了把食物嚼成小块，因为其食道过于靠近大脑，一顿不够经心的餐点就可能损坏它。乌贼是真正的异形：它还有两个心脏。

这动物有一对 20 英尺长的触手，伸向身体前方探察道路，它们至少和身体一样长。苏联的科学家认为，巨乌贼绝不是顺从的被害者，它们可能会积极地用触手缠绕抹香鲸的头部，锁住它的下颌，甚至试图封住它的喷水孔——这是每一头鲸都害怕的事。只有极少数人类见证过它们之间的战斗。在《抹香鲸巡游》一书中，弗兰克·布伦讲述了他所服务的新贝德福德捕鲸船在印度洋航行的故事。在深夜的明月下，他正在瞭望时，看到了远方海中的一大片骚动。最初他猜那是一座火山岛屿在喷发，但接着，他通过望远镜发现，那是一头大抹香鲸正与一只巨乌贼搏斗。那头足动物的触手像网一样包裹着抹香鲸黑色的柱形头部，而抹香鲸正机械地想啃穿袭击者。布伦叫醒了船长，想让他来看看这千载难逢的景象，但船长只是骂了他一顿，又睡着了。

这样的场景也许可以作为恐怖电影的素材，不过我们至今仍未拍摄到这样的争斗——这咬合的喙与撕扯的牙、恶鬼般互相吞噬的争斗——鲸可以用那可怕的大嘴满满咬上一口凝胶状的神经节和筋腱，尽管那动物的触手蠕动扭曲着想逃离自己的命运，却还是要被活生生地吞下去。（乌贼的经典防御方式是喷墨，但鲸可以在黑暗中"视物"，所以这种防御方式是无效的。不过倭抹香鲸——其堂亲的袖珍版——在受惊时会从肠道中分泌出一种浓稠的红褐色液体，就好像是在模仿乌贼所使用的方法。）

近处的一个罐子里浸着成块的乌贼肉和喙，罐内漂浮着的墨笔标签表明，这是探索频道的探险队从一头抹香鲸的胃中取出的。在这个地下研究室里，互斗的死敌被装在瓶子里以供后人了解。人们还在被猎捕的鲸胃里找到过活着的乌贼，大王乌贼之所以被确认存在，就是因为濒死的鲸吐出了它成片的触腕。对巨头鲸来说，它们并不是珍稀菜肴。亚速尔群岛周围的抹香鲸有1/10的食物都是巨乌贼，而南极圈里的抹香鲸吃的是巨枪乌贼——眼睛大得像篮球的大王酸浆鱿（*Mesonychoteuthis hamiltoni*）——抹香鲸是它们唯一的天敌。猎物的特殊性更加突出了猎手永恒的神秘性，它不分昼夜地进食，永远为自己新陈代谢的无底熔炉添加着燃料。

楼上的走廊里一个小时前还挤满叽叽喳喳的学生，此刻也已经安静了。穿过成排死去已久的动物，越过蓝鲸和挂在它上方的暗色骸骨时，我能听到远处有一台吸尘器在嗡嗡作响。现在，在这寂静里，这些生物看上去既无害又不祥，和它们生前的样子相互映衬。我从正门出去，却发现博物馆的铁门已经锁上了。

我幻想过在博物馆里过夜的场景，陪伴我的是恐龙和老虎标本那发黄的牙齿和玻璃眼珠。我记起这院子的一角，直到战前，人们还把标本埋在那儿的细沙坑里。尸体在这里被处理，等着表达与展示，它们被置于沙中，雨水会将沙坑完全浸透，加速可能要历时两年以上的腐烂过程。在照片里，抹香鲸正被拖出某种动物干燥台，不过在我看来，那就像是从被空袭的建筑里拖出尸体。直到本地居民抱怨这里的臭味，这种操作才宣告终止。我最终找到了博物馆的出口，走进了骑士桥明亮的路灯里。很难相信身后的哥特式建筑里曾躺着鲸，照管它们的是一位穿着连体工作服的科学家，他看上去更像是被雇来用双掘法挖沟的园丁——只不过他嘴里特意叼着一根烟，大约是为了抵挡脚下那腐烂动物的恶臭。

其他鲸类是浅水区的居民，与阳光和波涛共处。抹香鲸则是深海的常客，它生命中有一半的时间都在捕食深渊中盲眼的生物。然而，尽管抹香鲸的生活环境如此黑暗，它却曾为人们提供过光明的必需元素。在两个多世纪里，从肯辛顿到肯塔基，这巨大的头颅为客厅与街道带来了幽冷的光。光的单位——流明[①]——就是以一支纯白的鲸脑油蜡烛为量度的，这样的一支烛光相当于每小时燃烧 120 格令[②] 蜡。由于鲸油不会冻结，人们在冬季也能用它照明，并用它给手表和其他精密仪器做润滑剂。

抹香鲸的头部有两个液体储存库，位于头骨的半圆形凹腔中。上面那个是鲸脑油器，或称"脑油腔"，它是一个长管状或长圆锥状的结构，由肌鞘包裹，容纳着浸在油中的海绵网状组织。它的下方是第二个腔室，"小脑油舱"，两个腔室以右鼻腔通道隔开，这个腔室也充满了油。抹香鲸的英文名称 sperm whale 就来自这种珍贵的半流体物质——其历史价值更高，但它缄口不言的主人拒绝对此做出解释。

鉴于这种物质缺乏任何详细的解释，科学便插手干预了。或者，它至少是企图介入。一种理论称，鲸的头部是一个巨大的浮力辅助系统。油的密度和黏性会随着温度而改变，因此，当鲸的右鼻腔通道里吸入冰冷的海水时，它便会冷却油脂，使其渐渐变重（这和水不同，水在冻结时会变轻）。当它用自己的身体热量使脑油器变暖时，就好

---

① 流明是光通量的国际单位，即 1 烛光在 1 个立体角上产生的总发射光通量。

② 格令（grain）是古时候使用的重量单位，最早在英格兰，1 格令也就是 1 粒大麦的重量，约等于 0.0648 克。

像加热熔岩灯①里的蜡一样，这使鲸能随心所欲地浮起或沉降。但这个优雅的假设很有争议，其他理论认为油的主要功能是为鲸强有力的发声系统调焦。事实上，油脂传导声音的功能将这动物的头变成了一种高定向性的扬声器，使它得以宣告自己的存在。

以实玛利为这奇异的液体赋予了一种更具感性的角色。在《白鲸记》最特别的章节之一"用手揉捏"中，他与船员围着一桶鲸脑油坐着，从冷却的油脂中捏出油块。

> 捏呀！捏呀！捏呀！整个上午，我都在揉捏鲸脑，直到我自己几乎溶化在里边……我发现自己不知不觉地揉捏着鲸脑里的我同伴的手，把他们的手错当成了柔软的鲸脑球。这差事竟然引发出这样一种富于深情、充满友爱的情感来，我索性继续揉捏他们的手，并抬头注视着他们的眼睛，满怀情感，那就等于在说……来吧，让我们大家都揉揉手；不，让我们彼此揉在一起吧；让我们把自己通通揉进这油乳交融的友爱之中吧。但愿我能一直那样揉捏鲸脑！

很明显，之后的章节"法衣"甚至更加古怪，在这一章里，以实玛利描述了一个"非常陌生、不可思议的物件……莫名其妙的圆锥形……底部直径接近一英尺，和奎奎格的黑檀木偶像悠悠一样黝黑发亮"。只有寻根究底的读者才明白他说的是鲸的阴茎。在一个诡异的仪式

---

① 熔岩灯又称水母灯，是英国工程师克雷文·沃克（Craven Walker）发明的。它是在密封玻璃瓶中装入透明的液体和有色蜡，在底座加热时，瓶中就像熔岩流动般，会产生各种色彩斑斓的效果。

里，"剥肉工"剥去巨大的包皮，"就像非洲猎手剥蟒蛇的皮一样"，而后将它由里朝外翻，抻直，挂起来晾干。接着他在"黑皮"上剪出两个袖孔，把它穿上。"这个剥肉工现在就站在你面前，全身罩着他行使职能时的法衣，"以实玛利说，"穿着得体的黑衣……这个剥肉工多像是大主教的候补人，多像是教皇的随从啊！"（《白鲸记》后来的一位编辑哈罗德·比弗甚至说，"事实证明……这位特别的'剥肉工'

是一个装腔作势的怪人"，而"这从里往外翻的'法衣［cassock］'是'屁股［ass］/阴茎［cock］'的改写"。）

　　无论捕鲸船的甲板上是否上演过这样的仪式——它可能来自作者促狭的想象——它都是"一本令人惊艳的书中最令人惊艳的章节"，这句话出自霍华德·P.文森特，不过他在声称"梅尔维尔的读者有90%完全没有理解'法衣'的意思"后，于1949年表示实在不想再进一步对它进行讨论。其他作家对于鲸的性象征意义没有这么腼腆。D. H. 劳伦斯早就为抹香鲸起了"最后的性器"的别名，而 W. H. 奥登在1938年写到了亚哈和"那伤及他性征的暧昧的稀奇怪兽"——引用于《白鲸记》中的一场意外，某个夜晚，有人发现船长俯卧在地，不省人事，"他的假腿发生了激烈的错位，像桩子一样一戳，几乎刺穿了他的腹股沟"。就好像在这个完全男性化的世界里，男人必须为鲸赋予性征，以使它从属于他们的性别——反过来也一样，他们也可以被归入它的类别。20世纪70年代，哈罗德·比弗宣称这只动物"既是新房也是破城槌……是一种真正两栖且双性的造物，就如迦百列所谓'震教神的化身'"。分饰多角的鲸自己变成了一具阴茎，但同时又是精子化的、巨大的和精液化的。

　　抹香鲸被赋予了如此神秘且象征性的特征，又拥有如此传奇化的敌人和如此偶像化的地位，我们就不会奇怪它们为什么变成了宿命的怪兽，并注定要成为人类的猎物。蓝鲸和长须鲸的速度太快，座头鲸并不产出收益。于是抹香鲸——那歪斜的吻，浮于海面的喜好，最矛盾的是它害羞的天性，都使它脱颖而出——自然而然将自己奉献为所有鲸类中的祭品：它是沉默而可敬的冠军。

第四章 肮脏的法令

谁又不是奴隶呢？告诉我。

——"蜃景隐现"，《白鲸记》

在新贝德福德这个专门建造的拱形大厅中，陈列着它最宏伟的展览品：一个按真船比例缩小一半的捕鲸船模型。即使尺寸已经缩小，这艘船模逼仄的下甲板也一样令人生畏。它们很像当时运奴船的下甲板，不过前者是用来运载猎捕到的死鲸，后者则用来运输活人。邻近的陈列室里是一件比它小很多的展品：一张用银版照相法拍摄的镶框相片，相片上是一个英俊的男人，一头顺滑的卷发，脸庞精致，眼神严肃又犀利。他穿着一件时髦的高领衬衫，系着领带，外面是一件讲究的深色外套。他的神情镇静自若，你也许想不到，他是这个以捕鲸为业的城市中废奴运动的发起者——弗雷德里克·道格拉斯。

道格拉斯的母亲是一个奴隶，父亲是一个不知姓名的白人。1838年，他打扮成水手的样子，逃离了巴尔的摩，来到新贝德福德，在这里生活工作了四年，他做过各种活计，搬运木桶，给船舱装货，锯木头，扫烟囱，给铁匠拉风箱让手上起了厚厚的硬茧。以实玛利声称"捕鲸船就是我的耶鲁大学和我的哈佛大学"，而对道格拉斯和他的同胞而言，"造船厂……就是我们的校舍"。

　　和美国其他地方一样，新贝德福德也是一个种族混杂的城市。如果说美国的白种人更多是扒手和妓女的后代，而非清教徒移民的后代，那么就像以实玛利告诉我们的一样，"在美国捕鲸业雇用的大量水手中，美国出生的不到二分之一"。美国的铁路是爱尔兰的工人建造的，从事肮脏捕鲸业的是非洲人、印第安人或者亚速尔人和佛得角人。英雄鱼叉手更可能是有色人种，而非"五月花号"船员的后代。

　　到了19世纪中叶，20个新贝德福德人里就有1个是黑人，这个比例高于纽约、波士顿和费城。以实玛利感叹道："在新贝德福德，活生生的食人生番就站在街角闲聊；他们是彻头彻尾的蛮子，很多还赤身露体，大不合时宜。初来乍到的人会目瞪口呆。"南城因为亚述尔人众多，被称为"小法亚尔"；附近市中心的一个街区也因其居民而被称为"新几内亚"。在这些盖着木瓦、镶着护墙板的新英格兰街道上，你可以听到十几种语言，还能看到深色皮肤的人种，那是奎奎格的同胞塔什特戈和达戈①，是"裴阔德号"上的波利尼西亚人、美国印第安人及非裔美国鱼叉手。1917年，玛丽·希顿·沃尔斯②到访此处，在港口看到了"南部的幻影"，那里到处是"布拉瓦人"或佛得角人，在整个街区里白人都像外国人；那里的孩子直直地瞪着你，还有"一位极漂亮的女黑人有着隐约的阿拉伯面部轮廓……压着步子在我们周围逡巡"。

　　雇用黑人水手的老板要么并不多问什么，要么本身是贵格会教

---

① 塔什特戈（Tashtego）和达戈（Daggoo）是《白鲸记》中的鱼叉手。

② 玛丽·希顿·沃尔斯（Mary Heaton Vorse），美国新闻工作者，社会维权者，评论家及小说家。

徒，他们的贵格会信仰原本就反对奴隶制。水手中有人晋升为船长或大副。还有人在供应行业获得成功，比如新贝德福德的刘易斯·坦普尔，他发明了肘节式捕鲸标枪，有着设计巧妙的铰链枪头。但是在甲板之下，铺位依然是以种族来区隔的，生活条件极为恶劣，以至于到了19世纪末，能被说服签约受雇的只有有色人种。因此，捕鲸船员的照片中多数是黑人的脸。查尔斯·蔡斯是新贝德福德最后的捕鲸船船长之一，他的后人告诉我，他在自己的舱室里常备着两把上膛的手枪，以防万一。当他的佛得角水手拿着一套衣服和一张10美元的钞票解约离开时，其中许多人会放弃自己的非裔姓名，像奴隶一样随了主人的姓氏，只为了迎合他们的新家。

新贝德福德的成功至少部分要归功于它和美国其他地区的便利交通。就在弗雷德里克·道格拉斯到达的那一年，这个城市加入了新英格兰的铁路网。但是对于道格拉斯和亨利·"箱子"·布朗（他把自己藏在一个板条箱里逃离了南部，在终点像变魔术一样现身）而言，新贝德福德是另一张网络中生死攸关的站点，它就是地下铁道网，这个隐蔽的系统秘密地协助了成千上万的奴隶逃到美国北方和加拿大。港口是进行这种非法贸易的绝佳地点，而捕鲸既提供了伪装，又解决了工作。对于道格拉斯这样的逃亡者来说，新贝德福德作为一个短暂停留的站点，这本身就代表着一种自由："在一个蓄奴州中，有色人种得不到真正的自由……但是在新贝德福德这里，我幸运地找到了一条可以让有色人种奔向自由的捷径。"

在18和19世纪，捕鲸业和贩奴业都是获利丰厚、带有剥削性的跨洋行业。捕鲸船设法将自己伪装成战船，以防范海盗（有时也庇护逃奴），而运奴船在内战期间设法躲开联邦封锁时也会伪装成捕鲸船。

1850 年，当梅尔维尔开始写作《白鲸记》时，废奴运动正走到顶点，这并不是巧合。局势的张力最终导致国家分裂，同时也赋予了梅尔维尔的书象征性的震撼力。

那一年新的《逃奴追缉法》颁布，主人们从此拥有了无上的权力，可以跨州追捕他们的"财产"。伟大的美国哲学家拉尔夫·沃尔多·爱默生认为，这是一条"肮脏的法令"。与此同时，他住在康科德市的邻居布朗森·奥尔柯特，则把逃亡者藏在一个现代版的改良神父洞①里。奥尔柯特创立的纯素食主义乌托邦社区"果园公社"就在波士顿郊外，是道德生活方式的早期范例。那里禁止穿棉布，因为棉布是剥削奴隶所得，也禁止点油灯，因为那些油取自被猎杀的鲸。

州与州之间的战争似乎已迫在眉睫，当南方和北方争论黑人应享有人权，还是应继续戴着镣铐时，梅尔维尔从鲸类学的角度对这一危机做了优雅的类比：

> 有人假称发现了英国人所说的格陵兰鲸和美国人所说的露脊鲸之间的区别。但是，在两者的所有重要特征上，他们的意见恰恰完全一致，尚未提出一个独一无二的决定性的事实，以此作为两者具有根本区别的基础。正是根据最无定论的区别所做的无止境的划分，才把博物学史的某些部分弄得如此复杂，让人生厌。

在另外的章节，以实玛利描述了一头"埃塞俄比亚式黑色"的鲸，它

---

① 神父洞是英国天主教徒在受迫害期间的藏身之处，许多天主教建筑中都有这个构造。

被追捕至心脏爆裂。而莫比·迪克自身的白色似乎反映了美国人对颜色的执着。

弗雷德里克·道格拉斯决心保护他的逃奴同胞逃离那些"嗜血的绑匪",于是发起了一场空前的运动,成为美国第一位公开反对这一不义之举的黑人。历史学家们喜欢想象道格拉斯和梅尔维尔在新贝德福德狭窄的街道上相遇。人们"发现",就在梅尔维尔从港口出发的同一年,道格拉斯在楠塔基特图书馆发表了废奴演讲。四年后,他的回忆录《弗雷德里克·道格拉斯:一个美国奴隶的生平自述》出版,受到了猛烈攻击。有些人甚至质疑作者的真实性,攻击他的俊美——肤色不那么黑,也不那么白——称道格拉斯为"黑骗子"或"半个黑鬼"(他对此反击道,"那也就是你们的半个兄弟喽")。1850年5月,道格拉斯本要在纽约社会图书馆(梅尔维尔也曾在此为他的白鲸故事做调查研究)与公众会面,却频频遭到"船长"艾赛亚·瑞德斯及其治安党的阻碍。这个组织袭击废奴主义者、外国人和黑人,一份支持他们的报纸要求它的读者

劈死恶棍。

当道格拉斯和他的两位英国朋友朱莉娅·格里菲思和伊丽莎白·格里菲思漫步于百老汇大道时,过路的人"就像被某种可怕的景象惊吓到"一样发着感叹。更糟糕的是,当三个人走近巴特里公园时,有五六个男人开始朝他们喊脏话,道格拉斯被打中了脸,两位女性头部被击中。在梅尔维尔前一年出版的自传《莱德伯恩》中有极相似的场景:年轻的水手看到他船上的黑人服务员走在利物浦大街上,"挽着一位漂亮

的英国女士"。他评论道："在纽约，这一对在三分钟内就会遭到围攻，这位服务员能四肢完好地逃离就算幸运的。"

道格拉斯在他的文章里抨击这些攻击为"纽约的颜色恐惧症！"，在之后的残酷内战中，他成为了亚伯拉罕·林肯在奴隶制方面的顾问。梅尔维尔的父亲曾是利物浦废奴主义者威廉·罗斯科的朋友，梅尔维尔也将在《白鲸记》中阐述这黑白皮肤的纷争，阐述这看似简单的两难处境。奴隶制与捕鲸业以一种奇妙的方式交织于历史之中，展示了内战前的美国境况，并且两者都因依赖不可持续的资源——人类与鲸——而注定毁灭。

在梅尔维尔抵达新贝德福德时，这里正处于空前繁荣的状态。19世纪40年代，有300艘捕鲸船从港口出发——数量超过了美国舰队的一半，它们常常带着两三千桶鲸油返航，利润可达数十万美元。新英格兰的许多小伙子受到英雄气概与荣耀的鼓舞，自愿投身这一行业。当其他人前往加州淘金，或前往达科他平原猎捕水牛时，这些人找到了另一片荒野：捕鲸就是海中的"西部拓荒"。

和牛仔或赛马骑师一样，经验丰富的捕鲸者在身体素质上完全适应这个工作——又或是他的工作塑造了他。"他是位相当瘦削、身材中等的人，气色很差，双手晒成了一种终年不变的深橘黄色，"紧随梅尔维之后从新贝德福德出海的查尔斯·诺德霍夫写道，"……肩膀非常厚实，可能是用力摇桨的结果。"在以实玛利所言的"这出海捕鲸的卑贱角色"中，一个流浪者变成了游历甚广的捕鲸人，透着

一种奇异的褴褛……他的鞋粗糙泛黄，走路时鞋带拖在地上。

他的裤子短了几英寸，遮不住脚踝，在裤脚和鞋子间露出一截劣质的灰色羊毛袜。马裤腰带上露出了一点红色的法兰绒内裤，脖子上系着褪色的黑手帕，用一个抹香鲸牙齿做的、镶着珠母贝的大圆环固定，拢着一件胸前……没有一粒扣子的衬衫。

捕鲸者就像某种海盗矿工，他们开凿海洋中的油，为工业革命的熔炉增添燃料，所起的作用不亚于那些挖煤的人。鲸油和鲸须是机器时代的商品，老板和船长们也采用了磨坊与工厂里所用的惩罚性措施，降低薪水，减少补给，以追求更高的利润。

　　　　当你追逐鲸鱼，拿生命冒险时，
　　　　你是在为他的房子添砖加瓦，为他的妻子梳妆打扮。

天真的年轻人往往在毫不知情的状况下，签署了不公平的协议。他们在纽约签约，然后坐船去新贝德福德，旅费将从承诺给他们的 75 美元中扣掉。有时"码头骗子"会灌醉他们，简直就像是抓壮丁，他们醒来时发现自己已经在开动的船上，无法下船。

　　在最糟糕的情况下，捕鲸者的待遇就如同外侨工人，几乎不比抵债劳动者好。诺德霍夫"在一艘从精神和现实来说都很肮脏的捕鲸船"

上待过几个月，返航时觉得自己折了两年寿命，他称捕鲸业"是一个庞大且肮脏的诈骗行业"。一位年轻的捕鲸者在五年航程后回到家中，会发现他的朋友们在采金区赚了大钱，而他自己只得到 400 美元，其中一半还要拿去支付旅行用品的账单。

对以实玛利来说，新贝德福德是一个"古怪的地方"，这个城市的"外观很奇怪"。它让初次抵达的诺德霍夫相当困惑。这个捕鲸城市从新英格兰的一个角落向外伸展，照亮了世界，但它却异常安静。"你永远都想不到自己是站在一个拥有联邦排名第七的商业港口的城市里，它的船舶漂浮于世界的每一片大洋中。"这种串通一气的寂静是因为港口贸易局限在一个相对狭小的市区内，就好像它渴望将自己粗俗甚至是声名狼藉的交易约束在一个捕鲸聚居区里。

新贝德福德至今仍是一个蓝领区，一个工作港，也许正是因此我才如此喜欢它——它让我想起自己的家乡。它仍然在原本捕鲸业使用的建筑中经营自己的生意；报纸和电台广播都用的是葡萄牙语；在城镇的北端，安东尼奥的饭馆在周五晚上向捕鲸者和工厂工人的后代们出售腌鳕鱼和面拖虾。当顾客们坐在酒吧里喝酒，冰寒的风吹过外面的街道时，想象一个现代版的以实玛利走进门来并不是一件困难的事，你甚至可以想象他的创造者。

当梅尔维尔于 1840 年 12 月的严冬抵达新贝德福德时，他看到这个城市的"梯形街道，结冰的树木在清澈寒冷的空气中闪闪发光"，无止境地展开人类活动的全景。港口对鲸类相关的生意很敏感。许多船舶停靠在码头里，等待着漫长的旅程，它们的船舱里装载着供给品，等这些东西被清空，就会换上捕猎的成果。这是一种高效的交换：如果"阿库什尼特号"有"油腻的运气"，她就永远不需要压舱物。船上的箍桶匠会用松散的桶板组合成扁桶，以便装载更多的货物。有些船舶在晾干它们的帆，就像鸬鹚张开翅膀。从热带海域返回的人们已卸了船上的货，这些人很容易识别，在家过冬的人脸都是苍白的，而他们被晒得黝黑。

　　码头沿岸相当于一个产业中心，就像日夜不歇的鲸一样，"木头堆积成大大小小的山头"，而"满世界漫游的捕鲸船终于安全地停泊在河边……沉默地躺在那里"。以实玛利在此倾听着木匠和箍桶匠的工作，"掺杂着用来熔化沥青的火焰和熔炉的声音"。那是永无休止的讯号，既活跃又麻木："一次极其危险和漫长的旅程刚刚结束，第二次便紧接着开始；第二次结束，第三次又马上开始，如此这般，循环往复，无始无终。是的，人世间一切努力的不可忍受之处就在于这样的没有止境。"这是一份枯燥的任务，货柜船将沿着预定的航程行进，进货，出货，沉沉负荷着油、鲸须和人类的努力。

诺德霍夫也看到了码头上到处都是"鱼叉、长矛、船铲，还有其他用来执掌利维坦生死的器具"。远处排列着客栈和办公室、经销处和制帆店、铁匠铺和餐厅、银行和经纪所，它们全都围绕着鲸做买卖，以一种不间断的、有利可图的追寻方式将每一分努力引向河流与远海。水街，也就是"新贝德福德华尔街"上紧连着的五个街区都贴着护墙板，覆着木瓦，就像船舶本身一样以木材包裹，据说它们是新英格兰最繁忙的区域。这条主大道从水边一路向上坡走，街边开的全都是旅行用品与供给品商店，侧边的小街上则是捕鲸人的寡妇们开办的寄宿处，"提供给那无数年轻的野心家大吹大擂"。若想要另一种荣耀，他们还可以造访锚在岸边的水上妓院。

矗立在县街上的豪宅广厦远离这粗犷的行业，这是新贝德福德最繁华的地段。这些房子至今依然以千姿百态的建筑风格占据着一个又一个街区，鲜明的对比色突出了建筑细节，每一栋房子都截然不同，但每一栋房子又都是工厂的产物，看上去全都整齐美观。就像邻近的罗得岛纽波特市中的富豪"夏季别墅"一样，这些建筑在铺张浪费上争奇斗艳。其中最壮观的一座房子是 1834 年为捕鲸业贵格会教徒小威廉·罗奇建造的宅邸，他的祖父约瑟夫从楠塔基特岛来到新贝德福德，开发了这里的捕鲸业。

这座豪华宅邸占据了一整个街区，它的露台和花坛、会客室和卧室，看上去与它主人那严肃的脸、银色的长发和纯黑色的外套格格不

　　　　　　　　　　　　　　　　　　　　　　寻鲸记

入。不管怎样，威廉·罗奇执掌着世界最大的捕鲸舰队，他可以在屋顶如灯塔般的琉璃灯室里，俯瞰海滨与他财富的来源。在一个昏暗的冬日午后，我从阁楼一样的仆人房间爬上这处灯室，港口的钠光灯早已在远处亮起来了。"在整个美国你都找不到比新贝德福德这里更有贵族气派的房子了，公园和私人花园也更为富丽堂皇。"以实玛利说，"它们从何而来？它们是如何扎根在这片曾经凸凹不平满是火山渣的地方的呢？"答案就在于"那座高耸的大厦周围典型的标枪栅栏……是的，这些华丽的房子和鲜花盛开的花园都来自大西洋、太平洋和印度洋。它们全都是从海底被叉上来，拖到这里来的"。在县街的每一条门廊和每一根柱子上，都有一头鲸死去；每一处奢华都以鲸类为代价作交换。鲸油换作大理石，鲸须换作木材，这就是海洋与海岸上的兑换率。

而在深夜的码头边，无数渔船拴在生锈的地桩上，船体轻轻碰撞，引擎嗡嗡作响，走在这里，我真想知道这些年轻人为什么非得起航离开这个港口，离开家乡的水域，前往未知的大海。好似完全把自己交给命运，与美国分离，逃向大洋去流浪，像孤儿般在一个由男人组成的家庭里寻找新家，却被鲸的行动所奴役，人与动物被永远关联在一起。

第二天早晨，当我离开时，天开始下雪了，公路对面的壁画变成了印象派的画布，点缀着白色。当交通变得更加顺畅时，我转头回望。壁画上的鲸渐渐从视野中淡去，隐没了形状。再往前一百码后，它们消失了，和城市一起隐匿于风雪的旋涡里，取而代之的是前方喧嚣的混凝土道路。

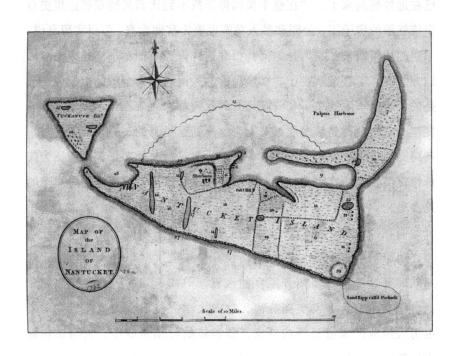

MAP OF
the
ISLAND
OF
NANTUCKET.

TUCKANUCK Isl.

Palpus Harbour

NANTUCKET ISLAND

Sherborn

Scale of 10 Miles.

Sand Ripp call'd Pochick

第五章　遥远的地方

楠塔基特！拿出你的地图看看。看看它在世界上占据了怎样真实的一个角落，它屹立在那里，远离海岸，比爱德斯通灯塔还要孤独……仅仅是一个小山丘，一片胳膊肘一样的沙滩，一览无余，光秃秃的……那么，这些生长在海滩上的楠塔基特人，以大海为生，又有什么奇怪的呢！

——"楠塔基特"，《白鲸记》

淡季的海恩尼斯冷冷清清，因为冬天来临，到处都关着门。这天早晨，渡轮因为暴风雨而停运了，晚间的班次可能也要取消，海浪的高度不利于安全航行。看起来，今晚我就要像以实玛利一样无法按计划抵达楠塔基特。这是一年中最冷的季节，风越来越大。在渡轮办公室里，一位女士将意料之内的消息告诉了我。但你要不要试试飞机？她问。15分钟后有最后一趟航班。

在昏黑的跑道上，轻型飞机轰鸣着向前，直至双翼看上去完全舒展伸直。很快，城镇的钠灯灯光渐渐消失，被遥远下方银黑色的波浪所取代。我坐在副驾驶座上，年轻的飞行员戴着一顶棒球帽，座舱里满是他的三明治的味道。复式控制系统在我膝前转动着，嘀嗒作响。

我透过挡风玻璃看到了地平线上闪烁的灯塔勾勒出的一个轮廓。一组星辰绕着猎户座熠熠生辉。20分钟后，我们穿过云层降落，两道灯光在薄雾中迎接我们，指引着飞机着陆。轮胎颠簸着撞上沥青路面，当我们几个乘客走下飞机踩上跑道时，拳师犬弗林特嗅到了家乡的味道。

当以实玛利和奎奎格从新贝德福德出发，搭乘纵帆船抵达楠塔基特时，他们一边寻找合适的捕鲸船，一边找一家客栈投宿。在这个过程中，以实玛利抓住机会详尽地描述了这个岛屿，从它非凡的历史到它的蛤蜊杂烩汤——然而创造他的作者从未到过这里。楠塔基特的名声是这样的：它早已活在美国人的想象中，它的名字代表了新共和国英勇的开拓精神。早期的地图绘制员甚至将此地的海港看作一头鲸的形状，就好像这个岛屿的地形都是鲸之神话的化身。但和毗邻的科德角一样，楠塔基特与美国既成一体，又相分离。

Nattick，这个单词是印第安语，意思是遥远的地方。它的码头曾经恶臭无比，以至于游客还未看见这个岛屿，就能从很远的地方闻到它。如今，码头上浮动着昂贵的游艇，黄铜与饰片隐隐发亮。城镇的主干道上铺着高低不平的巨大的石板，它们起起伏伏，仿佛要抖掉这些讨厌的游客。街道两边曾是时髦的店铺和老式杂货店，有高高的吧台出售苏打水和三明治，如今它们都让位给了沙地车道，两边排列着装了木墙板的住宅。很多房子上的门环和风向标都是鲸的形状，但就像以实玛利抱怨的那样："不过，它们高高在上，就像贴着'请勿碰触'的标签，断绝了一切意图与念想，你无法近距离观察，以判断它们的价值。"附近就是图书馆，1842年，在该岛第一次反奴隶制大会上，弗雷德里克·道格拉斯正是在这座图书馆对不同种族的听众做了演讲。

次年的第二次大会因暴乱而终结。如今站在这里，已经很难想象当年的暴动场面了。

越往山上走，房子的规模就越大。但是，和新贝德福德那些华丽的住宅不同，这里的房舍非常低调地彰显着它们的富有。19世纪30年代，约瑟夫·斯塔巴克为他的三个儿子建造了三幢同样的建筑，它们是岛上最先出现的砖房，展示了一个梦幻的新英格兰。早在一个世纪前，玛丽·希顿·沃尔斯就将楠塔基特看作"坐在花园里做着白日梦的优雅老妇……得意于她渐渐消退的绝顶美色"，这里的夏季游客人数早已超过了常年定居的人口，"不同于新贝德福德，那里没有移民蜂拥进入捕鲸船老船长的豪宅"。

如今，一个为世界提供梅西、福爵和星巴克之名的岛屿①却在抵制商贸。这里没有贩卖便宜明信片的超市，没有出售成打牛仔裤的老乡店铺。这一切组成了一种隐约不真实的完美。冷光将每一道街景变成高楼与树木组成的精致作品，衬托它们的只有一片湖蓝色的天空。色彩相互交融，有灰白色的木瓦和灰绿色的青苔，树根以极其缓慢的小地震拱开了铺砖的人行道。

这些小道还让人回到某种过去。新贝德福德的大厦是从海底被叉上来的，这里的房子则是搭乘木桶登上港口的。它们一起出现在精装书的铜版印刷画里，雕刻在漂洋过海而来的古董象牙上。它们看上去纯洁无辜，但其建造者也是异教徒和海怪。

---

① 梅西百货公司是美国著名的连锁百货公司，福爵咖啡是美国著名咖啡品牌，星巴克是世界首屈一指的专业咖啡烘焙商和零售商。它们对应的英文 Macy、Folger 和 Starbuck 均是楠塔基特的传统姓氏。

在楠塔基特翻新过的鲸类博物馆里，一头抹香鲸的骸骨眺望着一面墙，这面墙上摆满了鱼叉和长矛，就像伦敦塔里的中世纪器具。楼上的展厅放满了这个血腥产业的更多精美副产品。厚玻璃架上立着漂亮的牙雕，这种工艺品本身就展示了这一行业的毫无节制。

在漫长的旅程中，捕鲸的船员们大部分时间都无所事事。为了让他们的双手不忙于其他事情，鲸齿会被分发给这些船员，让他们将自己的想象或日常画面记录下来。这些牙齿最长可达 10 英寸，它们会被浸泡在盐水中以保持柔韧度，并用鲨鱼皮抛光，然后船员们会用针或小刀雕刻出图案，再用船上炼锅[①]里的烟灰将线条染黑。有些牙雕

① 炼锅，是捕鲸船上用来从生鲸脂中提炼油脂的大锅，于捕鲸业后期出现。

寻鲸记

差不多是乱涂乱画，但有一些
是照着维多利亚时代的剪报图
案，或想象中的经典场景雕出
来的。牙雕上还常常有船只的
图案。

　　它们是工业时代的民间工
艺品，描绘着丰满的女人、神经兮兮的年轻人或捕鲸的壮举。以实玛
利将它们"错综复杂……充满着原始精神和启示"的图案与"出色的
德国野蛮人阿尔布雷希特·丢勒老头"的雕刻相比较。这些手感润滑
的大块长牙曾被握在水手的拳头里，它们被浸染上了一种官能性的原
始意义，如同文身，"或军舰上所称的刺青"。由于牙雕上的图案很
像文身，于是本就部落风格鲜明的文身工具还被装上了这些鲸牙做的
手柄。除此之外，还有一些水手配备了"类似牙医用的小工具箱"，
专门用于雕刻鲸牙。它们是捕鲸人经历与愿望的直接记录，是文盲的
日记。有些牙雕上刻着色情漫画，或是被雕成了阴茎。

　　最具技巧的作品记录了捕鲸的盛况，牙雕最盛行的时期是19世
纪30至40年代的南太平洋大航海时代。那个时候，鲸的骨骼还被制
成精美的"棚"——用来缠纱线的格子框，又或是雕成面团分切器，
出售给礼品杂货店或送给心爱的人。但随着历史的变迁，这些与死亡
相连的物件被遗弃在阁楼上，无人欣赏，价值全无。一直到20世纪末，
它们才重新回到人们的视野，其复兴尤其要归功于一个人：约翰·菲
茨杰拉德·肯尼迪。

　　肯尼迪家族等同于科德角及其岛屿，是一个聚居于海恩尼斯的美
国贵族。约翰·F.肯尼迪在成为美国第35任总统之前，就已经打算

宣布从伊斯特姆到普罗温斯敦的外海角沙滩为国家海滩，是城市化不可侵犯的神圣之地。肯尼迪热爱新英格兰的海事，并进而开始收集牙雕。很快，他收藏的鲸齿就达到了34枚，把自己特别喜欢的放在他椭圆办公室的总统办公桌上，后来它们又被归还给了维持世界平衡的神灵之手。

1963年，总统夫人为她的丈夫定制了一件特别的圣诞礼物，那是一枚刻着总统印章的鲸齿。但他永远也收不到了。在被刺杀前不久，肯尼迪总统在白宫为葛丽泰·嘉宝举办了一次私人晚宴，并将一枚牙雕送给了这位女演员。"如果不是因为我还有总统送我的这枚'牙'，"嘉宝后来给肯尼迪夫人写信道，"我可能会觉得这是一场梦。"两周后，在总统的葬礼前夜，他的遗孀将给丈夫的圣诞礼物放进了他的棺椁中。这是一个富有力量的举动：卡米洛特①之王的陪葬品中有英雄时代的护身符，这种纪念物带有它原主人的力量。这个仪式就如同以实玛利的声明一样充满气势，他认为英国君主在涂油礼上涂的是鲸油——

> 想一想吧，你们这些忠实的不列颠人！是我们捕鲸者为你们的国王和王后们供应加冕用的油啊！

——总统的护身符等待着这位亚瑟王复活的时刻，仿佛他仍然在用那淡蓝色的双眸扫视着大西洋的地平线，期待着鲸重新出现。

现代捕鲸业是从楠塔基特兴起的，它狭窄的海岬上蕴含着荣耀。1659年，9位新公民宣布了对这座岛屿的所有权，他们都是在新英格

---

① 卡米洛特，传说中英国亚瑟王宫殿所在地。

　　　　　　　　　　　　　　　　　　　　　　　　寻鲸记

兰备受清教徒迫害的贵格会教徒，包括托马斯·梅西、特里斯特拉姆·科芬和克里斯托弗·赫西。作为一个"看上去只是为了证明人类有能力住在这里"的岛屿，捕鲸就成了一种宿命，就如奥贝德·梅西的《楠塔基特历史》中所说，也即《白鲸记》中等而下之的图书馆员所引用的：

> 一六九〇年，一些人在一座高高的小山上观察鲸鱼们喷水和彼此嬉戏，一个人指着大海说道："那儿，一片绿色的牧场，我们儿女的孙辈们将在那里谋生。"

在许多个世纪里，楠塔基特的印第安人在这片富饶的海水中搜寻鲸，而新楠塔基特人从他们的捕鲸技艺中汲取经验。最初，人们在陆地上爬上桅杆和粗糙的梯子，放眼寻找北迁的露脊鲸。这些鲸被鱼叉拖回岸上，它们有两英尺厚的鲸脂，比其他任何一种鲸产的油都要多，而且它们的鲸须更长更纤细——法勒船长正是用这些"黑色软骨"在"裴阔德号"甲板上搭建了他的小棚屋。

接着，到了1712年，人们发现了一种新猎物。据传说，在外出捕猎时，克里斯托弗·赫西的单桅帆船被大风吹出了楠塔基特渔业的正常范围。他在深海遭遇了抹香鲸，以实玛利说，这种鲸直至当时都被认为是"传说般的或是极其陌生的"。现在它将篡夺露脊鲸在"海上的王位"。戴上这顶王冠后，抹香鲸就成了更适合高贵岛民的猎物，"啊呀，相比于凭意志捕猎绅士派头的抹香鲸，捕捉露脊鲸真是显得可怕又不得体"。捕猎高贵的抹香鲸相比于捕猎露脊鲸，就像带着猎狐犬骑马相比于卑贱的斗熊。这一行业很快就成为岛上的经济支柱，露脊鲸越来越少更助推了这一趋势。到了 1730 年，岛上的捕鲸舰队有 25 艘船。到了 18 世纪末，这里将成为世界捕鲸业的领头羊。

我们等而下之的图书馆员从"埃德蒙·伯克在议会上提到楠塔基特捕鲸业时说的话"中引用道："那么请问，先生，世上有什么能和它相提并论呢？"伯克继续向大英帝国通报"他们行业胜利的脚步"："没有哪片海洋不被他们的渔业所烦扰。没有哪种气候未见证过他们的辛劳。"老欧洲无法赶上"最近的这些人，他们仿佛仍未成形，骨骼尚未有成人的坚硬"。这个新的国家似乎在用鲸证明自己。欧文·蔡斯是捕鲸船"埃塞克斯号"的大副，也是楠塔基特一个老家族的后裔，对他来说，他和他的捕鲸同事们是"参与消灭那些深海利维坦的战斗"的十字军战士。他们是效忠于一个新骑士团的骑士和护卫，是一个帝国的先驱者，而鲸"在文明进军远海及更荒僻的海域之前，就像森林中的野兽一样"被驱逐。

这是掠夺新世界资源的一种模式。当陆地上的人将野牛从 6000 万减至完全灭绝时，这些海上的牛仔也将鲸逼得走投无路。就仿佛远古的野兽必须死去，才能开启现代世界一般。对美国来说，荒野就是它的公敌，跟到处有动物和土著的荒野一样，美国的海域到处有鲸，等待着被屠杀。人类于 1712 年向其宣战，从那以后，它变成了一场持久的消耗战。

最初，楠塔基特的捕鲸业是一种家族产业，是手手相传的生意。每一位充满希望的年轻人都可以期待，在两次捕鲸之旅后，他就能领导一艘自己的船。欧文·蔡斯写道，船员"由岛上最受尊敬的家庭的子弟组成"，"他们的劳动不仅仅是为了一时的生计，他们还有一种野望和骄傲，想要追寻卓越和振兴"。

　　一开始，人们将鲸带回港口处理，不过到了 1750 年，人们就开始在甲板上使用鲸油提炼设备——巴斯克人发明的砖炉，配有巨大的煮锅用来煮沸鲸脂。因果在此发生了完全的颠倒，人们需要更长的航程来发现鲸，而这些奇妙的装置使人们可以在更长的航程里处理这些鲸。同时，捕鲸变成了一个更大的政治游戏的一部分。独立战争阻碍了楠塔基特的发展，它的船队从 150 艘船减到了 35 艘，岛民们试图维系对英国的忠诚，那是他们最大的客户。但随着新共和国的诞生，船只的数量重新恢复，甚至更胜从前。

　　　　于是，这些赤身裸体的楠塔基特人，这些海洋的隐士……
　　四处漫延……征服了水上世界……让英国人一窝蜂地占领整个印
　　度，把他们燃烧的旗帜在太阳下面挂出来；这个由水陆组成的地
　　球有三分之二属于楠塔基特人。因为海洋是他们的，他们拥有海
　　洋，就像皇帝们拥有帝国；其他的海员只有从中经过的权利……
　　那里就是他们的家；那里有他们的生意……

1944 年，以实玛利对楠塔基特的颂歌作为一种鼓舞士气的方式，被宣扬到了海外的美国军队中，提醒他们记得那个英雄时代。欧文·蔡斯在一个世纪前就写过："事实上，一个楠塔基特人无论在哪种场合，都能完全感觉到自己的职业带来的荣耀和价值。这无疑是因为，他知道自己和士兵们一样，头上的桂冠是临危所得。"这是没有被"外贸奢侈品"所污染的荣誉，它的奖赏是上帝对他家园的恩赐。

　　楠塔基特是这神圣任务最纯粹的表达。它的房舍看上去就在阐述

这一点：简单，有棱角，尖锐得逆着光。这些住宅简直和船一样，它们关闭的百叶窗和狭窄的大门迎着所有财富和苦难。新英格兰的港口一周出发的船舶数目超过老英国一年的出航数，蔡斯夸耀道："如今我们的船帆几乎染白了太平洋的远疆。"通过捕鲸，美国首次跨越了整个世界，捕鲸业输出了它的文化和理念。而楠塔基特就是这一切的核心。到了1833年，捕鲸业及其相关技艺涉及7万人和7000万美元。10年之后，这些数字几乎翻倍。美国每年向欧洲出口100万加仑的油。在巅峰时期，从缅因州的威斯卡西特到特拉华州的威明顿，有不下38个美国港口在争夺这些鲸，不过许多港口都失败了。

这个肮脏行业的魅力在于钱，对某些人来说，是大量的钱。一位船主可以指望三倍于投资的回报率。美国的第一笔工业财富就建立在捕鲸业上。在新英格兰，它依然是一个由贵格会教徒控制的行业，他们并不觉得自己的和平信仰和日常生意有什么冲突。"裴阔德号"的船舶共有人比勒达船长对此就毫不在意，他"虽然誓死反对人类的流血斗争，自己却身穿紧身上衣，一次又一次地让鲸流血……很有可能早已得出了下面这个明智的结论：一个人的宗教是一回事，这个现实的世界又是另一回事"。

在所有以鲸制作的产品中，楠塔基特生产的纯燃蜡烛是最优质的，仿佛贵格会教徒的内心之光都从鲸身上照耀了出来。1748年，葡萄牙籍犹太人雅各布·罗德里克斯·里韦拉为新英格兰引进了把鲸变成蜡烛的工艺。这是一个复杂的过程。人们将鲸的头部物质直接从船上运到木头搭建的大工厂里，在那里用巨罐加热它们，以去除水分和杂质。而后它们被装在木桶中，到了冬天会凝结成一大块。这凝结物又被放进羊毛袋子里，再用木制压榨器挤压，鲸油便像苹果汁或橄榄油一样渐渐滴出来。这第一道压榨出来的鲸油是最纯粹的，被称为"冬榨"油。

剩下的物质被做成"黑蛋糕"，存放到来年春天，在上升的气温中，它开始往外渗出液体。这时再次压榨出的油是"春榨"油。第三次压榨也是最后一次，之后剩下的是一团褐色的东西，往其中加入木刨花和草木灰一起加热，它会像黄油一样变得澄清，最后产生纯白的蜡。它也能大赚一笔。

凯齐亚·科芬的家族是楠塔基特的名门望族之一，她是一个出名的"女商人"，众所周知，她喜欢华服，喜欢弹奏禁忌的古竖琴，据说还服用鸦片。一开始她卖针，但之后她的销售领域扩张到了鲸类产品。忠诚的楠塔基特继续与英国保持贸易往来，在独立战争期间，凯齐亚和一位英国海军上将做了一场私人交易，她用船将油和蜡烛运到伦敦，和走私货一起卖出了高昂的价格。在这个女人们已经习惯男人缺席的岛屿上，凯齐亚是女性坚韧进取的典范。亚哈向他的大副坦白道："是的没错，斯塔巴克，这四十年中，我在岸上度过的日子还不到三年……只在新婚的枕头上留下一个凹坑。"捕鲸使两性分离，这个孤绝的岛屿就像任何一艘船舶一样孤绝，它到了深冬更加荒凉，捕鲸业的"寡妇们"吸食鸦片以应对孤独。还有一些人使用被称为"他在家"的石膏阳具。

美国与英国的战争给楠塔基特岛的捕鲸人带来了复杂的问题。这个岛屿官方立场是中立的，尤其因为其居民是和平主义者。如果宣称自己站在反叛者一方，那他们就只被允许从新英格兰起航。但只要他们这样做，英国就会夺走他们的捕鲸船。有些人搬到了纽芬兰或加拿大，以继续自己的生意。另一些人乘船抵达福克兰群岛，代表英国去开发那里新发现的捕鲸场。

战争结束后，鲸带来的财富使楠塔基特岛前所未有地富裕。它还输出自己的贸易方式与技术。楠塔基特的贵格会教徒在纽约哈德逊建立了一个捕鲸港，尽管那里离海面有120英里远，却拥有一支有35艘船的强大舰队。蒂莫西·福尔杰和塞缪尔·斯塔巴克则在新斯科舍省的达特茅斯建立了其他殖民地。1785年，斯塔巴克、福尔杰和老威廉·罗奇与英国方面接洽，要在那里建立一个捕鲸港。罗奇和他的儿子本杰明前往伦敦，与首相威廉·皮特商谈。谈判过程十分漫长，罗奇希望得到2万英镑的拆迁成本，并迁入30艘船和500名同乡，但当他在敦刻尔克商谈时，法国人向他提供了更优惠的条件。1792年，英国人终于邀请楠塔基特人在米尔福德港创建一个新的驻地，赋予他们"与本国出生的臣民同等的权利"。楠塔基特人在此创建了一块飞地①，这里有新英格兰式的建筑，有贵格会式的礼拜堂，一块彭布罗克郡式的墓地中葬满了斯塔巴克家族和福尔杰家族的成员。未来的威尔士人也是这样定居巴塔哥尼亚的。

和其他宗教一样，贵格会有它自己的规矩。贵格会教徒的信仰禁止他们进行就职宣誓，于是他们被排除在法律与医药等职业之外。这就导致他们的天赋被引向了商业领域，而他们在这一领域获得了卓越的成功。贵格会的伦理观反对炫耀财富，不过他们允许使用样式简单的精美物件。因此，楠塔基特"黄金时代"的建筑非常朴素，这种审美如今仍然在影响着这座岛屿。

与这样的财富形成鲜明对比的，是为其服务的渐增的黑人人

----

① 飞地指的是某国境内隶属于另一个国家的一块领土。

口——一开始都是奴隶，后来在贵格会 1773 年早早废除奴隶制后，他们成为自由民。其中有些人凭自己的能力获得了成功：1822 年，阿布萨隆·F.波士顿乘"工业号"返程，船上的员工全部是黑人，而他本人成为岛上最富裕的非裔美国人，他两只耳朵上沉甸甸的金耳环明确宣示了他的成功。不过，岛上的统治阶级仍然全部是白人，一系列含有勤勉之意的姓氏强调了这一点：科芬、蔡斯、福尔杰、加德纳、梅西、斯塔巴克、赫西。[①] 在地图上，他们的房子鳞次栉比排列在街道上，就好像一个鲸脑油共济会。在这座因鲸而生的鲸之岛上，这片版图被各个家族与工厂瓜分，其所包含的财富从鲸油桶中倒出，被计量，被分账，被锻造成白银。贵格会教徒只接受这种贵金属。

楠塔基特的建筑轮廓线昭示着它的财富。这里船桅林立，玻璃塔楼高耸，塔楼上竖着鲸鱼形状的风向标，风车让这里显得活力四射，车轮形的支架让它们看上去像是"拖着一只翅膀或一条腿的受伤的巨鸟"。这个小岛是个大机器：处理鲸和风，以创造蜡烛和面粉。楠塔基特岛是严苛、坚定又幸运的，它自成一个国度，存活在海上男子的心里，以及家中女人的工作里。

很多年来，他不知有陆地的存在；以至于一旦抵达陆地，陆地的气息就像是另一个世界，比地球人对月亮还要陌生。身无寸土的海鸥，日落时分就收拢翅膀，在海浪的摇晃下入睡；夜幕降临，不见陆地的楠塔基特人也是如此，他们卷起船帆，躺下来休

---

① 姓氏对应的英文分别为：科芬（Coffin）、蔡斯（Chase）、福尔杰（Folger）、加德纳（Gardner）、梅西（Macy）、斯塔巴克（Starbuck）、赫西（Hussey）。

息，就在他们的枕头下面，成群的海象和鲸鱼川流不息。

——"楠塔基特"，《白鲸记》

但是在 19 世纪 40 年代，一连串灾难开始颠覆楠塔基特的运气。大型的新捕鲸船必须航行到更远的地方去获得鲸油，但它们无法越过危险的沙洲，这些沙洲已经横过岛屿的海港，使之渐渐淤塞。贸易开始青睐更易通航的新贝德福德，许多岛民也迁居到了那里。新港口是个无礼的新手，当楠塔基特骄傲的水手仍顽固地在如今已耗竭的旧猎场上追寻时，新贝德福德灵活机变的年轻捕鲸者们已经在开发有利可图的太平洋。

1846 年，一场大火摧毁了镇上三分之一的企业——储存着桶装鲸油的仓库闪耀着更明亮的火光。两年后，淘金热诱惑着年轻的楠塔基特人前去寻找更快速的财富渠道。1849 年，楠塔基特第一艘航向旧金山的捕鲸船被遗弃在了那里，它有一个恰如其分的名字，叫"极光号"，船上的员工抛弃了它，转而奔向金矿区，加入了蜂拥西去的淘金大军。许多人离家时身无长物，甚至连内衣都没带上，反正他们是去淘洗金砂，而不是去洗衣服的。

地球上的其他发现为楠塔基特敲响了最后的丧钟。从 19 世纪 40 年代起，煤油和煤气早已点亮了城市的街道与房舍，不过，在最初使用民用煤气的过程中，鲸油的需求量反而增加了，因为人们热切地想要散播更多的光明。接着，在 1859 年，埃德温·L.德雷克在宾夕法尼亚州泰特斯维尔的一个农场中钻出了石油，黑色黄金像鲸喷出的水柱一样喷涌出地面，标志着抹香鲸渔业的终结——以及另一种环境掠夺模式的开启。

火与油之后是战争。当南军的船舰肆意摧毁扬基① 捕鲸船队时，400 位楠塔基特的男人与男孩出发为北军战斗。许多船只被俘获或烧毁，这使其他船主把自己的船留在家里。有些船被北方联邦牺牲了，曾有 40 艘捕鲸船装满碎石，急驶前去堵塞南方的港口。这个行业又苟延残喘了几年，到了 1869 年，最后一艘捕鲸船离开了楠塔基特。

　　这个岛屿缓慢但无可避免地被历史隔绝。它就像一个被征用的军事基地一般，被封锁在现代世界之外，枯萎的石南无人打理，藏在山谷中的村舍躲开了凛冽的大西洋海风。铺着鹅卵石的街道归于寂静，装着油桶的老板车已不再咔嗒作响。贵格会船长们建的砖石宅邸只余空荡荡的窗口，俯视着空旷的码头，而它们的主人已长眠于荒芜的墓穴中。

---

① 在南北战争时期，美国南方把所有北方人都称为"扬基人（Yankee）"。

"THERE SHE BLOWS!"

第六章　密封的货物

威廉·巴特利。你怎么会想到要逃跑呢？啊先生，说老实话，我害怕鲸……

—— 对捕鲸船"浩阔号"逃兵的审查，1835年

沿着康涅狄格州的海岸，白色的隔板房像圣诞蛋糕一般从衰草中探出。清晨，每个水坑都结了冰，连脚下的苔藓都在噼啪作响。据我的房东们说，这条路是新英格兰最古老的道路之一，它由一条印第安小径变成了一条殖民地道路。前一个晚上，我沿着荒芜的小道在月光下漫步，前方住宅的灯光让位给了森林，文明仿佛突然消失，我不禁想象那里黑暗的边缘处有些奇形怪状的东西。

今晨，太阳爬上花岗岩，横越小径的高速公路上早已有卡车来去轰鸣。路的另一边是河流，它正渐渐变宽预备汇入海洋，那里还有一个捕鲸港口：神秘港。它也是一个有纪念意义的地方。1637年，清教徒向此处的佩科特人①发动了战争，杀死了400名男人、女人及儿童。

---

① 佩科特人（Pequots）是17世纪居住于此的一支印第安人。《白鲸记》中亚哈船长的船名为"裴阔德号"（Pequod），与佩科特族同名。

亚哈的船名用的正是这个被屠杀的部落的名字，这也许不是巧合。或者，那于我头顶上光秃秃的树冠间高耸的，便是"查尔斯·W.摩根号"的桅杆，它是美国仅剩的最后一艘捕鲸船，它在梅尔维尔扬帆出海的同一年，于阿库什尼特河建造并下水，这可能给"裴阔德号"的故事带来了灵感。

但"摩根号"不是那种用鲸颌做舵柄或鲸齿做插销的奇幻之船，它是一艘逼仄且并不舒适的真实船舶，是一个简化到只剩基本部件的工具。这里的一切都是为了鲸的收集、加工和储存服务的，而不是为了让处理这一切的人过得舒服。这是一个移动工厂，一个19世纪的油船，但它的造型也优美得令人吃惊，就像从锡兰运茶到英国去的飞剪帆船一样。我的先祖就曾做过其中一艘帆船的船长，后来在海上遇难。

"摩根号"上载满了设备，几乎变得头重脚轻。当我低头钻过桅索，踩上船舱时，我意识到这样一艘船对于迷糊的人来说有多么危险，哪怕是尚未起航时也一样。摇晃的拉索和分区意味着每个动作都必须谨慎。船上的人生活在公共空间中，就算是船长也要共享他的舱室，它就好比是新水手的沙龙、餐厅和书房的集合体。空间看上去很舒适，一面墙上嵌着一个褪色的红沙发，就好像大篷车上的一个铺位。在船长的舱室里，一张豪华的床铺用万向架固定着，在远海中会摇摆起来，将躺在上面的人晃入梦乡。角落里有一个橱柜，隐藏着船上唯一的私人"厕所"。

与四面环绕的海洋相比，这里就是一个微缩世界，上面的每一英寸都被有效利用了起来。架子嵌在角落里，抽屉设置在沙发上方，衣柜藏在床铺下面。灯悬在吊钩上，锅碗瓢盆分隔放置以免在厨房里滚

来滚去——厨房本身也比一个食品柜大不了多少。这里的整洁程度堪比震教徒 ① 的居室，温馨的布置好像成年版的儿童乐园。有时会有一家人乘船旅行。我透过他们的眼睛看到了这船上的生活图景，孩子们坐在绕着桅杆搭建的桌子前面写作业，在船只的来回摇摆中，他们的母亲在做针线活。一个叫尤金的四岁大的男孩在捕鲸划艇上玩耍，差点落入海中，他一边抓着船板一边尖叫着喊爸爸。到了晚上，他们的父亲给他们讲睡前故事，告诉他们鲸都说了什么做了什么。

但真实的船上生活并没有这么惬意。高级船员的舱室也不过只有橱柜那么大，级别越低的船员，住处越小。最小的舱室在鲸脂储存室的另一边，双层床嵌在狭窄的船楼里，这就是个放人的架子。卑贱的

---

① 震教为美国教派，其教徒禁欲独身，聚居一处，崇尚俭朴生活。他们的家具和手工艺制品深受古董收藏家的青睐。

人睡在这里，像蟑螂一样挤在船首，即便可以拥有同样的光照，也依然要屈服于阶级的差别。甲板上嵌着坚固的玻璃棱镜，形状像倒置的六边金字塔——它们被称为舷窗，可以聚集阳光，相当于一个70瓦特的冷光灯。但这是一种不民主的照明装置：船长室有一串这样的19世纪灯泡，而船楼只有两个，后者所散发的冰冷光芒勉强可以让水手在自己的铺位上阅读，但只要上方甲板有一根飘荡的绳索遮蔽光线，阅读也就无法进行了。

　　船楼通常也不是什么好地方。某位水手曾声称自己见过的"肯塔基州的猪圈也没有它一半脏，方方面面都比这个破烂的洞穴强"。它不仅又暗又臭，还很潮湿，如果天气糟糕，船员可能连续几天都要穿着湿衣服。纳尔逊·科尔·哈利逃离缅因州家乡时只有12岁，他写道："曾经出过海的人并不觉得这是什么新鲜事。"后来，16岁的哈利作为捕鲸艇舵手，签约参与了"摩根号"1849—1853年的航程。

　　　　但哪怕是对他们来说，这也依然艰难。他们往往一出船楼就会浑身湿透，在轮值结束后，要到换完班走下甲板，他们才有机会换衣服，这是说如果他们有干衣服可以换的话。25个男人住在如此狭小的宿舍里，它甚至没有空间让他们所有人一起站直……而且这状况不是只有1天或1个月，这里是他们未来4年唯一的家……

在热带，酷热的阳光能让舷窗熠熠生辉，但也会让工作变得更加难以忍受。当船在风平浪静的海面上渐渐失去活力，接连几周都见不到鲸时，倦怠感便突然来袭。人们给上甲板浇水以保持凉爽，作为库存肉类的猪在甲板上走动，当一桶桶海水泼在它们身上时，它们会高兴地尖叫。有些人可以在船帆的阴影下避暑，但那些在高空作业的人"必须直上直下地做事"，他们的眼睛被海面反射的亮白阳光耀花了。船楼里的温度更加可怕。"值班人躺在铺位上努力入睡，他们汗流浃背，只有床前的窗帘能挡挡光。"

但即便是在这样一艘船上，人们仍可以保守秘密。对水手们来说，社交是一种令人愉快的抚慰，若能与另一艘船相遇，便可以交换信件与消息，人们也可以互相交际。在某次和楠塔基特的"克里斯托弗·米切尔号"（这艘船的前船长威廉·斯温在捕鲸时遇难，海员礼拜堂的碑石记录了这件事）交际时，年轻的哈利听说，这艘船上有一名员工，虽然他"面对鲸时的勇气不逊于最勇敢的新手"，但却因为自己的外貌而遭到嘲笑。后来他病倒在床上时，人们看到了他的裸体，发现他原来是个女人。

这位无名的女水手说了一个离奇的故事。她的爱人许下了婚姻的誓言，最后却逃婚出了海。通过一位纽约私人侦探的调查，她得知他已与一艘捕鲸船签约。她不知道是哪一艘船，便前往新贝德福德，在那里，她用印花棉布裹住胸部，因为长得又高又瘦，"如愿成为了一名渴望捕鲸的新手"。她供认事实后痛哭失声，但船长安慰了她，在她穿上自己缝的一条宽松的裙子，憔悴的脸色渐渐恢复到更淑女的苍白后，船长发现她相当迷人。当船舶停靠在利马时，这个女人被交给了美国领事，直到"克里斯托弗·米切尔号"回到家乡后，她的故事才传扬开去。

捕鲸船就是这样的"三不管"地带，在船上，男孩是男孩，女孩也是男孩。船上的生活特殊而怪异：它封闭又开放，禁锢又自由，戒律又放纵。船员们连续几个月都只熟悉这个世界。他们根据每天的轮班和桅杆的影子来计量时间，无论他们在地球上的哪个角落，海面都那么单调，他们活在木墙里，这是一个男人的殖民地，由古怪的高级船员们主导，由行踪不定的鲸来指引。但在这所有的掠夺中，依然残留着浪漫。如果这旅程没有冒险精神，男人们何必主动投入这样的生活？恐怕不是为了薪水或工作环境吧。

这种封闭感充分地体现在梅尔维尔关于海洋的小说中，尤其是在《白鲸记》之前的两部作品中。《莱德伯恩》，这部小说的原型是他第一次航海前往利物浦的经历；《白外套》叙述的是他另一段生活故事，副标题是"军舰上的世界"。故事设定在一艘海军舰艇上，是"从大陆上分割出来的一小片陆地，它自成一个国度，船长就是它的王……只有月亮和星辰超脱于他的权限之外"。在这里，人们生活"在一个如此狭窄的空间里，他们只要移动就会互相碰触……护卫舰上的居民在海浪中摇晃碰撞，他们所有的琢磨都憋在心里"。

这样的亲昵解放了文明世界所禁止的欲望。莱德伯恩赞颂同船英国水手哈里的美貌，说他有黑色的卷发和"丝滑的肌肉"，肤色"如女孩般娇柔"。还有一个同样英俊的意大利男孩，他演奏六角手风琴时隐含的热情几乎令人羞于理解。《白外套》的叙述要更加谨慎，但他指出某位海军见习军官"有时热衷于和某些人发生不庄重的亲密行为"。如果后者反抗，他就鞭打他们——这个情节给梅尔维尔的最后一部作品《水手比利巴德》提供了灵感，在书中，恶毒的大副克拉加特迷恋上英俊的水手比利（或称巴德宝贝），这给他们二人造成了致命的后果。在现实生活中，其他水手找到了不同的发泄方式：与梅尔维尔同时代的菲利普·C.范巴斯柯克留下了一本过分坦率的日记，记录了自己在船上自渎成瘾的行为。

以实玛利在这类事情上始终都模棱两可，但他的创造者在作品中从不无的放矢（这是他的批评者唯一承认的一点），你很难忽视其作品标题中的象征模式——

RED　　　　BURN（莱德伯恩）
WHITE　　　JACKET（白外套）
MOBY　　　 DICK（白鲸记）
BILLY　　　 BUDD（比利巴德）[①]

这些书设定的世界没有女人，其时代对男人间的爱情也没有定义（不过作者的同辈沃尔特·惠特曼想出了"黏着性"一词，来形容自己对同性朋友的感情）。从《莱德伯恩》的炽烈青春到《白外套》的阳刚铁律，从《白鲸记》的苍白阳具到《水手比利巴德》的贞洁无瑕，梅尔维尔将他的过往编入小说，在文学意义的矩阵中掩藏了自己的情感。

海洋对于这样的隐喻来说是完美的舞台。一个失去父亲的中产阶级男孩刻意将自己远远地放逐于陆地（以及女性影响）之外，为自己创造了一个新家庭和一个新身份。他不再听从自己的母亲和姐妹，而是听命于一位船长，生活在男人中间。梅尔维尔远离带来安全感的家庭，脱离家庭的限制，被抛入残酷的现实中，他与男人们一起生活，而这些男人只是为了在一个血腥行业里的共同追求才聚在一起。他和同船的水手切断了与文明世界的一切联系，航向野蛮土著居住的岛屿，

---

① 这些标题都有影射欲望的意思。

他们尖锐的牙齿可以吃掉这些水手。这些男孩在属于男孩自己的故事里，但他们所搭乘船只的矮小空间压制着他们，仿佛在一刻不停地拉扯着他们的帽子。

爬到吃水线以下，进入"摩根号"的货舱时，我觉得自己好像进入了鲸的肚子里，被木制的肋骨包围。这巨大的舱室由从活橡木上砍下来的坚固肘板支撑，就好像大教堂的飞拱一般，即便了解这一点，但在潮湿的空气里，我还是感觉到了水由外向内的压力。教堂般的氛围只是幻觉，因为这海中地下室里装满了油桶，肉眼可见地度量着成功，它们渐渐向上堆叠，给船体做着标记，就像一个囚犯在自己的囚室里一天天划掉过去的日子。每个人都乐于看着这里的空间越来越小——从股份占比庞大的船长，到占比低微的水手。每个桶都代表着增长的利润，而空位则代表着潜在的损失。

"摩根号"的板材上依然留着数十年的油渍。像楠塔基特的蜡烛产业一样，他们搬迁时地板总是油污狼藉，经年的加工使"摩根号"浸透了那些动物的产品。因为鲸的骨骼里保留着汁液，于是就被用作那些濡湿的肘板和肋板的原材料，将这艘死物之船——这个鲸之寡妇制造者——变成了她追捕的生物的幻影。1941 年，当"摩根号"回到神秘港修整时，人们在她的舱底间隙发现了一些东西：瓦管碎片、硬币、鲸齿、奇特的贝壳状骨骼——鲸的内耳，这些考古遗迹数十年散落在船腹中，就仿佛这艘船已变成了她自己的库房。

我回到船长室，坐在他的桌前，此时，风正把船吹得在锚上来回摇晃，船首那些迅速冻成抽象陶塑的冰片纷纷碎裂。我试图想象在这木盒子里生活的人，这里挤满了 40 多个男人和男孩，还有数十头鲸提炼过的油脂。也许这样的条件恰好让男人们融入了他们所从事的这个血腥的行业；也许他们在船上时放弃了自己的人性，以便在鲸油中尽情打滚，为了捕鲸而生，也为了捕鲸而死。

1841年1月3日，梅尔维尔搭乘"阿库什尼特号"离开新贝德福德。他可能已经不算是新手了（虽然他登船文件上的信息并非如此），但他早前前往利物浦的旅程运载的是棉花而不是鲸油，与他此刻将要面对的冒险几乎没有相似之处。

一旦入海，大副就会选定捕鲸划艇上的人员。男人们在船尾集合，接受关于自己经验的讯问，与此同时，大副就像是在奴隶拍卖场上一样，检查他们的手脚，触摸他们的肌肉。船上有3至4组这样的划艇船员，每组包括船长或1名大副、4位前桅手（比如梅尔维尔）和1位鱼叉手。当悬在船侧草皮上的小艇被放入海中，准备行动时，只有不到5个人会留在大船上操作。在捕鲸的整个过程里，热情癫狂与懒惫困倦、单调无聊的周期交替出现。海上的时间自成一体。远离了陆地，一望无际的大洋拉长了白日，重新以海洋的风格分配了时间，将其安排为从正午到正午。

前班，正午到下午8点
中班，下午8点到早上4点
后班，早上4点到正午

4小时值班，4小时休息，船员的生活就由不断的值守来校准。在没有看到鲸的时候，船就在未定的时区中驶进驶出。而当追捕开始时，时间就会加速，甚至消失。而这所有的一切——所有的男人、所有的努力、所有的抱负——都存在于一头鲸可能被打败的那几分钟里。从招募和征用，到搜索和发现远处的异动，接着是疯狂的捕猎——人类这全部的抗争，都是为了灌满木桶，以确保能在陆地上短暂地停留，直到海洋再次召唤他们。正如以实玛利所说，整个过程是一个冷酷的循环，一个男人可能一直要到自然或鲸的任性无常放过他，才能获得解脱。横桄索能将桄杆固定在船上，鱼线能让鱼叉固定在鲸身上，如它们一样，一句对信念的准确表达也将水手和他的猎物紧紧联系在一起。

"啊，世道！啊，世道！"

甲板被擦洗过，男人被遣往高处，在两个小时里守望鲸的行踪。直至此时，船和它的船员们都处于某种卡顿状态。新募集的捕鲸手会在小艇上操练，在海洋健身房里强壮他们的肌肉，磨合彼此的协作。他们在路过的鼠海豚或领航鲸身上磨炼技巧，这些海豚的油脂偶尔会被混入抹香鲸油，为不那么实诚的捕鲸人提高利润。"阿库什尼特号"花了 69 天行驶在一条不为人知的航道上，不过，就像大多数新英格兰的捕鲸船一样，它很可能在亚速尔群岛停靠，补充供给并招募新手。一直要到它越过大西洋中部 5 英里深的裂谷，他们才会真正开始捕猎。

抹香鲸不一定会像座头鲸一样进行季节性的迁徙，但即便如此，它们每年都会漫游数万英里，并常常在特定区域聚集，这被捕鲸人称为"猎场"。它们以鲸形符号被标注在水手的海图上，就像军事地图一样。一个很受欢迎的猎场是赤道区，零度线。这里是地球的中腹，鲸群聚集于此，仿佛是要迎接自己注定的命运。

男人们已经在上桄横木上守望了好多个星期，他们细小的身影摇晃在 90 英尺的高空。每个人都在等着那句咒语：

它在那儿喷水！——它在那儿喷水！

那动物将从那里出现，就像是被神秘的力量召唤出深海。

　　瞧！就在我们的下风头，不到 240 英尺的地方，一头巨大的抹香鲸正在水中翻滚，像一艘底朝天的护卫舰，它宽阔光滑的黑色脊背，在阳光下像一面镜子熠熠闪耀。

有时他们会看到二三十头鲸，它们像冲浪者般驾驭着波浪，"在大海能抓住它们并几乎将它们掀翻时，在水中打滚"。十几岁的哈利如此记录着，笔下满溢钦佩之情，"有的时候你会在一道波峰中看见一头。当波浪破开时，它会侧翻钻入水下，速度如此之快，你只能在它生成的尾迹中看到一道白线。在两次涌浪间的波谷中，它会懒洋洋地将喷水孔露出海面，喷出水柱，好像在说，'看看我的本事吧'"。但即便碰到正在玩耍的年轻鲸，人们也会被命令放下划艇。

扬基捕鲸划艇是"水面上曾有过的最完美的水运工具"：一艘长
30英尺的流线型尖首船，梅尔维尔写道，"但它如此轻巧，3个男人
就可以扛走它"。它的双首设计是为了获得最大的机动性，这使它能
前后移动，松木重叠板结构的船侧和18英尺长的船桨使6名船员可
以安静又迅捷地将它划过水面。英国捕鲸业医师弗雷德里克·本尼特
写道："她的移动轻快又优雅，她在巨浪间跳跃，看上去更像是在海
面上舞蹈，而不是在用龙骨划开海的胸膛。"大副在船尾紧握着一柄
巨大的舵桨，一边向脱光衣服准备行动的男人们下令。小船的桨架被
裹了起来，男人们也脱了鞋，这都是为了避免吓跑他们的猎物。一头
抹香鲸随时会像一只受到惊吓的鹿一样人立而起，而一头发狂的鲸对
任何人都没有好处。

追捕由每艘艇的指挥官推进。

"看在上帝分上活泼一点，"大副悄声恳求，"船没动。你
们都睡着了。看，看！她就在那里。划过去，划过去！我爱你们，
亲爱的伙计们，真的，真的，我爱你们。我会为你们做任何事，
我会让你们喝我的心头血，只要把我带到这头鲸旁边去，就这一
次，就这一头，划啊。"

它们像急迫的恋人说出的话，就如鱼叉是致命爱神的飞箭。训词在热
情的咒骂和急切的祈求间来回切换。

"划啊，划啊，我的心肝宝贝；划啊，我的孩子们；划啊，
我的小家伙们。"斯塔布用抚慰的口气拖着长声向他的水手们叹

寻鲸记

道……"你们为什么不使劲划呢，我的小伙子们？……为什么你们不把桨干脆弄断，你们这些无赖？……魔鬼把你抓了去，你们这些叫花子流氓；你们全都睡着了。别再打呼噜了，你们这些睡不死的家伙，划啊……"

所以这致命的小船飞掠过水面，迅捷又脆弱，随时准备在骚乱中变成碎片。当他们靠近猎物时，会把桨放到一边，开始等待。

等啊等啊。

抹香鲸大部分时候都待在水下，它们可以潜水 10 分钟至 1 小时。经验丰富的捕鲸人可以凭借动物体形的大小知道它能在水下待多久：鲸每长一英尺，他们就必须多等一分钟。

这是一种吓人的计算：他们等得越久，将要面对的怪兽就越大。

在下方一英里处，鲸可能正在寂静的深海大快朵颐地吞食乌贼，它不知道上方潜伏着危险，暗影正划过它所处世界的天花板。但它总得往自己的血液里补充氧气，回到光与空气之中。讽刺的是，它更新生命的征兆也是它死亡的信号——它那标志性的斜水柱能从几英里外轻易看到。

现在，这些男人工作最艰巨的时刻到了。此时四围一片死寂。"每个人都屏住了呼吸，没人敢稍微动一下。就算是一根针掉在船里都可能会被听到……现在我们进入了投掷范围。"所有的人都在想接下来会发生什么，他们的任务艰巨无比。这片寂静蕴含了鲸的所有力量和人类的所有智谋。

他们要利用那动物天生的缺陷：它身前和身后都有盲区。"迎着鲸的眼睛"接近它是愚勇的；从侧面接近，它会看到他们的一切动作。

因此，小船选择从它头前或身后划向它，他们壮着胆子尽可能地接近它。他们能看到水面下那可怕的尾鳍，足有人体的三倍长。

在这紧要关头，害怕的桨手们心脏都在颤抖！我年轻的朋友们，转过身瞟一眼那头鲸。他游向了那边，劈开了波浪，海水在他巨大的头颅边荡漾，就好像在一艘船的船首边起伏。相信我，对于一个新手来说，那完全就像投入战争一样恐怖。

这是终极考验，每个人都会受到评判，他们的财富全系于这个时刻。这个过程极为凶险，让一个人去和一头身形与力量都超过他太多的动物抗争，也近乎愚蠢。即便到了 20 世纪，在捕猎瓶鼻鲸时（这种鲸因其突然下潜并用难以置信的速度向下扯动鱼线的能力而恶名昭彰），挪威捕鲸船只会派出单身男人，因为这个任务对有家室的丈夫来说太冒险了。

恐惧与恐惧正面遭遇。一根鱼叉期望能扎中一头长它百倍的活物，一头巨兽受惊于一个它从未见过的东西。在坚厚的头骨内，在深埋于脑内的听管中，在那受惊的双眼里，在一层油脂的防护下，鲸从不明的噪声和运作中感觉到了危险。它的第一反应是恐慌。

一旦进入警戒状态，鲸群就会迅速游离，而且总是往上风处。根据查尔斯·诺德霍夫的观察，"最轻微的声响都能让它们用不可思议的速度飞快消失"。巨大的鲸会消失得无影无踪。当一头鲸仅仅甩了一下头便下潜不见时，诺德霍夫的同船水手说，"这真奇妙，"这个过程如此突兀，"看上去就好像那庞大的身形一直悬停在空间里，而后突然间冰消瓦解。"前一秒，一头 60 英尺长的动物还在他们身边，下一秒，它就完全消失了。

捕鲸船跨越数千英里，船长和船员、补给和划艇朝这一终点所付出的一切努力，都可能会因为吓到鲸而失败。有时战斗还没开始，鲸就赢了。当一头"5桶油"的幼鲸跟着它母亲下潜时，纳尔逊·科尔·哈利的鱼叉没有扎中它（"我看到这小叫花子在水下的身影"，但铁矛偏离了它的目标），这使他遭到一大通辱骂，返回"摩根号"后还要面对船长的质问。

猎手被耍弄是经常发生的事，这也侧面证明了捕鲸的疯狂。不过，"接近一头鲸"是一种极度令人兴奋的时刻，也许是这些年轻人干过的事里最令人兴奋的。这是"光荣的运动"，和伙伴们一起划着桨进入追猎最精髓的步骤，一个可供发泄愤怒的目标使他们的睾丸素激增。用当时的行话说，他们就是职业暴徒，最擅长追逐。也正是因此，他们才忍耐一切贫乏，只为了这至高无上的一刻，肾上腺素在他们的血管中喷涌，就像那富氧的血液在鲸的血管中流动。

此刻，鱼叉手岌岌可危地站在船头保持平衡，从小船的支架上拿起他的长矛——船和武器延展了他的力量。他站在那里，每一条肌肉都绷紧了准备迎接鲸，船本身变成了一种支撑物，他的右侧大腿牢牢地嵌入舷缘上的一个半圆形切口。那是所谓的系缆枕，专为猎手配备，就如亚哈把义肢夹在"裴阔德号"甲板上设置的一个槽座里。木头与鲸脂的较量，人类脆弱的制作与自然强大的造物对抗。

"给他一下子！"

捕鲸就如战争，是捕鲸人眼中"实在的搏杀"。对于船上的年轻人来说，它等同于跳出战壕，对于期望初露锋芒的人来说更是如此。只有到了此刻，当他俯视水面，视野被鲸完全占据时，他才意识到自己任务的艰巨。有些新手会当场昏厥，不得不换上更有经验的水手。有些人"吓得'疯疯癫癫'，需要用舵柄照他们的脑袋不客气地来一下，好让他们保持安静"。同样，鲸本身也会"被吓到，它们往往会在海面上停留一小段时间……就好像昏过去一样浮在那里"，就好像人类和鲸都患上了同样的炮弹休克症。

这是一次军事行动，需要超凡的力量。鱼叉手划起桨来甚至比他的同伴还用力，到了最后一刻，他放下桨，拾起他的武器，向鲸投掷出去，这武器在空中要飞20或30英尺。以实玛利说，一个人的血管可能会因为用力而爆裂。在那紧要关头，锋利的长矛脱手，离开木船，疾掠过空气，连着绳子向它的目标呼啸而去。它多半会滑落或根本没能抵达那致命的靶心。"但那又怎样？"梅尔维尔写道，"我们完成了追猎怪兽的整个过程，而且不需要做俘获它们后要做的那些可恶的工作。"

时间静止了。这一瞬间如此令人紧张，面对危险时飙升的肾上腺素抹去了其他一切记忆，甚至抹去了时间本身。这些人的后代在拯救而非屠杀鲸时，也会发现这一点。

鱼叉手摆好架势，用力将鱼叉掷向鲸。

随意盘绕的绳子向鱼的方向拉紧。

水手们坐在小船里，每一寸肌肉都绷紧。

海平线上的母船迅速消失在远方。

在濒死生命的喧嚣开始前，一片寂静。

接着是一声不易听见的撞击，矛头成功扎入了鲸脂。于是地狱被掀翻了。整群鲸都共同感受到了那一下打击，它们突然向上风方向四散开去，将海水搅得犹如地震一般。被击中的鲸跳跃、竖立，试图摆脱在它血肉里"埋了槽座"的长矛。有时这鱼叉会在争斗中被掰弯。它的柄是用柔韧性强的铁制成的，因此哪怕被扭成麻花，也能被敲回原形。水手们也会保留这种"弯曲得和人的肘部一样"的武器，就像士兵的勋章一样，以纪念他们英勇的遭遇战。

现在，鲸会又快又深地下潜，很可能也会把攻击者们拖下去。绳子足以放长 1 英里以上，它原本在桶里像眼镜蛇一般盘绕着，如今迅速地向外滑出，人们要把海水泼在上面，以防止它因摩擦而发热，而且抓握它的手要套上起保护作用的帆布"捏子"。以实玛利说，坐在"那神奇的有时又很可怕的捕鲸索"边上，就好像坐在一个危险的机器里，"在犹如全速运转的蒸汽机般的啸声当中，每一根传动杆、机轴、轮子都擦着你飞转"。飞速抽动的马尼拉绳可以缠住某个人，将他从这个世界扯向另一个世界。

一端是一头 60 吨重的动物。另一端是 6 个男人。他们可以通过这条绳子感觉到鲸，它是人和猎物间亲密的联结。船员们奋力将那头生物从深处向上扯，就像一位钓鱼人和一条鱼在搏斗一样。这是力量与反抗的成就，是一场拉锯战，爱的拉锯战。突然间，他们暴怒的猎物浮出水面，喷出一股激烈的水柱。它用尽全力的呼吸是可怕的：水手们认为这水柱味道辛辣，可以灼伤皮肤，以实玛利甚至警告说，"如果这水柱正好喷到了你的眼睛里"，你会瞎掉。

鲸把它充满油脂的、有浮力的头颅高高抬出水面，狭窄的下颌劈开了水面，它把自己"从一条船头陡峭、行动迟缓的平底船变成了一艘尖头的纽约领航艇"。现在，这惊恐的动物开始拖着折磨它的人们，像拉雪橇一样飞驰起来，速度达到每小时26英里，这是人类在水面旅行能达到的最快速度，"它们直射出去，似乎整个大西洋和太平洋都一掠而过"。

鲸迟早会累的——有可能是几个小时后。只有到了那时，"木船和黑皮小子们"来到这动物的身边或头顶前方，这场景才会达到高潮。那些背向鲸划桨的水手可能会很庆幸自己被下令不得转身。这头鲸随时可能将自己的尾鳍向空中高举20英尺，这块高耸的肌肉厚板分配死亡时是如此迅捷，以至于它被称为"上帝之手"。它只要轻摆一次，就能把其中一人送入天国，捕鲸者的举动有多么傲慢，鲸的动作就有多么轻蔑。更糟的是，这动物可能会主动攻击他们的船，张开尖牙利齿向他们扑过来，那令人恐惧的下颌与它的身体呈直角，就像一把断魂的锯子。没有人能防御这样的一次攻击。要么人死，要么鲸亡。

在"全体倒划"的命令下，鱼叉手和舵手或大副交换位置，在绝对的阶级划分下，执行"最后一击"是后者的特权。大副从护套中抽出自己的长矛，双手握住尾端，倾注全身的重量，将它狠狠扎进鲸脂再抽出。血像溪流一般溢满了它黑色的身体，发狂的鲸试图复仇，虚弱地咬合着它的嘴。接着，尖刃找到了鲸的生命之源：左鳍后面的心与肺。

他们用一根长矛刺穿了它的身侧

长矛像拨火棍一样搅动，直到人们喊道："烟囱着火了！"赐予它呼吸的水柱变成了红色的喷泉，浓稠的血液从迅速扩张又收缩的喷水孔中喷涌出来。现在，鲸进入濒死的混乱状态，它开始螺旋转圈游动，这被判了死刑的动物吐出最后一餐乌贼，这悲惨的反应是致命的内伤导致的。它剧烈颤抖着停了下来，它的痛苦要终结了。"它的心脏爆裂了！"鲸呼出最后一口气，侧翻过来，伸着鳍肢，一只眼望向天空（杀手们是这么说的），头转向了太阳。

他们望着自己刺穿的这一位

从所有将他们与其残杀行为区隔开的那些行话来看，这些人并非全无心肝。他们并非无感于这些场景的痛苦，也并非无感于如此宏大的生命之死。查尔斯·诺德霍夫描述了他在捕鲸之旅中目睹的恣意杀戮，在穿过印度洋，沿非洲海岸北上寻找抹香鲸的过程中，他同船的水手们用鱼叉和长矛攻击他们遇到的所有活物，从水蟒、河马到海狮，仿佛一切活着的东西都变成了自动靶，而事实也的确如此。年轻人喜欢杀戮，有时只是为了看看它造成的效果。

然而，当抹香鲸连续几周没有出现，捕鲸船被迫去捕猎座头鲸时，哪怕最冷酷的水手都反对杀戮带着幼鲸的雌鲸，那母亲试图保护自己的孩子，她用鳍肢把它牢牢护在身边，或是把它轻推到前方，让它脱离险境，结果却让幼鲸死在一支精准投掷的长矛下。其中一个人说："这是对生命无意义的浪费……而且容易刺激母鲸。"稍后，他们看到一头因他们而变成孤儿的幼鲸，它饿极了，绝望地想要吮吸一头雄鲸的腹部，但却被凶狠地赶走了。

男人们得吃饭，他们的家人也得吃饭，他们的孩子要有鞋穿，船长的房子要贴墙板，妻子们要买胸衣，城市夜里得要有光。他们会用三角旗来宣示对猎物的主权，这些旗标被悲凄地称为"漂流物"，直接插在鲸那洞开的喷水孔里。它是最终的所有权声明：本来属于鲸的，现在属于人类了。这些旗标还有另一个功能，可以让迷失的小艇与母船重聚，后者可能在数英里之外，甚至可能完全消失在视野外。同时，一头抹香鲸幼仔可能会来轻撞捕鲸艇，在那杉木板的船身上找它母亲的乳头。

悲苦的巨头鲸

人们用铁链穿过鲸的尾鳍，就如摩尔人的耳环一般，把它往回拽。50吨死物的重量以每小时1英里的速度在水中被拖拽。如果他们返程时夜幕已经降临，死鲸会被固定在船的右舷，头向着船尾。船员们进入梦乡，他们的猎物在一旁待着，船上的藤壶挨着鲸身上的藤壶，安详地等到日出。

然后真正的工作开始了。

船左舷的一截舷墙被移开，方便放下一个狭窄的切割台，它就像是门窗清洁工的站台，身为行家里手的大副们可以站在上面工作，用尖锐的铲具切开鲸。他们穿着钉靴攀在它滑溜溜的皮肤上，来完成他们精细又残忍的任务，与此同时，另一些人悬着绳索在鲸身上登山，把大块的血肉和骨骼运上甲板。人们在这头动物的侧面割开一个洞，方便桅杆上悬挂的巨大鲸脂吊钩进行操作。就这样，"毯子"被掀开，曾经给予鲸温暖的东西被剥离了。

　　　　　　　　　　　　　　　　　　寻鲸记

就像给一粒圣诞小柑橘剥皮一样，这刮掉皮之后的产物被砍成大块，向下传到鲸脂室。在这里，它又被半裸的男人们砍成更方便处理的大小，因为光线昏暗，锋利的钢铁常会削掉他们的手指和脚趾，让他们变成残疾。"马匹大小"的厚块变成"圣经的纸页"，薄片能熔化得更快（这让人把鲸想象成一本圣书）。接着这些薄片又被拖回上层，倒进放在砖炉上的铸铁炼锅中，这锅形状奇怪又家常，有点像铁匠的熔炉，又有点像厨房的炉灶，就好像有人要开始在甲板上搭房子一样。

这工作要持续两天。人们劳作六小时，休息六小时，听着扯开肌腱、切开肌肉时滑溜的、撕裂的汩汩声和噼啪声，嗅着血和内脏的恶臭。那动物的头颅被切开，按其结构分成几部分：脑油器，液态鲸脑油所在的腔室；小脑油舱，在脑子里占了很大一块；白马区，海绵细胞里储存着更多油脂的纤维结构。这是一种表演，是这艘奴隶之船上

TRYING OUT.

寻鲸记

的正常工作，人们反过来成了鲸的奴隶，要向甲板上那头被肢解的巨兽表达敬意："整艘船似乎成了一头大海兽，到处都是一片震耳欲聋的喧闹。"鲸的大部分身躯都会被浪费，它们被扔出船舷，供群集而来的鲨鱼和鸟类吞食啄咬。

当这动物被拆解时，人们能在它方钝的头部找到隐藏的宝藏：以加仑计的珍贵的鲸脑油。以实玛利带我们进入这深穴，其中充满了这种物质，它被人描述为"透着一点玫瑰色，看上去像软冰淇淋或搅了一半的白奶油"。当人变成了鲸的一部分时，鲸甚至此刻还能夺走一个人的生命。以实玛利见过一个可怕的场景，当鱼叉手塔什特戈俯下身去，要从这"大桶"中舀出它的鲸脑油时，却头朝下跌了进去，"伴随着一阵可怕的汩汩声"。当那印第安人在里头挣扎着，几乎要淹死在鲸油里时，这切开的头颅就在海面上起伏。

就在此时，赤裸的奎奎格手握着一把攻船刀出现了。他潜下去救援，扯着塔什特戈的头发把他拉了上来，就像做剖宫产接生一样，使他离开肉穴，那里差点就成为他的坟墓。"一次非常尊贵的死亡，"以实玛利恢复惯常的冷静后，思考道，"在无比洁白、无比芬芳的鲸脑油中窒息而死，装棺入殓，埋葬在大鲸秘密的内室和至为神圣的处所。"

> 这时，耶和华安排了一条大鱼，把约拿吞下去。约拿在鱼的肚子里过了三天三夜。

害怕被鲸吞噬的恐惧如此根深蒂固，它可以追溯到圣经时代甚至更早。据维多利亚时代的博物学家弗朗西斯·巴克兰描述，1829年，在惠斯塔布①，一位科学家试图解剖一头搁浅的抹香鲸，他向下进入"庞大的恐怖解剖空间"，结果没有站稳，跌进了这头动物的心脏，被它的动脉卡住了脚。20 世纪 20 年代，一位名叫安布罗斯·约翰·威尔逊的牛津大学教授力图证实，约拿的命运是可能发生的。他推论道，只有抹香鲸能够吞下那位先知，须鲸的喉咙连比西柚大的东西都无法通过。抹香鲸不咀嚼食物，它用强酸性的胃液来消化整只鲨鱼和巨型乌贼。"当然了，胃液会令人极其难受，但并不致命。"那位先生补充说。他指出鲸只能消化死物，否则会把自己的胃也消化掉。

为了支持自己的理论，威尔逊教授引用了两个历史个案。1771 年，报道称一艘在南太平洋作业的捕鲸船被一头抹香鲸咬成了两半，凶猛的鲸咬住了其中一名船员，把他叼在嘴里向下潜。这动物在返回水面时把这个人吐了出来，他"全身擦伤但是没有受重伤"。时空距离使这个故事难以被证实，不过威尔逊引用的第二例事件是在 1891 年被记录的。当时"东方之星号"在福克兰群岛外捕鲸，一头抹香鲸的尾鳍猛抽在詹姆斯·巴特利的小船上，他消失在了水中。几个小时后，这头鲸被杀死，拴在船舷一侧。

船员们花了一整天和半个夜晚来处理鲸的尸体，然后将它的胃拖上了甲板，他们发现自己的同事蜷缩在胃里，失去了意识，但还活着。人们将他救出来，用海水浇醒了他。他一直待在那动物的胃液里，皮肤被漂白了，就像是某种完全长大的惨白的胎儿。这经历使巴特利癫狂地胡言乱语了两个星期，但最后他恢复了神志，重新开始工作。虽然之后船长的妻子质疑这故事的真实性，但因此有人也更加相信：人

---

① 惠斯塔布（Whitstable），英国英格兰东南部肯特郡北海岸的一座海滨城镇。

能在鲸肚子里存活——只不过，没人能解释他在里面是如何呼吸的。

另一份由埃杰顿·Y.戴维斯做出的报告要更可信，尽管他的叙述也有记忆模糊之处。戴维斯是"图林贵特号"上的一名外科医生，1893年，这艘船从纽芬兰出发去寻找格陵兰海豹。根据他年迈时的回忆，他们的一名船员从浮冰上滑了下去，掉进了一头愤怒的鲸的口中，它在袭击其他捕猎者前吞下了他。这头鲸被船上的炮击中，在垂死的痛苦中游走了。第二天人们再次找到了它，船员们切开它充满气体的胃部，发现了他们的同事。

戴维斯说，那是个可怕的场景，接着他给出了一份病理描述。那个年轻人的胸膛被那动物的下颌挤碎了，所以他可能在进入鲸胃之前就已经死了。胃黏膜像巨蜗牛的黏液一般包裹住这个罹难者，在他皮肉裸露的部分，黏液特别浓稠：他的脸、手、腿上裤子撕裂的部分。这些部位被浸软了，并且被消化了一部分。很古怪的是，他头上的虱子还活着。

医生试图安抚同船的水手，说死者没有受苦。"我认为他对自己身上发生的事没有意识。"死者在被吞咽的过程中可能还是清醒的，这个念头可怕到让人不忍细想。但私底下，同船的水手们可能疑惑过，待在鲸的肚子里是什么感觉，人像一条牙鳕滑下塘鹅的脖子一样滑下它的食道，进入利维坦那不可名状的恐怖胃囊中，是什么感觉。

这样的故事反复出现，从吞下匹诺曹的鲸，到乔治·奥威尔的《上来透口气》，在这本小说中，叙述者回忆，他生活在英王爱德华七世时代的父亲曾读过一本书，"那小伙子……被红海里的一头鲸吞下去，三天后被救出来，他还活着，但是被鲸的胃液漂白了。"父亲还补充道，"他大约每三年会在周日报纸上出现一次。"实际上，在1928

年寄给《泰晤士报》的一封信里，一个通讯员声称他遇到了南部捕鲸队里的一名传教士，他曾被一头抹香鲸吞下去过。作为一名教士，他似乎相当容易出事故，他经常从船上掉入海里——定期变成约拿——但"能比大多数人更久地屏住呼吸"。更巧的是，他的同事看见他掉下去，用鱼叉扎中了鲸，它在慌乱中清空了它的胃，难以被消化的教士也一起被吐了出来。

> 耶和华吩咐鱼，鱼就把约拿吐在旱地上。

奥威尔显然被这样的故事深深吸引，就在"二战"爆发时，他在一篇著名的文学作品中详细描绘了这一场景。《在鲸腹中》从这念头里探寻到了某种奇异的魅力：

> 事实上，在鲸腹中会是一种非常舒服、惬意、自在的感觉……鲸的腹部像一个足以容纳成人的子宫。你在那里面，在黑暗里，软和的空间完全适合你，有数码厚的鲸脂隔开了你和现实……即便是鲸本身的动作可能都不会被你察觉。他可能在海面的波涛间打滚，或是箭一般潜入深海的黑暗（据赫尔曼·梅尔维尔称，有一英里深），但你永远注意不到其中的差别。它是除死亡外无需负责、无可超越的终点。

寓言或荒诞故事这样的概念只会让鲸变得更加神秘，一头如此奇异、野蛮又无辜的动物，在人类的想象中如此不朽的动物，如今在一艘船的甲板上被削成了小块。

加工过程仍在继续。人们将它的下颌从软骨关节上拧下来，像牙医一般将它的锥形牙齿扯出来。一头鲸可以产出 40 至 50 片拳头大小的"海中象牙"，它们被分发给水手们做雕刻，以便在少有鲸出现的日子里消磨时光。有些牙齿会被用来换取补给，它们在斐济估值很高，"摩根号"的船长曾在那里用抹香鲸的牙齿交换了一些食物，远超过其在新贝德福德街头的价值。据年轻的哈利称，在新贝德福德，它们顶多能卖到 1 美元 50 美分。

现在甲板上到处是油，它成了一个光滑的大溜冰场，人们可能滑倒，跌到鲨鱼大批出没的海水中。生命无常，他们还可能被鲸肉块压扁，或是被沸腾的鲸油泼溅到，又或是被刮肉刀切到。相比于之前凶险的屠杀行动，处理鲸脑油的过程只是日常杂务。水手们把油收集到桶里，它们离开体温后慢慢变凉凝结，水手便从中捏挤出油块。有些人像踩葡萄的人一样爬进桶里，从油中扯出纤维状的皮肤，它们会破坏产品优秀的质量。

"哪怕是大地之王，就连所罗门在他最荣耀的时候，也不曾有过这样的一次沐浴，"一位捕鲸人写道，"当我轻抚皮肤上珍贵的油膏时，我几乎要爱上触摸我自己这卑贱双腿的感觉。"这个任务为工作赋予了一种柔情，除此之外，它只剩下可怕和危险。对于《白鲸记》的叙述者来说，当他的手指开始像鳗鱼一样"蜿蜒盘绕"，而气味和感觉让他变得平静时，它引发了关于性的幻想。而对于善感的以实玛利而言，如此"甜蜜而油腻的任务"变成了某种布莱克式①的超然存在，

① 威廉·布莱克（William Blake），英国最伟大的诗人之一，也是一名虔诚的基督徒，其中后期作品充满神秘色彩。

"在夜晚充满幻觉的思绪中"，他看见"天堂里一长列一长列的天使，每一个都把双手浸在一罐鲸脑油中"。

在别处，一个地狱般的景象引人注目。在炼锅被加热时，人们会向火中添加鲸脂碎片以助燃，它们被称为"油渣"，于是鲸在自己煮着自己。这样讽刺的画面自然逃不过以实玛利的双眼。"就像一个热血沸腾的遭受火刑的殉道者，或是一个悲观厌世的自焚者，一旦点燃，鲸就会以自己的身体为燃料而熊熊燃烧了。"当黑暗降临时，闪烁的红光将此处变成了地狱，就好似卢戴尔布格[①]画的煤溪谷的钢铁厂，那是工业革命的邪恶发源地；又更像是某种末日前的预警：

> 狂暴的海洋上一片黑沉沉。但是，那黑暗被猛烈的火焰舔舐殆尽，火焰每隔一段时间便从乌黑的烟道呈叉状喷出来，照亮索具上每一根高高的绳索，像是著名的希腊火药一样。这艘火光冲天的大船继续前进，仿佛怀着冷酷的使命要前去复仇一般。

恐怖的感觉让我们眼中的辛勤劳作蒙上了污点。当梅尔维尔观察并参与到这些远离文明世界的场景中时，他有什么感受？语言有征服记忆的力量，但它们在捕获并处理鲸时百无一用，只能给维多利亚式的版画提供一些说明文字："它在那儿喷水！""哪个方位？""它烟囱里着火了！"

---

① 菲利普－捷克·德·卢戴尔布格（Philippe-Jacques de Loutherbourg，1740-1812），一名法国血统的英国著名画家。他的艺术旨趣是描写亲眼所见的真实景象，并用画笔将其完美地表现出来，不回避丑，也不遵循古典模式。他是一位把18世纪风景画用写实手法创作出巴洛克艺术风格的著名艺术家。

等这一切工作都做完了，人们会把船洗刷干净。这里又有一个鲸类自给自足的例子，未提炼的鲸油有"一种独特的清洁作用"，"在干完他们所谓的油事之后，甲板会格外雪白"。但等这地方和船员都洗干净了，"这些可怜的家伙刚系上干净工装的领扣"，瞭望员就嚷道，

它在那儿喷水！

于是他们便"又飞奔着去赶赴另一场战斗，再次经历整个令人疲惫不堪的过程"。

啊，世道。啊，世道。

第七章　天赐的友谊

要完成这样一本皇皇巨著，你必须选择一个包罗万象的大主题。

——"化石鲸"，《白鲸记》

1844 年 10 月，梅尔维尔在环绕世界半圈后，回到了冷清的家乡——纽约的兰辛堡。他才 25 岁，但他在三年时间里的见闻已经超出大多数人一生所见。他离开了家这么久，这么远，几乎已经忘了自己是谁，或者应该是谁：英雄，还是浪子？在姐妹们的鼓励下，他把给她们讲述的南太平洋冒险故事写了下来。在那里，他和他"魅力非凡"的朋友托比·格林——一位黑眼卷发的 17 岁男孩——一起逃离了"阿库什尼特号"，生活在赤身裸体的野人中。

他的处女作《泰皮》轰动一时，当时正值美国文艺复兴时期，人们呼唤有本国特色的文学作品，以和英国文学区别开。泰皮（Typee）这个词义为食人者，不过比起被野人吃掉，梅尔维尔更怕自己的脸被文上恶魔般的蓝色刺青。书中描述了在马克萨斯群岛的土著中的生活，笔触感性，有时让人想到世外桃源，同时也对西方文化进行批判，它的影响已经开始玷污这个天堂之地。沃尔特·惠特曼将这种生活看作是一本"奇异、优美且最易读的书……可以拿着它，在一个夏日里出神地细读"。而纳撒尼尔·霍桑赞美它"观点自由"，并且包含着"也许和我们很不一样的道德观念，以及一位年轻、热爱冒险的水手所具有的精神"。这使梅尔维尔成为了美国文学上第一个性象征——这形象是不怎么光彩的。

　　一年后，似乎是因为文学上的成功得到认可，梅尔维尔与伊丽莎白·肖成婚了。伊丽莎白的父亲莱缪尔·肖是一位富有的波士顿法官，和梅尔维尔的父亲是朋友。夫妇俩定居在纽约第四大道 103 号，梅尔维尔在此时加入了一个名为"年轻美国"的圈子，这个圈子的核心人物是编辑埃弗特·杜伊金克，大家常在他位于克林顿街的房子聚会。继《泰皮》之后，梅尔维尔为其续写的《奥穆》《玛地》和《莱德伯恩》都销量平平，评论说它们低劣、邪恶，甚至怪诞。1849 年接近岁末时，梅尔维尔离开他年轻的妻子和尚在襁褓中的儿子马尔科姆，前往英格兰，期望能在那里卖出他的新作《白外套》的版权，也许还想为后面的旅行计划筹措经费。那年 10 月，他搭乘"南安普敦号"邮轮离开潮湿的雨中纽约，两周后抵达迪尔，再从那里去往伦敦，住在河岸街 ① 后面一个四楼的房间，"租金每周一个半基尼 ②。非常便宜"。

　　现在没有多少人沿克雷文街漫步了，尽管它紧挨着伦敦最繁忙的大道之一。克雷文街那些乔治王朝时代风格的砖房已经变黑，藏在查令十字车站后面，就像是现代城市的残渣。25 号在排房的尽头，侧面有一扇很大的弓形窗。沿着蜿蜒不平的楼梯走到顶就是阁楼，通常

---

① 河岸街（Strand），又名斯特兰德大街，紧邻著名的泰晤士河畔。
② 基尼（guinea），英国旧金币名，已弃用。

作为用人房。现在这里的视野很受限，但是在泰晤士河筑堤之前，房子一路延伸到河边，梅尔维尔可以在房间里眺望帝国的水道，上面有小艇和驳船在穿梭往来。

伦敦由无数岩石和砖、运动和噪声构成。他的住处附近是新建的特拉法加广场和国家美术馆。新的威斯敏斯特宫尚在施工，巍然耸立在河边。因为多雾，这座建筑复杂的外立面鲜少有阳光照耀，浓雾遮蔽着城市，而城市也依赖着产生浓雾的工业。这个美国人离开他的住所，走上河岸街，他穿着一件绿色的新外套，这件外套让他在"南安普敦号"上"收到一些神秘的暗示"。他看起来和周围格格不入，是维多利亚女王国度里的一个扬基人。

记录梅尔维尔生活细节的资料不多，其中之一是他的旅行日记，日记中记录了伦敦城"昏暗又舒适"的小酒馆：公鸡酒馆、米特酒馆、蓝色邮件酒馆和爱丁堡城堡酒馆。梅尔维尔在这些酒馆里喝着苏格兰麦芽啤酒，吃着肉排和煎饼（他的吃相很差，常常嚼着满嘴的东西讲话），和阿德勒谈论形而上学，那是他在航行中认识的一个德国学者。他游览名胜，探访美术馆，甚至围观过一次公开处决犯人，狄更斯也在这人群中。他还向出版商们兜售《白外套》的版权，不过不怎么成功。但就在漫游于伦敦时，他的脑海中有其他想法在渐渐成形。

他在街巷中"游荡"，从新建的布莱克沃尔隧道去往格林尼治镇，再回到塔丘，路上还遇见了一个著名的乞丐，他从前是一位水手，现在只有一条腿，胸前挂着一块画板，描绘了他曾经的遭遇。那场景让梅尔维尔想起在利物浦的不幸，只不过这里的画面更加骇人："画里有三头鲸和三艘小艇；其中一艘小艇（想必这个原本四肢完好的人当时就在这艘艇上）正被最前头的鲸咬在嘴里大嚼。"伦敦本身是一个捕鲸港口。位于城市东南的罗瑟希特码头是捕鲸船和加工厂的所在地，但行业大佬们选择了附近更文雅的象堡来经营他们的生意。

梅尔维尔的脑子里总是想着鲸，有时它们似乎在顺着这个城市的街道悠游。船队市场（Fleet Market）的血腥屠宰让他想起了鲸脂处理室；和一些年轻的伦敦人度过一个"惬意的"夜晚后，在凌晨两点的回家路上，他在牛津街"翻转着尾鳍"。帝国的首都仿佛唤醒了莫比·迪克的灵魂。梅尔维尔住的阁楼俯瞰着午夜街道上闪耀的煤气灯，他在房中哀悼他那位在这座城市工作并离世的兄长。"两三年前，差不多也是这个时候，甘塞沃正在伦敦的住所写作——他独自一人，四下阒然无声……"那个夜晚他"直至天明都被一个持续的噩梦"纠缠。他把这归咎于浓咖啡和浓茶，但搅动他梦境的也许就是鲸一般的怪兽。

梅尔维尔本打算一直旅行至圣地巴勒斯坦，但伦敦的出版商为他的书稿支付的费用不足，这限制了他的行程。于是，在欧洲大陆短暂逗留后，思乡的梅尔维尔从朴次茅斯乘船返回纽约，开始着手创作一部新小说——这是一次赤裸裸的商业投机。他对他的英国出版商理查德·本特利说，它会是"一次浪漫的冒险，基于在南方抹香鲸渔业流传的狂野传说"。在这次几乎算是孤注一掷的行动中，梅尔维尔诉诸自己的捕鲸经历，以最大化利用故乡的特质——作为一个新兴商业帝国，美国尤其崇尚英雄主义和消费主义。

纽约比从前更加繁华热闹了，可与伦敦的帝国影响相匹敌。捕鲸的利润也在这个城市中传输。它是一个进出口中心，其桅杆和码头可触及其他国度，正如它将自己能干的儿女们输送往世界各地。梅尔维尔的兄弟们在华尔街工作，那附近就是拿索街和各种出版与新闻办公室，它相当于伦敦的弗利特街与河岸街。附近还有奢华的新落成的亚斯特尔酒店，以及莎士比亚酒馆，华盛顿·欧文和埃德加·爱伦·坡等作家都在这里喝过酒。转角处是巴纳姆的美国博物馆，这个夏天，馆前悬挂着一条巨大的帆布横幅，宣传着馆内的鲸。

《白鲸记》既是梅尔维尔海上冒险的产物，同时也是这座城市的孩子，小说开场的背景就是珍珠街尽头的码头，已经明白地表明了这一点。纽约本身以一种奇异的隐喻方式变成了白鲸，就如约瑟夫·康拉德眼中的布鲁塞尔是一座建在人骨之上的白色坟墓，又如甘塞沃·梅尔维尔曾把伦敦看作现代版的巴比伦。甚至连曼哈顿岛都是鲸的形状，像一头苍白的巨兽，既迷人又可怕。对于这片号称是陆地的地方，梅尔维尔的意愿充满了矛盾。他在书中详述了这种矛盾，它们同时代表了解放和担忧，殷切的渴望和深远的恐惧。而且它们的象征符号都是鲸，从深海跃出的利维坦控制了他的想象。

在海上的岁月里，梅尔维尔听过人鲸相遇后你死我活的故事。如今，当扬基捕鲸业发展到鼎盛时期，这些不吉利的事件似乎越来越频繁。鲸开始反击了，它们打断骨头，弄坏小船，让人落水淹死，带着复仇的意志攻击这些袭击它们的人。比如在1841年8月15日，就在"阿库什尼特号"离港不久，新贝德福德的另一艘船"珊瑚号"在加拉帕戈斯群岛以南一百英里处遇上了一群抹香鲸。船长詹姆斯·H.舍曼记录道，在攻击一头鲸的过程中，那头巨兽突然回击了追捕它的捕鲸艇，"把小船咬得粉碎"。

　　那动物"在啃小船时喷出了好多血"，在它游走后，捕猎者们跟在后面。当他们靠近它，大副准备向它投出长矛时，那头鲸"朝他扑来，把他的小船也吞掉了"。在一片混乱中，船长潜下水救了一位快要溺毙的水手，将他带回母船上，但这头鲸的报复还没有结束。它在挣扎中侧翻过身，张开大嘴扑向船长。在这千钧一发之际，舍曼"抛出一根铁矛扎中了它……没过多久，它就陷入死亡的痛苦，呼出了最后一口气"。

　　在为自己的小说做调研时，梅尔维尔发现了鲸之复仇的其他故事。1807 年，楠塔基特的"联合号"在亚速尔群岛海域遭一头鲸攻击后失事，还有一艘俄国船只被"一头大得不同寻常……比船还大的鲸"从海中掀起三英尺高。抹香鲸不是唯一一种能击碎船只的鲸类。灰鲸因为常常反击捕猎者而被称为魔鬼鱼，长须鲸也因其攻击力强、能击沉船只而闻名。哪怕是较小的鲸也可能很危险：在梅尔维尔捕鲸的那些年里，至少有一名水手被黑鲸所杀。

但破坏力最大的是平常很温和的抹香鲸。1834 年，拉尔夫·沃尔多·爱默生在乘坐一辆公共马车时，听一名水手说起一头叫"老汤姆"的白鲸，它会用它的嘴攻击，"把捕鲸艇都撞成了碎片……他还说，新贝德福德有一艘船已装备齐全，准备去干掉它"。以实玛利收集了这些故事，讲述了一个由恶魔般的鲸组成的联盟，它们"名扬四海"，是名副其实的冠军团队：帝汶岛的杰克，"如同一座冰山般伤痕累累"，直到它肩上插着的一根鱼叉被一个木桶猛地撞上，这位可怕的战士才被转移了注意力，"人们才找到办法给它致命一击"；新西兰的汤姆，它在早餐前摧毁了九条小船，是"那文身之国附近行驶的所有船只都要面对的恐怖！"；唐·米格尔，另一位灰白色的勇士，"背上像老龟似的刻着神秘的象形文字！"。

在所有这一类鲸中，因为第一手证据而显得最鲜活，也是最著名的，是那头弄沉了"埃塞克斯号"的鲸，该船的大副欧文·蔡斯于 1821 年发表了记录。他给故事总结的标题很耸人听闻，但也简明扼要：

> 关于楠塔基特捕鲸船"埃塞克斯号"至为离奇又悲惨的船难叙述：它在太平洋上遭到一头巨大抹香鲸的袭击并最终被其毁灭。

在这本书中（在梅尔维尔看来，有"明显的特征"表明它是口述的），人如其名的蔡斯①描述了一头雄性抹香鲸，人们对其同伴鲸的攻击显然激怒了它，它"以平常速度的两倍"朝"埃塞克斯号"冲来，带着

---

① 蔡斯的英文为 Chase，直译为追逐、追捕。

"十倍的狂怒"和"复仇的气势"，它抽打着尾鳍，头半抬出了水面——那场景真的令人惊骇。这头鲸全力撞击了船舶后，猛地撞碎了船首，然后朝下风处游去，再也不见了。随后波拉德船长和他的大副之间的交谈，就好像出自20世纪40年代的英国电影一般。

"天哪，蔡斯先生，到底出了什么事？"

"我们被一头鲸撞穿了。"

当"埃塞克斯号"沉没时，船员们被他们追捕的动物包围着，鲸群隐匿在黑暗中，"以一种可怕的频率喷着气和水柱"。失事的船员乘着敞舱的小船在海上漂流，他们能听到巨大的尾鳍狂暴拍打海水的声音，"我们在虚弱的意识中勾勒出了它们可怕又丑恶的样貌"。但他们需要恐惧的不是鲸，而是自己的同类。这些幸存者饥渴至极，但因为害怕食人生番，没有航向近处的岛屿，最终不得不吃掉同伴来维生。

据梅尔维尔说，他不仅见过蔡斯的儿子，还在欧文·蔡斯的"威廉·沃特号"上见过他本人。蔡斯的儿子还把他父亲写的书借给梅尔维尔看——"读到这个浩瀚汪洋上发生的奇妙故事，还靠近了船难发生地的纬度，这对我造成了意想不到的影响"，然而，当梅尔维尔乘"阿库什尼特号"航行时，蔡斯已经从海上隐退，独自生活在楠塔基特。他在自己的阁楼上储存食物，依然害怕挨饿，害怕失去理智，会攥着朋友的手啜泣道："哦，我的脑子，我的脑子。"他的前船长波拉德也住在附近，被属于自己的可怕记忆折磨着。由于怀疑一切新指令，波拉德自己做了守夜人和灯夫，在楠塔基特的街道上漫游着，似乎在弥补自己的罪孽。梅尔维尔直到写完书之后，第一次登上这座此前只存在于他的想象中的岛屿时，才遇到了"波拉德船长……并和他讲了几句话。岛上的居民根本不知道他是谁——但对我来说，他是我遇见过的最令人感佩的人，却极其谦逊，甚至谦卑"。

当梅尔维尔的想象力聚焦于"埃塞克斯号"的故事时，另一些出现在印刷媒体上的鲸之传奇为它增添了素材。1839 年，杰里迈亚·雷诺兹在《纽约月刊》发表了题为"莫查·迪克，或太平洋的白鲸"的文章。雷诺兹是埃德加·爱伦·坡的朋友，他是一位性情古怪的作家和探险家，相信地球中空论。很多人知道有一头白鲸在智利莫查岛附近的水域出没，雷诺兹渲染了关于它的传说："一头老雄鲸，体形和力量都大得惊人。因为年龄的关系，或者更可能是天生怪胎，他白得像绵羊——就像埃塞俄比亚白化病例显示的那样！"

这头怪诞的生物据说有 100 英尺长，身上布满疙疙瘩瘩的藤壶，能用 28 英尺长的尾鳍击碎小艇，或用巨大的嘴把它们撞成碎片。据说它杀了 30 个人，撞破了 14 条小船，身上插着 19 根鱼叉。雷诺兹的故事以捕鲸人的胜利结尾："一大股黑色的凝血从这奄奄一息的畜生身上喷了出来，带着血雾，像雨一样洒落在四周，沾湿或者不如说浸透了我们……而后，这怪物在最后一阵抽搐中将庞大的尾部甩向了空中……接着缓缓转动，沉重地侧翻过来，变成了海上的一大块死物。"实际上，莫查·迪克——或者至少是一头很像它的鲸——一直在福克兰群岛至日本海之间游荡，无差别地袭击英国、美国和俄国船舶，直到 1859 年 8 月，才被一艘瑞典捕鲸船猎杀。

看起来，被捕猎的鲸似乎意识到自己正在遭受侵害，并以防御姿态做出反击。"从早期渔业从业者的记录看，"欧文·蔡斯写道，"在文明大肆侵入更偏远荒僻的海域之前，鲸就像森林里的动物一样被驱赶。"19世纪50年代，查尔斯·诺德霍夫记录道："如今抹香鲸比往年更罕见了，这要归咎于每年从美国和欧洲各地出航的船舶数量，它们部分或全部都在追踪抹香鲸。"

它们可能还变成了更可怕的对手。蔡斯坚称那以"神秘的致命袭击"击沉"埃塞克斯号"的动物有85英尺长；托马斯·比尔记录了一些长达80英尺的抹香鲸；牛津大学博物馆里保存的一具鲸下颌确定了其主人有88英尺的身长；在1879年出版的《海中宁录①，或美国捕鲸人》里，W. M. 戴维斯记录了一些经可靠测量有90英尺长的抹香鲸；以实玛利还听说过一些100英尺长的鲸。不过现代抹香鲸最长不超过65英尺。

有人推论，捕猎大型鲸会使其基因遗传概率渐渐降低，也许"埃塞克斯号"的攻击者是最后的巨型鲸。独行的大雄鲸是捕猎的首选，而20世纪的捕猎加速了这种拣选，同时影响了我们对鲸寿命的认识。人们对鲸寿命的判断主要依据上个世纪后半叶的捕鲸资料，那个时候大多数更年长（也是体形更大，能带来更多利润）的鲸都死了。

在世界性捕鲸业即将结束的时候，近四分之三的抹香鲸都被杀死了，从1712年到20世纪末，它们的数量从100余万头减到了36万头。早在19世纪40年代，捕鲸人就已经发现了抹香鲸数量的明显下降，并且怀疑他们的工作是否会导致这种动物灭绝。在题为"鲸的体积会缩小吗？它会灭绝吗？"这一章里，资料充足的以实玛利将野牛看作"一个无可辩驳的论据，表明这些被追猎的大鲸现在已无法逃脱迅速灭绝的命运"。不过他也声称，这些抹香鲸曾在海洋中"散乱独行……

---

① 宁录（Nimrod），《圣经》故事人物，作为英勇的猎手而闻名。

现在聚集成远远分散开来的、巨大的队伍，自然便不常碰见了"。

这些动物是否集体被激怒，决定反击袭击者，就像现代离群的凶猛野象一样，因为栖息地被人类摧毁，于是意图报复人类？如果把雄性抹香鲸身上的伤疤当作一种指标，它们可谓自己种族里的悍将。扬基舰队的船长们的确认为，这些鲸变得更有进攻意识了。温顺的野兽开始攻击敌人，用它们自己的武器——颌、头、尾。从新贝德福德离港的"温斯洛号"的爱德华·加德纳船长是一位受害者，1816 年，他在秘鲁海域差点被一头抹香鲸所杀，它"弄伤了我的头"，"弄断了我的右臂，左手严重撕裂，我断了下颌和五颗牙齿，伤口流了很多血"。

就好像鲸群合谋为自己分配了角色一般。"过去，我们并不像现在这么频繁地骚扰和追踪它们，那时它们要比现在容易接近得多，不过被袭击时往往也会反击。"查尔斯·诺德霍夫评论道，"但是如今，你'做事'时需要极其小心。"正如以实玛利透露的："我告诉你，抹香鲸可真的不好惹。"

然而，鲸的反应也会迟钝到令人悲哀。抹香鲸本可以轻松摆脱捕杀它的人，迅速潜到远处，逃离受攻击范围，但它往往不会这么做。有的时候，当敌人靠近，或鲸群中有一名成员受伤时——就如梅尔维尔在调研时查阅到弗雷德里克·本尼特的另一本书中写的——鲸会"群聚在一起，战栗地静止在原地，或是做出一些慌里慌张又犹豫不决的逃离举动"。

矛盾的是，抹香鲸这种自杀式行为要部分归因于它在深水中生活的能力。在海面上，抹香鲸比其他鲸行动更慢，更迟钝，更少出现且活力更低——因此也就更难逃脱人类这种非自然捕食者的追捕。这是一种难以解释并且可能致命的演化缺陷，因此，作家约翰·福尔斯诧异于抹香鲸为何"从未获得一种在面对人类时可以有效逃离的习性，从身体条件来看这应该很容易。有的时候，它们几乎是排队等着被瞄准……这可怜的野兽就是学不会吸取教训"。

人、鲸、生、死，这是梅尔维尔要讲的故事。再没有哪个作家拥有他这样的天赋，可以说是前无古人，后无来者。一边是世界上最大的捕食动物，更像是传奇而非现实之物；一边是年轻的美国英雄，不顾一切地追逐鲸油。他们共同造就了美国的神话——在伟大的新民主政治中，每个人都可能发家致富，但这也让他们接触到某些更神秘的东西。莫比·迪克是一头幽灵般的生物，据说无处不在——"确实……人们曾在地球相反的纬度上同时遇到过它"——它从无数次的血腥袭击中全身而退，并"在数百海里外毫无血迹的巨浪中"再次出现。通过这一化身，鲸变得无所不在，它的庞大显得如此超自然，就好像暗物质一样；它的神秘性能使人忽略其强健的肌肉；这动物的形态就像游动的精子，但同时它也是一个宇宙。

最初，梅尔维尔对这类玄学不以为意。他的书应该是一部迎合市场的冒险小说，就像任何一艘驶离新贝德福德的捕鲸船一样，是他与出版商合谋获利的媒介。他对一位朋友说："钱的事归钱的事。"他像对待《莱德伯恩》一样对待这份新工作，他知道那本书"就是垃圾，写它是为了买烟抽"。但他所有想法都将改变。在他斑斓的想象世界里，具体与抽象的恐惧汇聚起了力量，就如海面下隐约可见的不祥的白鲸，"以奇妙的速度在上升，越来越大……它巨大的隐蔽着的身躯依然半藏在蓝色海水之中"。在写作过程中，《白鲸记》变成了一个传奇，这个故事以其独有的恐怖的美丽作为编码，展望未来的同时也在洞察过去。

＊　＊　＊

　　纪念碑山屹立在 7 号公路旁，山脚下环绕着密林。一个半世纪前，这些树林尚未如此浓密。一个夏日的早晨，下了两天才停的雨水仍然在渗过松树的树冠，当我沿着湿滑的小路向上攀登时，这些雨水正滴滴答答地坠落。山腰散布着巨大的圆石，另一侧是一道深谷，下面被蕨类叶片遮蔽的溪流蜿蜒而去。当我爬上最后一段山坡时，一片雨云突然出现在头顶，迅速掠过有束带蛇摊着晒太阳的岩石，亮橙色的蜥蜴飞速蹿进裂隙。峰顶，矮小的松树立在石英岩峭壁之上，以奇险的姿态彼此遮蔽。遥远的下方，是豪萨托尼河碧草连天的河谷。鹰盘旋在上升气流中。整个世界仿佛静止了一样。

　　1850 年夏季，在马萨诸塞州西部，远离"纽约那巴比伦式砖窑的热浪和尘埃"，梅尔维尔遇到了一个将改变他人生轨迹的人。当时他借住在皮茨菲尔德的姑妈家，其间读到了纳撒尼尔·霍桑的《古屋青苔》，沉醉于它对旧日新英格兰的怀想之中。碰巧，霍桑自己就住在附近，他是被伯克希尔的壮丽美景吸引而来——这里的乡村景色和英国的湖区并无二致，是一个名副其实的浪漫背景，而接下来发生的事就像某种神启。

　　46 岁的纳撒尼尔·霍桑是当时美国最著名的作家。他也来自一个航海家族，4 岁时，他当船长的父亲在苏里南患热病去世。他是和母亲以及两个姐妹一起生活长大的。他和梅尔维尔有很多共同点。但是，与赫尔曼把海洋当作哈佛大学和耶鲁大学不同，纳撒尼尔曾在缅因州鲍登学院绿草如茵的校园里学习，而后又在塞勒姆一幢阴郁的住宅中生活，他与世隔绝地在那阁楼里生活了 12 年，只在夜里到街上

漫步。"我把自己囚禁了，关在一座土牢里，"他承认道，"现在，我找不到放自己出去的钥匙了。"

"英俊胜过拜伦勋爵"，黑色的眼睛"像能够倒映出天空的山间湖泊"，霍桑执着于对病态事物的阐述，但他召唤出来的怪物无疑是人类。他的祖先是清教徒，有"所有清教徒的特性，包括善与恶"，他们迫害过贵格会教徒，参加过塞勒姆的女巫审判。这份遗赠浸润了霍桑所居住的虚构世界，以及他创造的现实世界。就如未来的诗人玛丽·奥利弗所写，他是"构想邪恶的伟人之一"。

霍桑对世界过去的轨迹和未来的发展满怀遗憾。"这里，那里，到处都是，"他在自己的故事里写道，"拜火教这样的人类发明彻底污染了人生中明媚的、诗意的、美丽的东西。"他曾告诉妻子索菲娅，他觉得自己好像"早就进了坟墓，生命只够用来冷漠与麻木"。另外，他喜欢夜里在康科德家中花园一端的河水里游泳，看着月光在水面起舞（我也在那里游过泳，拨开清澈的河水和亮绿色的水草，想象比利·巴德被它们柔软的叶片缠住）。他的记忆里萦绕着一个画面：一个淹死的年轻女人从这条河里被拖上来，她苍白的四肢在水中摆动。

用霍桑自己的话说，他"并未远离人世，但是被夹裹于其中，戴着一层明暗混织的面纱"。他笔下那些巧妙的寓言性的故事，承载着历史、罪行与复仇的重量，尤其是梅尔维尔视为经典的那些作品，也影响了梅氏自己的写作。《年轻的古德曼·布朗》将背景设定在17世纪的塞勒姆，一个夜里被召唤到森林里的年轻人发现整个镇子都被魔鬼奴役，其中包括他年轻的妻子。在未来主义的《地球大毁灭》中，大草原上的一堆篝火把证明人类毫无节制的一切证据都烧成了灰，从烟草到文学作品。在这涤罪的火葬堆里，只有一件事物不会被烧毁，那就是每个人心里潜藏的邪恶。"罪恶"也是他的小说《红字》的主题，这本书在1850年出版后大获成功，为了逃离名望带来的喧嚣，霍桑搬到了伯克希尔的雷诺克斯，附近有一个宁静的淡水湖，他想在那里写他的下一本书：《七个尖角阁的老宅》。

即使在乡下，霍桑也无法避开社交。8月5日，他勉为其难地参加了由戴维·达德利·菲尔德组织的一次野餐会，菲尔德是一位交游广阔的纽约律师。受邀的客人中不乏文学名流：埃弗特·杜伊金克、奥利弗·温德尔·霍姆斯（"波士顿婆罗门①"这个词的创造者）、"几位女士"以及梅尔维尔。大家出发前往纪念碑山，但还没有爬上山顶就突然下起了阵雨，他们跑到一处岩架下避雨，在那里用银杯喝起了香槟。

等到太阳重新露面，野餐者们出发前往山顶。梅尔维尔情绪高昂，也许是让酒精和稀薄的空气冲昏了头脑。他攀上一处像船首斜桅般向外突出的长石，假装用力拖着想象中的缆索，摆出一副用鱼叉瞄准下方山谷中一个鲸形小池塘的架势。年轻人的表演是夏日三伏天里的能

---

① 波士顿婆罗门（Boston Brahmin），意指波士顿传统上流社会的精英阶层。

量爆发——是《泰皮》中场景的回响。在书里，叙述者和与他一起逃跑的同伴托比爬上一处热带山峰，逃离船上的暴政，感受着新获得的自由的力量。

那天明媚的阳光、壮丽的风景，也许还有梅尔维尔的同行，这一切都感染着霍桑，使他也做出了相似的古怪动作。那个下午，当他们漫步于一处名为"冰谷"的幽暗之地时——据说此地长满苔藓的幽深处常年覆盖着冰——便轮到霍桑表演了，他用浑厚的嗓音呼喊起来，"向同行的人群警示那不可避免的毁灭"。接着大家回到菲尔德的房子里用晚餐，边吃边讨论马萨诸塞州海岸附近出现的海蛇。

霍桑本来就欣赏《泰皮》，现在又发现梅尔维尔是个很有吸引力的人。"我认识的人里，没有人比他更不受拘束，"他后来写道，"他在南太平洋上的漂流经历，养成了他的旅行习惯：除了一件红色的法兰绒衬衫和一条粗布裤子，不带任何多余的衣物和装备。"也许他在倾听这位水手的冒险故事时，甚至有些嫉妒，那奇异的经历完全不同于他自己长年的内省生活。登山的这一天标志着一种炼金术般的火与水的融合：火是霍桑的草原大毁灭，水是梅尔维尔捕鲸的浪漫。两个人都是勇敢的新共和国的国民，两个人也许都在积极地展望未来。但是最终，活跃机智的梅尔维尔将沉入霍桑所栖息的阴郁之中，从铺满阳光的山巅来到阴暗潮湿的峡谷。

与霍桑会面一个月后，梅尔维尔搬到了皮茨菲尔德南部两英里处的一个农场。他富裕的岳父帮他买下了这里，他在这里的田野中发现了印第安人的手工制品，便据此把这里命名为箭头农场。远方耸立着格雷洛克山，它是马萨诸塞州最高的山峰。每天，梅尔维尔都会在田地里干两个小时农活，他甚至在路边卖过苹果酒，因为这房子之前曾被装修成酒馆。另外，从这里骑马到霍桑位于雷诺克斯的家只要不到一小时。"前几天我遇见梅尔维尔，"霍桑对一位朋友说，"我太喜欢他了，就叫他来和我一起住几天。"

梅尔维尔的文字表达极富感染力。他曾以"一个在佛蒙特州度过七月的弗吉尼亚人"为笔名，给《古屋青苔》写了一篇书评，姿态既坦诚又遮掩，在现代人听来，他使用的语言有着惊人的暗示性："我感觉这个霍桑在我的灵魂中播下了萌芽的种子。我越是探究他，他就越是扩展且深入，越来越将他那强大的新英格兰之根射在我南部灵魂的炙热土壤中。"

两人时常会面，信越写越长，友谊也愈发深厚。后来，索菲娅·霍桑带着女儿尤娜和罗丝去拜访亲戚，留下纳撒尼尔负责照看五岁的朱利安和他的宠物兔子，梅尔维尔便借机前来拜访。他驾着一辆四轮四座大马车，显得魅力四射，带着埃弗特·杜伊金克和乔治·杜伊金克，马车后面载着他的狗和一份野餐食物。霍桑提供了香槟酒，接着他们出发去拜访汉考克的震教村。霍桑从前曾在先验论公社布鲁克农场待过一小段时间，在那里体验了乌托邦社会，他认为禁欲的震教徒们是在荒唐地亵渎神明。他们"睡的床特别窄，几乎容不下一个人，但一位老人告诉我们，每张床上要睡两个人"。霍桑声称这种"人与人的紧密连接"是"可憎且恶心的"。以实玛利和奎奎格可能有不同的看法。

在雷诺克斯，两人坐在霍桑的会客室里，抽着平常会被禁止的雪茄，聊着"时间与永恒、现世和来世……以及所有可能与不可能，直至深夜"（索菲娅在编辑丈夫的日记用以出版时，把最后这半句涂掉了）。他们的意见并非总是一致，比如在奴隶制上，霍桑对奴隶"一丁点儿都不同情……或者至少还没有他对白人劳工同情的一半，我认为通常来说，前者的状况要比后者糟糕十倍"。从梅尔维尔对霍桑的所有感受来看，他想要的超出了他的朋友所能给予的。

在梅尔维尔来到伯克希尔前，他的书已经基本写完了。他向埃弗特·杜伊金克描述道，它是"关于捕鲸业的一份浪漫、奇异、文学性强且最有趣味的陈述"。然而，和霍桑的会面改变了这一切。年轻人曾抱怨说，他受到了约束，不能写出"我想要写的那种书"。如今他被迫注意到自身经历的重要性，而为了将它们融入写作背景中，他开始贪婪地阅读，仿佛之前从未阅读过一样，有从伦敦带来的书，比如玛丽·雪莱的《弗兰肯斯坦》，或是从纽约图书馆借的书，比如威廉·索克斯比的《北极地区记述》，罗伯特·伯顿古怪又散乱的《忧郁的解剖》，爱默生在自然万象中揭示上帝的随笔集，还有托马斯·卡莱尔的《衣裳哲学》，其中满溢着梦境、着魔般的痴迷和充满自我牺牲精神的爱。

接着他发现了一套莎士比亚戏剧全集，字很大，足够照顾他虚弱的视力。他幻想着："唯愿莎士比亚能更晚些出生，好在百老汇大街上漫步。"但同时，他也将在自己的书里写满粗俗的旁白和暗示，开些关于杂烩汤和酒吧俏皮话的玩笑，以实玛利还用这些玩笑讽刺过其作者夸张的言辞。以实玛利一度宣称他把"裴阔德号"的整个危险航程——及生活自身——看作一个"庞大的恶作剧"，还告诉奎奎格，自己"最好还是去舱下边，起草一份遗嘱"，并让这位朋友做他的律师、遗嘱执行人和遗产继承人。

美国解放了梅尔维尔，在这里他可以无拘无束地写作，并且清楚地意识到自己用词中的双关义，比如斯塔巴克对船员的劝诫："划吧，我的小伙子们！鲸油（sperm）①，为的就是鲸油！"他的工作有了一种新的紧迫性，这种紧迫性几乎像是要把他这个人和他所做的事割裂，用时间来编码他的词句：

> ……直到眼下这个有福的时刻（公元1851年12月16日下午1点15分15秒），这些喷泉里喷出的究竟是真正的水还是水汽，依然还是个问题……

——就仿佛他突然能像灵魂出窍一般观察自己并洞察鲸，如同他在向它靠近一般。他像以实玛利一样感觉到了新生。"直到25岁我都完

---

① sperm 还有"精子"的意思。

全没长进，"他对霍桑说，"从人生的第25年开始，我就在数着日子过。"他莫名积累了一种一往无前的力量，这力量就像他的猎物一样宏大，像它描绘的这个行业一样宏大。梅尔维尔以不断扩张的野心和完全舍弃传统的态度，跨越时间与空间的维度，模糊它们的界限，不断地重申"所有这一切并非没有它的意义"，在意义上重叠意义，全身心地投入，着魔般写作并改写，进入一种忘我的状态，以至于他妻子莉齐①只能不停地敲他的门，直到他屈尊回应才得以进入。

他在自己的书房和头脑里重新创造了船上的环境，在这个过程中，《白鲸记》从一本传奇冒险小说变成了一部可怕的宿命之作。这本书的某些部分像是无意识写出来的，作者仿佛被白鲸的灵魂、被震教神的化身所附体。他的标题②中有某种禁忌，它以传说的莫查·迪克命名，同时还隐含着与他一起逃亡的朋友的名字，他本以为这位迷人的黑皮肤朋友已经去世了，却又在纽约州罗契斯特市遇见了他。"我见到了托比，带着他的经典告型（原文如此）——一缕乌黑的卷发。"

梅尔维尔对写这本书几乎是恐惧的，甚至建议一位女性朋友别去读它。"等它出版时，别买它，别读它，"他警告她，"它并不是一快（原文如此）漂亮的斯皮塔佛德③女士丝绸，而是一种质地可怕的织物，编织它的材料是船的缆绳和船索。极地的风穿透它，猛禽在它上方盘旋。"玛丽·雪莱的人造怪兽在他脑后游荡着，他召唤出亚哈的船舶的形象，它奋力冲过波涛汹涌的海面，"镶着鲸骨尖牙的'裴

---

① 伊丽莎白的昵称。

② 指莫比·迪克（Moby-Dick）。

③ 斯皮塔佛德（Spitalfields）位于伦敦东区，拥有悠久的丝绸业历史。

阔德号'在疾风前深深地低下头，疯狂地刺入黑色的波浪"。他只有在半开玩笑时会谈起自己的作品，好像它是某种违背自然规则的东西，根本不应该出现。"我不知道，也许一本存在于脑海中的书胜过一本包在皮里的书，"他对埃弗特·杜伊金克说，"起码它能少受些批评。"这皮也许指的是异教徒奎奎格那刺满文身的皮肤，又或者，他的这本反圣经的书是包在白鲸那幽灵般苍白的兽皮中。它开始时本是一篇为美国捕鲸业做宣传的习作，最后却成为了对人类自身罪恶的警示。从这点来说，梅尔维尔的确是霍桑的好学生。

从表面上看，他的日程安排很轻松愉快，富有乡村特色。他八点起床，在吃早餐前先喂牛和马，接着开始工作，直到下午两点半。这个时候，妻子莉齐会按约定来敲门，一直敲，直到丈夫回应她。他驾着马车在乡郊放风后，在夜里会"进入一种催眠般的状态，无法阅读——只能不时翻翻一些大号字体的书"。这样的自我隔绝似乎使他产生了越来越奇异的意识之旅。

> 我在这乡间好像感觉到了海，地面上白雪茫茫。早晨起床时望向窗外，就好像是在大西洋的一艘船上往舷窗外望一样。我的房间像船舱，夜里醒来，听见风的尖啸声，我几乎要以为房子航行得太久了，我最好爬上屋顶，在烟囱里扯好帆索。

他在格雷洛克山的阴影中写作，向远方望去，能看到它钝直的山峰，有时覆雪的山梁会让他想到白鲸，"在大洪水中幸存下来的强大生命体，那样怪异，如山一般巨大！这九天之物，这盐海之乳齿象，拥有如此不祥的无意识的力量"。

朋友们回忆，那时梅尔维尔说他的写作流畅顺利，但在莉齐笔下，那是一段可怕的时光，这本书完成"于令人不快的环境中，他一整天坐在桌子前，什么都不吃，直到下午四五点钟，接着驾车去村子里，天黑后才回来"。霍桑在康科德四处漫步时总是低着头，因此，当人们给他看照片时，他认不出自己每天经过的建筑。和霍桑一样，梅尔维尔避开与人接触，是为了更强有力地叙述人类。于是，这部作品书写和完成的过程都秘密得像一个共济会仪式，并以隐晦的文本为基础。梅尔维尔对霍桑说，在他的书里，这些文本是隐秘的箴言——

Ego no baptizo te in nomine patris, sed in nomine diaboli

——意为，"我并非以父之名，而以撒旦之名为你施以洗礼"。

　　1851 年 11 月 14 日傍晚，风雪沉郁，马萨诸塞州西部，雷诺克斯，小红酒馆。

椅子被拖近桌子时，刮擦着木地板。在小镇上，两个男人一起用餐并不常见。梅尔维尔为庆祝《白鲸记》出版订了一个包间举办派对。客人只有一名。

　　在那个下午，梅尔维尔把一本完稿复件递给了霍桑。在那几秒钟里，当书稿从一只手传给另一只手，在放与取之间，他人生的一切努力和一切能量都被萃取，那是他至此为止全部存在的总结。

　　霍桑翻开书，看到了里面的句子：

MOBY-DICK;

OR,

THE WHALE.

BY

HERMAN MELVILLE,

AUTHOR OF

"TYPEE," "OMOO," "REDBURN," "MARDI," "WHITE-JACKET."

NEW YORK:
HARPER & BROTHERS, PUBLISHERS.
LONDON: RICHARD BENTLEY.
1851.

IN TOKEN

OF MY ADMIRATION FOR HIS GENIUS,

This Book is Inscribed

TO

NATHANIEL HAWTHORNE.

本书题献给纳撒尼尔·霍桑，以表达我对其天才的钦慕。

这是一份公开的宣言，也是一个无尽索取的要求。

霍桑对《白鲸记》的反应是文学史上著名的失落信息之一，不过我们能从梅尔维尔的回应上略窥一斑。

> 这一刻我心中有一种无法形容的安全感，因为你理解了这本书。我写了一本邪恶的书，却觉得如羔羊一般纯洁……

霍桑让梅尔维尔看到了他之前在自己的作品中未曾发现的讽喻与微妙之处。对此，这个年轻人心中五味杂陈，混杂了傲慢、辱骂、信任以及爱，他的回应几乎是在控诉他的朋友及导师：

> 你从哪里来，霍桑？你有什么理由汲饮我人生的酒瓶？当我将它放到唇边时，哦，它们是你的，而不是我的。我感觉到神性被打破了，就像那晚餐中的面包一样，而我们就是其中的碎片。所以这无尽的友爱之情……你明白推动此书的那无处不在的念头……不是吗？而你足够圣洁，可轻视这不完美的肉身，去拥抱灵魂。

即便考虑到维多利亚时代人们通信时的夸张手法，这些词依然富有戏剧性。我们只能想象霍桑的回答，他也许会很高兴自己正打算离开雷诺克斯。梅尔维尔在霍桑身上追寻着远离黑暗的避难所，就像以实玛利和奎奎格在喷水鲸客店住下来一起度过第二晚那样。

> 主啊，我们什么时候能有所改变？啊！可这是一条长路，看

不见一家旅店，夜幕降临，身体冰冷。但有你作为旅伴，我很满足，并且能感到快乐。

由于他这不神圣的书将会被伯克希尔的善信人士谴责，他便向他的作品以及他朋友的作品中渴求它们能给予的永恒。

> 我想，认识你能让我在离世时更加满足。认识你，比圣经的不朽更令我信服……你身上有神圣的磁力，而我的磁力与之呼应。哪方更强大？这是个愚蠢的问题——它们是一体的。

这是对超越性与智慧的友情的恳求，它也哺育了那股驱动作品完成的未知的力量。因为他与霍桑的关系不可能更进一步——因为他越过了正常行为的界限——所以梅尔维尔永远也没能摆脱《白鲸记》的影响。

出版后，梅尔维尔的书令评论家们困惑又挫败。它是一本哥特风格的政治寓言，还是一本宗教檄文？有些人对追捕的段落感到兴奋，还有亚哈和白鲸之间的最终决战——"他做好了战斗的准备，就像一支举着旌旗的军队……那战斗是以血写成的"，但许多人对这部作品感到迷惑，甚至愤怒。梅尔维尔可能预料到了这样的情形。当时让他更触动的是报纸上的一则消息：一头鲸撞破了新贝德福德的一艘船。"轰隆！莫比·迪克本尊出现了，这让我想起过去一两年某些时候我在做的事。"他写信给埃弗特·杜伊金克，"至少可以说，这确实是一个令人吃惊的巧合……老天啊！撞破"安·亚历山大号"的这头鲸可算是一个时评员了。他要讲的内容简短、有力，并且切中要害。我怀疑是我邪恶的作品召唤出了这头怪兽。"

这本书同时在大西洋两岸出版（就如那头白鲸能同时在两个地方出现一样），但是无论在哪一边都没有获得成功。为了登记版权①，它先在伦敦以《鲸》为书名出版，三卷本的设计是为了吸引上层阶级的注意，外壳是亮蓝色的，每一本书的白色书脊上还有一条头向下游动的鲸的图案，烫金工艺做得很漂亮。这是一头正确的鲸，但也因此成为一头错误的鲸，它使英国版本的《白鲸记》价格达到了 1.5 基尼——这似乎也反映了当年举办的世界博览会的奢靡。为了缩减成本，本特利拍板删除了小说的结尾（以及他认为

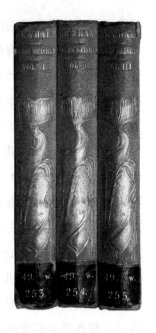

渎神或淫秽的部分），这个结尾描述的是以实玛利幸存下来讲述故事的片段，删减版使读者对这本书更加困惑。美国版本则保留了结尾，以单卷本形式出版，没有对读者阶层进行区分，价格为 1.5 美元（这个版本居然还可以选择不同颜色的封面）。但哈珀兄弟出版社始终没能卖掉他们首印的 3000 册书，剩下的库存也毁于 1853 年曼哈顿下城出版仓库的一场火灾。这也许是天谴之灾，是对霍桑那烧毁浮华的篝火的回应，并确证了它的作者对这本邪恶之书的评价。

成就梅尔维尔的东西也毁灭了他，这是他人生恒久的悖论。他的

---

① 美国于 1870 年才设立版权机构，执行版权登记。当时的美国版权制度是低水平的，只保护作者的财产权，不保护其精神权利。因此《白鲸记》在美国得不到应有的著作权保护。

冒险经历为他提供了创作素材，但同时也毁了他，使他永远不得安宁。在海上度过的时光使梅尔维尔的作品得以诞生，但他的冒险行为也使他无法适应作家的生活。大鲸的巨头幻影纠缠着他，他觉得自己被跟踪了，跟踪他的是"命运之神的无形的警官，他们无时无刻不在监视着我……以某种无法解释的方式影响着我"。

在《白鲸记》的出版过程中，梅尔维尔还在写作那本完全以陆地为背景的《皮埃尔》。这是一本自传体小说，讲述一位著名的纽约作家被一位摄影师沿街追赶要给他拍照，就如梅尔维尔的第二自我逃离食人族，害怕那些文身的人夺走他的脸。（"我恭敬地拒绝被一位照相师湮灭（oblivionated），"梅尔维尔对一位朋友说，"一个没法拼写的词就这么写出来了！"）但是除了越来越差的视力，他的收益也渐渐少得令人沮丧，读者也越来越少。因此，到了1856年10月，尽管备受风湿病的折磨，他依然踏上了自己最后一趟伟大的冒险之旅。

"在过去几年艰辛的文学工作后，梅尔维尔先生非常需要这次休息，"《伯克希尔之鹰》称，"我们毫不怀疑，他回来时将恢复健康，并带回许多新的旅行观察成果，在他的笔下，它们是如此迷人。"梅尔维尔出发时带上了他最新的书稿——《骗子》，希望能在伦敦卖出它的版权。他乘坐的轮船抵达了格拉斯哥，在那里，他惊奇地看着船坞和脸长得像牛一样的女人。他在爱丁堡停下来洗了衣服——

9件衬衫

1件长睡衣

7条手帕

2 双长筒袜
内裤和内衣

——接着继续前行，经过兰卡斯特和约克，到达利物浦，那里有他初次航海的记忆。他投宿在戴尔街的白熊旅馆，第二天出门，在雨中"寻找霍桑先生"，但霍桑已经搬离了，他白跑了一趟。第二天早晨他拜访了领事馆，找到了纳撒尼尔。

在过去四年里，霍桑作为美国驻利物浦的领事，和家人一起住在邻近的绍斯波特。现在他已经五十多岁了，头发也秃了。梅尔维尔看上去也"苍白了一点，可能还阴郁了一点"。霍桑听说自己的朋友身体很差，他分析是因为"过于长久的写作时间，又没有获得太多成功"，并且"精神处于病态中……我并不奇怪他觉得有必要环游世界兜兜风，在这么多年辛劳的笔头工作和居家生活之前，年轻的他过得可是非常狂野和喜欢冒险的"。

两个男人在午后搭火车到了绍斯波特，这个渐渐过时的胜地曾经被路易·拿破仑频频光顾，现在只隐约显露出它过去的荣光。第二天，他们在海滩上漫步，一路吹着风，接着在沙丘围出的空地里坐下来抽雪茄。梅尔维尔开始聊上帝和来世，"以及一切超脱人类视野的东西"。他告诉霍桑，他已经"下定了决心要被毁灭"，就像以实玛利离开曼哈顿一样，他像是在提前完成自己的遗愿。

"这很奇怪，他总是固执地徘徊在这些荒漠中，它们都像我们坐在其中的这些沙丘一样沉闷又单调，自打我认识他开始，可能在更早之前就是这样，"霍桑在他的日记里写道，"他既无法找到信仰，也无法在疑虑中得到宽慰……如果他是一个宗教徒，他会是一位最虔诚最可敬的教徒。他有非常高贵的本质，比我们大多数人都更应该得到永生。"

这是来自霍桑的高度评价，也侧面反映了梅尔维尔对他的信任。霍桑似乎此刻才认识到这一点，并且对未曾付出更多而感到愧疚。但谁能从梅尔维尔的执念中拯救他呢？数日后，他乘船从利物浦航向圣地，把行李留在了霍桑的领事馆里，只拿了一个毛毡手提袋。此后两个人再也没有相见。

箭头农场紧挨着路边，掩映在树丛中。雨水洗掉了天空的光，赭色的房屋上空翻滚着墨黑的云。片刻后，阳光灼亮了护墙板，映出沿尖桩篱栅生长的酸橙色萱草。一切看上去都苍翠繁茂，而房内却感觉无人居住。木地板在夏日午后散发着温暖的气息，但房间里却只有寂寞的回响。在楼上的书房里，透过湿漉漉带着水纹的窗户，我勉强能辨认出地平线上格雷洛克山那稳固的灰色轮廓，掩在树林后。

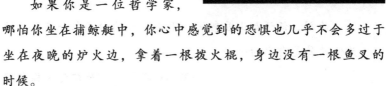

……运气好的话，从某一点的某些角度能瞥见一闪而逝的鲸的轮廓，由起伏的山脊勾勒而成。但你得是一名彻头彻尾的捕鲸人，才能看到这样的景象……

炉边有一把箭头鱼叉——

如果你是一位哲学家，哪怕你坐在捕鲸艇中，你心中感觉到的恐惧也几乎不会多过于坐在夜晚的炉火边，拿着一根拨火棍，身边没有一根鱼叉的时候。

——近处是一个破旧的衣柜，看上去"像一个行迹匆忙的旅行者的行李箱"，还有一张手写的行李标签，一部分已经看不清了：

"H.梅尔维尔——东26街……"

我们的导游认为霍桑是个英俊的男人，"所以这就是麻烦的源头"。而我想的却是别的场景，这些场景很贴合主人公的声名：两个男人抽着雪茄，喝着白兰地，夜谈到很晚。

> 此刻，话语如山岳般沉静下去——纳撒尼尔一直很羞怯，因为他的爱是自私的……
>
> ——W. H. 奥登，"赫尔曼·梅尔维尔"

当黄昏降临时，百叶窗关上了。门也锁了，房子里再度空无一人。山川屹立在岩石之间——他们就是在那座山上相遇，而它又见证了他们的分离——冷杉半遮着岩峰，只露出峰顶，山川屹立朝天，又迂回向海。

使我胆寒的是那头鲸的白

1863 年，梅尔维尔放弃了在箭头农场务农的打算，他回到纽约，住在格拉梅西公园的一栋房子里。他可以从那里走到炮台公园上班，身份是海关的 75 号副督察，薪水是每天四美元，"就好像他的职业是另一个岛屿"。到了晚上，他就在书房里写作，像巴托比①一样面对着墙。这些年的经历最后带来的除了悲剧还有什么？1866 年，在楼上的卧室里，他 18 岁的儿子马尔科姆用一把藏在枕头下面的手枪射穿了自己的头。20 年后，他另一个儿子斯坦威克斯在旧金山的一家旅店里死于肺痨，死时孤身一人，年仅 34 岁。透过窗户，梅尔维尔能看到街对面的排屋，和他自己住的房子一模一样，那石阶和铁栏杆奏着都市的单调韵律，与海不同，这是一个永恒不变的景象。

他的人生结局和开场一样模糊。梅尔维尔 72 岁时死于心脏病，那是 1891 年 9 月一个周一的凌晨，午夜刚过，曼哈顿正要开启新的工作周。他最后一本小说《骗子》的出版已是 30 年前的事，自那以后他只发表诗歌。他的葬礼在布朗克斯的伍德劳恩公墓举行，之后，莉齐整理了丈夫的稿件，把《水手比利巴德》的手稿放进一个抽屉里。在他写作的桌子内侧贴着一张小小的剪报，上面写着：

真诚对待你青春的梦想

在城外一个荒凉的郊区——寒冷的二月午后，冷空气榨干了街道与天

---

① 巴托比（Bartleby）是一位书记员，是梅尔维尔小说《录事巴托比：华尔街的故事》的主人公。

空的血色，使之更添一层荒凉——汽车 24 小时不停地沿高速公路轰鸣着进出纽约。人们来来往往，却不会抬头瞟一眼先辈安息的地方，这些死者早已放弃了对猎物的追逐。

闪耀的墓碑沿着这整齐小径排列成行，城市名人的姓名被刻在这丧葬大道上，字迹清晰如初。这死者居住的城郊，与贵格会公墓的朴素风格形成鲜明的对比。上周的灰色雪粒像掉落的冰棒一样洒在路面上。我从口袋里拿出一片石板，它是我在楠塔基特的海滩上找到的。我弯腰把它放在那块大理石墓碑上，上面雕刻着常春藤，仿佛在模仿墓碑四周生长的花草。

赫尔曼·梅尔维尔

生于 1819 年 8 月 1 日

死于 1891 年 9 月 28 日

在铭文上是一大段空白的卷轴，这是作家生前自己选择的纪念方式，那空白像是在嘲弄他没写出来的那些书。伊丽莎白安眠在他的身侧，一如既往静默地等待着；另一侧是一些更小的墓碑，属于他的儿子们，他们都在父亲之前去世。这排墓碑让人难过，他们一家人在布朗克斯的一座荒山上重聚了。我踢着一个小冻雪堆，弄出了足够多的粉末，在枯草上拢出了一头白鲸，用一颗橡子做眼睛，一根细枝做嘴。它看起来很童真，这只卡通动物在作家的白骨上玩耍。我期待着能感觉到什么，想和作家的灵魂交谈。但在这市政设施里，什么也没有发生。墓碑和泥土像路面上的沥青一样死气沉沉，而沥青路上那熙熙攘攘的车流正前往他方。

寻鲸记

BLACKFISH AT SO. WELLFLEET, MASS.   SOLD FOR S 15000, DIVIDED AMONGST 300 INHABITANTS.)

第八章 "很像一条鲸鱼"

> 想要正确地利用鲸，但是却只知道鲸骨和鲸油，这难道不是
> 暴殄天物吗？①
>
> ——亨利·戴维·梭罗，《缅因森林》

从 1849 年 10 月到 1855 年 7 月，就在梅尔维尔调研、写作并出版《白鲸记》的这段时间里，亨利·戴维·梭罗正在科德角徒步旅行。他在不久前刚离开自己隐居的瓦尔登湖，它邻近康科德，梭罗在那里进行了一场长达两年的实验，试图检验超验主义的信条。

超验主义是由拉尔夫·沃尔多·爱默生提出的，它倡导回归自然以感受上帝的真实存在。霍桑将超验主义者看作"反常、奇装异服、行为古怪的凡人"——即维多利亚时代的嬉皮士，认为他们就像是在排演音乐节。梅尔维尔也曾借以实玛利之口，挖苦他们的浪漫主义精神。但对于 1817 年出生在康科德的梭罗来说，瓦尔登湖是逃离个人不幸的处所：他失去了哥哥约翰，后者在剃须时割伤了手指，三天后死于破伤风。

---

① 引自路嵩译本。

那时的瓦尔登湖还是一片荒野，只刚修了一条铁路路堤，梭罗就是从筑堤的挖土工那里买下了他的棚屋。这个湖泊面积有 61 英亩[①]，某些地方比马萨诸塞湾还深，陡峭的沙岸斜插入冰冷漆黑的湖底。霍桑描述那里的湖水"冰冷刺骨……像是幸福长眠所带来的颤抖……只有天使才能在那里沐浴"。我在那里游泳时，没有看到什么天使，不过在湖岸的尽头，有一片松树与桦树环绕的林间空地，那里有朝圣者在梭罗小屋遗址上留下的一个石冢。

在这个被松鼠和浣熊分租的小屋里，哲学家试图过上一个人自给自足的生活。他在这里记录着自然循环的微小细节，以及自己与之共存的尝试。他就像是暂停了自己的文明生活，然后用自然之力重启了它。和曾来此拜访他的霍桑一样，隐居生活激发了梭罗的想象力。他为白昼的消退而狂欢，沉醉于那些被平静湖水减缓的时间中。

仿佛蹉跎时日还无损于永恒呢。[②]

他充满孩子气地痴迷于自然的进程，期望从中检视存在的本质。《瓦尔登湖》是他在那两年间的记录，是工业时代的另类文本，是《白鲸记》的某种结论。它不辨自明、充满哲思、天真又复杂，有时如天使在发声，有时又讲述地球的科学。梭罗写作它的确是为了进行他的实验，但这并没有减少它的力量。他力图在自己的乌托邦中重塑我们的生活方式。"人类在过着静静的绝望的生活。所谓听天由命，正是肯

---

① 1 英亩约等于 4046 平方米。

② 引自徐迟译本，如无另外注明，以下《瓦尔登湖》的译文皆引自这一译本。

定的绝望。"他排斥老人的智慧——"老年人，虽然年纪一把，未必能把年轻的一代指导得更好，甚至他们未必够得上资格来指导；因为他们虽有不少收获，却也已大有损失"——他也在自己的风格中感觉到了傲慢，而他却将以这种风格标记自己的不朽。

是什么魔鬼攫住了我，使我品行这样善良的呢？

梭罗文思泉涌，就像一个新时代的先知，他的文字挑战了他的同胞们一味追求的精细分类。在瓦尔登湖时，梭罗拒绝支付税费，以此反对奴隶制与战争，这种非暴力的反抗方式为他赢得了监狱一夜游。他回到仅两英里外，却仿如另一个世界的康科德时，年纪是 32 岁，离肺痨带走他的生命仅剩 12 年时间。霍桑描述他"难看得仿佛有罪，长鼻子，怪里怪气的嘴"，但品质使他"远胜于美"。

《瓦尔登湖》出版了，但它和《白鲸记》一样，很难说获得了成功。自然仍然吸引着梭罗，他常常和他的小堂弟及密友爱德华·霍尔一起旅行。和以实玛利一样，梭罗对海洋心驰神往。对于一个孤独的人——一位"生活在自成一体的孤独大陆上的隐士"——来说，海是一种不可抗拒的诱惑，因为他在寻求更伟大的事物并与之相抗衡，同时也在寻求逃离自我的避难所。海洋引诱着梭罗离开森林，来到海滩，森林让位于海洋，后者是前者的延伸。但两者都超出自身的表象，和所有欲望一样，它们是危险的力量。

比起两百年前清教徒移民在此登陆的时候，科德角并没有变得更舒适。查尔斯·诺德霍夫在大约那个时候造访了科德角，惋惜地说到，在辽阔的沙丘、盐泽、胭脂栎和发育不良的矮松中"没有什么令人愉快的多样的风景"，这也为之赢得了"'科德角大沙漠'的美名"。它真的是一片枯萎的风景。"看上去沉闷"的码头排布在湾侧，临海的那一面植被矮小，也没什么绿草，"最显眼的，混杂在一切中的还是沙地无际的白光，这一切全都为科德角海滨赋予了一种极致荒凉的外观"。

它就像梅尔维尔在心中徘徊的那片荒漠一样凄凉，梭罗也发现它是一片贫瘠的郊野，"这样一片地表，可能就像前天刚刚变成旱地的海床"。但这样的萧瑟也有它的美：大西洋的风吹出沙丘的高脊，在那之外是深沉而宽广的蓝色，那是一种未被人类开发的捉摸不定。以实玛利曾在海的广阔无垠中看到这种荒凉，"极其单调，令人生畏"，而这种荒凉吸引着瓦尔登湖的隐士，这里"一切都述说着海，哪怕我们看不到它的无垠，听不到它的咆哮"。

在这里，陆地效忠于大洋，并含蓄地成为后者的一部分。"这里的鸟儿是海鸥，相比于陆地上的二轮马车，这里的房舍边上停着底朝天放置的小船，有时候，路边的篱笆里编入了鲸的肋骨。"在这里，黑鲸或领航鲸因为鲸油受到珍视，在移民到来前便是如此："五月花号"第二次遇见美洲原住民是在韦尔弗利特，他们在那儿看到印第安人从一只搁浅的鲸身上剥下鲸脂，那里因此得名虎鲸湾。

领航鲸有圆滚滚的像西瓜一样的头和光滑的黑色身躯，很容易辨认，它们总是跟着头鲸一起游动，因此而得名。当附近没有别的鲸时，人们就捕猎它们。弗兰克·布伦记录道，"一头产量丰富的鲸可以制作一到两桶……品质中等（的油）"，吃腻了船上的腌牛肉，这些大块的鲸肉是一种珍贵的替代品。这种敏捷、油亮的鲸类与其抹香鲸堂亲一样（两者常有来往），是高度社会化的生物，而它们喜欢大群聚集的习性更容易招来捕猎者。法罗群岛的人至今仍在使用其维京祖先习得的技巧围捕领航鲸，他们将整群鲸赶进浅水区，小船和全副武装的人包围它们。被逼入绝境的鲸扑腾跳跃，人立跃出水面，似乎在绷紧每一束肌肉，想逃开致命的刀锋。它们外表跟人类惊人地相似，看上去就是穿着紧身潜水服的男人，但很快它们就会被分解成一块块的鲸脂。

这样的场景也在科德角的海岸上演。梭罗著作的第一章令人吃惊，开篇就写到一场海难，一些尸体被粗糙木箱托着漂走。作者本人的一段经历就如这一章的镜像：梭罗撞见了海滩上被屠杀的黑鲸，其发出的恶臭迫使他绕了远路，结果却在巨洞海滩又发现了 30 头鲸，它们刚刚被鱼叉刺死，如同惨败的侵略战场，尸体将海水染得通红。

梭罗惊叹于这些动物的形状与纹理，它们光滑得如同橡胶一样，圆钝的吻部和僵硬的鳍状肢使它们看上去几乎像是胚胎。最大的一头长 15 英尺，其他都只是 5 英尺长的还未长牙的幼仔，几乎算是刚刚断奶的婴儿。既然这些鲸躺在这儿，一位渔民便答应为这位访客切开鲸肉，以展示鲸脂的深度：有整整 3 英寸厚。梭罗用手指掠过伤口，仿佛是为了确证。他触着它油腻腻的质感，觉得那像猪肉。渔民告诉他，小伙子们会带着面包片来，用这东西做三明治。接着那位渔民往伤口中掘得更深，好割出肉来，他对梭罗说这肉胜过任何牛排。

正当他们站在海岸上时，梭罗听到一声喊叫："又来了一群！"远处，他看到鲸群像马一样在波浪中翻跃。渔民们驾着小船出发了，小伙子们奔跑着加入他们。"如果愿意我也能跟着一起去。"梭罗说。但他没去，也不准备说出理由。就像我透过新森林国家公园的欧洲蕨，观望穿着粉外套的猎人们全速前进时的感觉一样，他可能也感觉到了相同的难以解释的吸引力。梭罗看着 30 艘小船在鲸群的两侧排开，渔民们击打着船身，吹响号角，将鲸群赶向海滩。他必须承认这是一场激动人心的竞赛。当这疯狂的一幕在他眼前上演时，他听到一位眼盲的老渔民可怜地问："它们在哪儿？我看不见。他们逮到它们了吗？"

有一会儿，鲸群像是要赢了，它们转向西北，朝着普罗温斯敦和远海的避难所游去。猎人们担心失去猎物，不得不立即开始攻击。他们趁鲸在波浪中跃起时，用短柄矛刺向它们。梭罗只能在人们跳出小船踩进浅水时辨认出人影，他们在这些动物躺在浅滩上时结果了它们，后者颤抖着，喷出血柱。"它和我见过的捕鲸图一模一样，一位渔民告诉我，它的危险性也差不了多少。"

梭罗忘不了那些被捕猎的鲸。回到康科德后，他试图找到更多关于它们的信息，但一无所获。斯托雷尔[①]的《鱼类志》中没有提到领航鲸，"因为它不是鱼"；埃蒙斯的《哺乳动物志》省略了所有的鲸，因为作者一头也没有见过。梭罗沉思道："在我们陆地与水域产物的清单目录中……完全找不到关于德·凯所命名的长肢领航鲸（*Globicephalus Melas*），又称黑圆头鲸、啸鲸、巨头鲸等，我觉得这是一件很值得关注的事。"

鉴于鲸在科德角的经济与历史中的地位，这种缺漏更显得奇怪。其地位表现在印第安人有节制的渔业运作中，还表现在现代"早起者"身上，后者仍然能发现价值一千美元的鲸搁浅在沙滩上。领航鲸和海豚依然会在此处搁浅，其数量几乎比其他任何一处海岸都多。乌贼吸

---

① 戴维·亨弗瑞斯·斯托雷尔（David Humphreys Storer），美国医师及博物学家，曾担任哈佛医学院院长。

引着它们，这处海湾成为它们名副其实的末路。它们躺在极浅的海水中，被海鸥袭击，后者趁火打劫，在鲸缓慢死亡的过程中啄出它们的眼睛。

到达普罗温斯敦时，梭罗对这个半是渔村半是边陲的小镇大感惊奇，它只有一条马路和一条人行道。"总有一天，这片海岸会成为那些真心想去海边的新英格兰人的旅游胜地，"他预言道，"目前，上流世界完全不知道它的存在，可能它也永远不会认同他们。"接近旅程终点时，梭罗在海滩上看到了一个东西，看上去像泡白了的原木。后来确认那是一头鲸的骨骼，他将之和附近一艘船舶的残骸混同起来，船的"骨骼"依然清晰："它们偶尔会和鲸的肋材躺在一起。"海角冬季的风暴至今仍会翻起 18 世纪的船只龙骨，它们灰色的木梁像肋骨一样横在岸上，但梭罗无法弄清这同一片沙砾是否也掩埋了一个鲸的墓场。

查尔斯·马约，绰号"风暴"，是一个六十多岁的男人，瘦高身材，蓝色的眼睛目光坚定，痴迷种大丽花。从父系亲缘来看，他的家族最早是在 1650 年来到查塔姆镇的，迄今已在科德角生活了近四百年。他的外祖母则来自亚速尔群岛的法亚尔岛。在他先辈生活的年月里，这里的海水中生机勃勃，"风暴"一边说，一边透过他的办公室窗户望向海湾，我几乎可以从他的眼中看到那幅场景，那是一个到处是鲸和鱼的天堂。

"风暴"的祖父曾是捕杀黑鲸的一名猎手——直到某一天，他杀死了一头母鲸，听到她的幼仔在船下呼唤她。从那之后，他再也不忍心捕鲸了。不过他也把东港的一个捕鲸点告诉了自己的孙子，它在城郊，是海岬最狭窄也最原始之处。如果海水冲断了此处，普罗温斯敦就会成为一个岛屿，不过在梭罗造访后不久，人们就横跨细长的岛岬建了一座堤坝，海湾变成了一个盐湖。

也正是在这里，"风暴"和儿子约西亚在外散步时在沙丘中发现了一个凹坑，暂时退下的潮水使这处"宴集"露出了一个被掩埋许久的藏骨堂。颌骨和椎骨乱糟糟地混在一起，戳出沙面。也许这里和大象的墓园一样，是鲸迎接死亡之处。曾经鲸的数量如此之多，以至于移民认为他们走过海湾时是踩在它们的背上。

那些鲸的后代仍然在从海水深处笨拙地游进科德角海湾，它们是露脊鲸，名字起得不吉利——其英文名是 right whale，直译为"正适合（捕杀）的鲸"，它们是生来坚毅的傻大个儿。露脊鲸的身体有 40% 是脂肪，它们浮力很大，大多数时间都在海面上。更方便的是，它们被杀死后会漂浮在海面上。露脊鲸喜欢贴着海岸线活动，所以还有一个绰号叫"城市鲸"，并因此首当其冲地遭受了数世纪的非自然捕猎。它们是最先被捕猎的鲸，如今在北大西洋的数目已不足四百头。最早的捕猎者是比斯开湾的巴斯克人，因此这些鲸的专属法文名为 *baleine de Biscaye*，意为"比斯开鲸"，以纪念某种可疑的荣誉。

黑露脊鲸（*Eubalæna glacialis*）光滑的躯体上结着硬茧，外观极具巴洛克风格。它们有桨状的鳍状肢，奇异的大嘴中满是鲸须。它们既丑怪又奇妙，是古代雕刻的好素材。*Eubalæna glacialis* 这个词正是鲸的恰当定义，就如以实玛利的等而下之的图书馆员所补充的，他告诉我们，这个词源于斯堪的纳维亚语: *hvale*，意为"拱起或弓状"，指的是它的口，同时也反映了这动物圆滚滚的造型结构。

寻鲸记

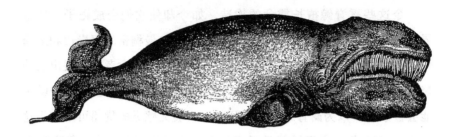

和抹香鲸一样，露脊鲸因其奇异的生理特点而成为受害者。它不仅拥有丰富的鲸脂，还有特别长的鲸须。这些鲸须被加热后，能铸模成各种形状，比如伞、紧身内衣撑条和软百叶帘，或者用来做刷子的刷毛。如果鲸油算是当时的汽油，那么鲸须就是当时的塑料。这些柔韧的扁片曾经像巨大的牙买加甘蔗捆一样，被摆在码头边的收割场上，一捆一捆堆得比人还高。

令这些露脊鲸擅长捕食的构造，如今却使它们变成靶子。这世界上最稀有的物种之一，喜欢频繁出现在人口最稠密的海岸边和最繁忙的航线上，这几乎令人难以置信。它们为应对捕食者而发展出的战略——静静地一动不动浮在海面——使它们沦为受害者。一头虎鲸可能会被蒙骗，以为露脊鲸是一个死物；一艘无感觉的货船可不在乎这一点。1935年，露脊鲸就已经率先被列为受保护的鲸类，但它们在北大西洋的数量依然没有增长，哪怕法律将大洋航线挪到了更北方，并且有严格指令要求所有船舶要和任何鲸类拉开500码的距离。繁育的鲸太少了，如今这种动物的基因池如此狭小，它们已经不太可能挺过这个世纪。

讽刺的是，露脊鲸的生育能力很强，甚至可以说是一种生殖力旺盛的生物。雄鲸重约1吨，其睾丸是所有动物中最大的，再加上8英尺长的阴茎，这使它可以参与精子竞争。雄鲸在这种竞争中，可以依靠多次交配来稳固主权，而非依靠争斗来获得青睐（不过它们可能会用皮上的硬结作为一种武器）。雌鲸甚至会允许不止一头伴侣同时插入她们，在此之前是多次柔和的前戏，在这个过程中，求偶的两性用鳍状肢相互抚摸，动作极尽温柔。和所有的鲸一样，露脊鲸的皮肤非常敏感，一根人类手指的压力都能让它的整个躯体颤抖。尽管性交活跃，北方露脊鲸中却只剩下八条母系遗传链——这明显是数世纪捕鲸的后果。

"风暴"第一次看见露脊鲸时，还是个16岁的男孩，当时他和父亲出海到斯泰尔瓦根暗礁打鱼，那时它们已经濒临灭绝，几乎是传说中的生物。"人们知道海中还有一些（露脊鲸），"他回忆道，"但没人知道它们在哪里。"少年时的兴趣演变成了成年后的热情，1976

年，"风暴"协助建立了普罗温斯敦的海岸研究中心，开始收集露脊鲸的数据。他还成为第一位由政府颁发执照去援救被渔网缠住的鲸的人，超过 60% 的露脊鲸被渔网缠住过。船舶撞击杀死的鲸，数量也超出了人们迄今为止的猜想，其中许多都是到了繁殖期的雌鲸。到了物种历史的这一阶段，哪怕只挽救一头能够生育的雌性，都能对它们是灭绝还是幸存产生影响。"风暴"和他的同事很难不被人看作反捕鲸的新英雄，他们经常在接到临时通知后从一个州飞到另一个州，去开展一些耗资数千美元的救援行动。

事实上，曾经用来捕鲸的技术，如今则被用来拯救它们。"朱鹭号"救援船一旦收到报警，便会以最快速度抵达现场。被渔网缠住的鲸最终也许会死于饥饿或感染，但在那之前，它们更可能会被淹死。救援者使用硬式充气艇来到鲸身旁，放下海锚减缓它的速度，就像捕鲸人会使用小木桶，美洲原住民会放出充气海豹皮来捕获鲸一样。"风暴"会戴上冰球面具和头盔（上面固定了一台摄像机来记录整个过程），努力割开鲸身上的渔网，还它自由。他身上的装备属于 21 世纪，但从轮廓上看，他就像一个维多利亚时代的鱼叉手，只不过拿的不是刺矛，而是一根长柄钩子，用来割开那些缠绕的绳子。

一头愤怒的鲸是一头危险的鲸，这一点"风暴"可以做证。它们可不像是在青翠的海洋牧场上吃草的牛（不过它们和反刍动物的亲缘很近，也有多个胃来消化食物）。相反，这些生物的柔韧性令人惊讶——露脊鲸的柔韧性远超其他须鲸，哪怕它们比座头鲸重两倍，筒状的身形也比不上流线型身材但基本上难以弯曲的长须鲸——露脊鲸几乎可以用吻部碰到尾鳍，在追捕不停在动的小猎物时，这个杂技般的技巧能让它们正确转向。

"风暴"在他的电脑上打开了缠网场景的视频剪辑。这动物纯粹的肌肉力量呼之欲出，它扭动翻腾，就像一头巨型鲑鱼，拍动尾部的样子重现了那些19世纪的捕鲸场景。这头任性的生物只要扫一扫尾，就能把一艘小船掀飞。就像以实玛利的观察一样，"它引起的恐慌比它最凶恶可怕的攻击还要危险"。

　　如此密切的接触使"风暴"与露脊鲸的关系变得亲密。他会谈起它们所呈现的史前风貌，还有阳光在它们的鲸须里闪烁的样子。他发现在与这些动物打交道时，"智慧"这个词用处不大，便毫不犹豫地称它们为"顽劣"的动物，它们清楚自己的力量。捕鲸者完全了解这一点。和抹香鲸一样，露脊鲸无法看到正前方和后面，但它可以"用尾或鳍从一只眼睛扫到另一只，让一切从水平方向过来的捕鲸船无法近身，或者要冒很大风险"。

　　在援救之后，"风暴"常常记不起自己都做了什么。他推测是因为他的短时记忆专注于处理必要的细节，只有在看回放时，他才会重新想起那个时刻。有一次，在鲸下潜时，他的救生衣被渔绳上的一只鱼钩钩住，差点也要被拖下去，就像亚哈被莫比·迪克身上的渔绳缠住一样。"风暴"在千钧一发之际割断了鱼钩的绳子，在水中，如果冲力拉回他的胳膊，使他无法用刀，那他将无处可逃。

　　　而鲸有时几乎会在一袋烟的工夫就把索子拉到了头，它不会就此停住，难逃厄运的小艇就必定会被拖到大海深处。

　　　　　　　　　　　　　　　　——"捕鲸索"，《白鲸记》

"风暴"的同事斯科特·兰德里在电脑上给我看了其他一些图片：

尼龙绳深深嵌进了鲸的皮肤，以至于血肉开始覆盖在上面生长，鲸在流血和哭泣；鲸虱聚集在这些虚弱的部位，表明这头动物处于非健康状态。看到它们光滑的躯体变成惨白的灰色，缠结的绳索使它们变得虚弱，这真是令人担忧。从前，鲸是全球化的工作对象，而现在，它们的受难则是全球化的副产品，它们一定是罪孽深重，才会被命运如此折磨。最后一张图片是一头在沙滩上死去的鲸，铅灰里透着粉红，原本庞大的身体显然已经缩小，而它瞪大的双眼依然在流泪。

> 对于动物，我们人类需要持一种新的、更为明智或许更为神秘的观点……我们由于动物的欠缺，而以施恩者自居，同情它们投错了胎，地位卑微，命运悲惨。而我们恰恰就错在这里。因为动物是不应当由人来衡量的。在一个比我们的生存环境更为古老而复杂的世界里，动物生长进化得完美而精细，它们生来就有我们所失去或从未拥有过的各种灵敏的感官，它们通过我们从未听过的声音来交流。它们不是我们的同胞，也不是我们的下属；在生活与时光的长河中，它们是与我们共同漂泊的别样的种族，被华丽的世界所囚禁，被世俗的劳累所折磨。[1]
>
> ——亨利·贝斯顿，《遥远的房屋》，1926 年

在隆冬和早春，中心的考察船"海鸥号"会出航测量海湾的浮游动物层。理论上，这些浮游动物层是栖息地能否支撑鲸类生活的精确指标。

---

[1] 引自程虹的译本。

如果每立方米的有机体数量高于3750，那么富油的桡足动物及其他无色动物的密度就足以支撑鲸群生活——在显微镜下，这些绕着偏心圆打转的小生物都像是水中异形。如果数量低于3750，那么造访这片传统聚食场的鲸类就会发现此处食物不足，从而离开。我们从这样细小而有序的研究中推断利维坦的行为。

我穿上一件有里衬的、如宇航服般的救生衣，拉上拉链，贴好尼龙搭扣，这样就算我万一翻出船舷，也不会死于低体温症。接着我签字免除一切公共责任，在联邦政府的正式批准下，沿着金属梯攀上"海鸥号"的上层甲板，迎接耀眼的阳光和刺骨的寒风。尽管接受了指导，知道如何专注于海平面稍下方，并使用周边视觉视物，但那永恒不变的海面和波浪的运动仍然使我陷入了某种睡眠状态。"你站在那里，迷失在海洋的浩无际涯之中，除了波浪，没有一丝生气。"正如以实玛利在桅顶守候鲸时所说，"一切都让你融入倦怠之中。"

没有任何事物来打破这种单调，甚至一只鸟都没有。就好像整个世界都冻僵了。经过六个小时的搜寻后，我的眼睛开始发疼。在城市冬天寒冷的空气中，一切都死气沉沉，几乎令人昏昏欲睡。长长的风向标模样的取样网空空如也地拖在船后，反证了一点：这里没有足够的食物给鲸。

这不是一个好兆头。冰冷的海水中蕴藏着更多的氧气，因此能比南部的海域提供更多的食物，但升高的气温将浮游生物驱赶向高出10个纬度的更北方。与此同时，变暖的海水吸收了更多的二氧化碳，使鲸的生存环境逐渐酸化。探鱼飞机在头顶盘旋着，一次喷水也没有看见。在观鲸的过程中，阳光和风灼痛了我的脸。也许我们那天不配看到鲸。

*　*　*

三个月后，我再次乘坐"海鸥号"出航。那是五月初，露脊鲸尚未露出踪影，浮游生物的数量一直低得令人泄气。但是接着，"风暴"报告说情况有所改变。

船从普罗温斯敦的港口出发，前往海湾西侧，离普利茅斯8至10英里之处。我们坐在上甲板上，望着鼠海豚在水中穿梭，它们敏捷又胆怯。当它们在波浪中喷着鼻息，侧滑来去时，你很容易就能明白为什么水手叫它们海猪。接着我们看到了别的东西：海面下方有一片暗影在滑行。它看上去简直毫不起眼，但是当我们靠得更近时，我意识到那是一头露脊鲸。这头动物缓慢但是稳定地移动，就像一台割草机，有意识地在水中收割如今已变得丰富的浮游动物。吸引它来到这里的可能是某种集体记忆，也可能是食物的气味甚或声响。当"海鸥号"离那头鲸更近时，我放下了望远镜，惊异地望着眼前。

现在有一、二、三、四、五头鲸环绕在我们周围，鲸须板在阳光下闪烁着，就像是庞大的乐器。它们那不和谐的美突然进入我们的视野，头顶上奇异的圆瘤被浅色的生物覆盖，就好像树上长的青苔。庞大的身体让它们得以浮在水面上，看上去更像是植物更非动物，又像是闪耀的岩礁，漫过身躯的海水使它们看上去很光亮。它们的力量只展现在水下和身后，那宽阔的尾鳍只是轻轻摆过水面，便毫不费力地驱动了它们的身体。

它们身躯庞大，就像是活的拼图玩具。无论我多努力，都无法看清这生物的全貌，无法感知它们的结构和组成元素。它们就好像一种无法被聚焦的东西。当我们跟在其中一头鲸后面时，我看到了它的背有多么宽阔，从脊柱向外是如何平展，就像一张巨大的桌子。我能想象航行者布伦丹及其僧侣在一头鲸背上着陆时，为什么会认定它是一个岛屿，他们还生了一堆火，口称弥撒以感谢得救。

……它们游动时甚至发出一种割草般的怪声，在黄色海面上留下一条条无尽的蓝色刈痕……

突然间，一头鲸靠近了我们的船，它离得如此之近，站在伸出船外的船首斜桅上的"风暴"甚至能伸出手去，像拍狗狗一样拍拍它粗糙的头。但"风暴"没有这样做，他把摄像头对准它，记录下它脸上的硬皮图案，其位置正是人脸上长毛发的位置——眉弓、下颌、唇上——这使每一头动物都有了自己的专属标记。这粗糙的面相特征又被一个令人恶心的事实所强调：上面寄生了白鲸虱，这细小的节肢动物在它们宿主的头上爬行，吃掉它的死皮。观鲸船的一名大副埃里克·约兰森告诉我，只要有机会，这些虱子也会寄生到人类身上，并

寻鲸记

且一旦寄生就难以驱逐。当一头鲸在海滩上垂死时，鲸虱就会像耗子逃离沉船一样离开它。不过，这些寄生虫也可能帮助鲸，因为它们食用相同的桡足动物，所以有可能像微传感器一般将鲸引领向它的食物。

当这头鲸游过我们身边时，就好像在对它的卫士献殷勤一般，朝"风暴"沉静地点了点头。接着它绕到船的另一侧，紧挨着我。我望向水中，能看到它白色的大嘴像某种铰链巨门般张开，宽得足够停放一辆车——这是现存所有生物里最大的嘴。现在我能看清这动物的全貌了，它悬浮在下方，就像海中悬浮的一座冰山。而且它的速度比看上去快，以 50 吨的体重在吻前激起了一道波浪。在它经过时，恍恍惚惚的我们无声地张大了嘴，这就像是在观看一头恐龙，其宿命的气息掩盖了其真实的存在。它还很臭，那是一种令人无法忍受的浓烈气味，介于牛的屁和海鲜码头之间的某种气味，这刺鼻的味道让人想到它可以算是一座浮游生物加工厂。

接着它去和其他鲸会合了，所有鲸聚集在一起的规模令其犹如梦幻般的幽灵。望着这些巨大的生灵，你很难想象某个时刻它们将消失无踪。不到一英里外，船舶在科德角运河上以及萨加莫尔大桥独特的桥拱下进进出出。这是大自然的生存课之一。除了食物和自己外，这些鲸几乎不关注任何其他事物，它们不知道，也看不到有油轮或集装箱船在朝它们驶来。那天晚些时候，"海鸥号"向海运部门通报了海湾中鲸的存在。我这次的一日游可能挽救了一头鲸的生命。

当我们掉头离开时，一个黑色的身影打破了海平线。一头鲸破浪而出，慵懒地将自己抛向空中，然后遥遥砸向水面。接着它开始用尾部向下拍打水面，那声响就像炮击一样上下震荡着我们的船。当它倾注自身的生命与力量，将尾鳍标志性地举向天空时，我们掉转船头离开了鲸群，留下它们享用自己的午餐。

> 哈姆雷特：你看见那片像骆驼一样的云吗？
>
> 波洛尼厄斯：哎哟，它真的像一头骆驼。
>
> 哈姆雷特：我想它还是像一头鼬鼠。
>
> 波洛尼厄斯：它拱起了背，正像是一头鼬鼠。
>
> 哈姆雷特：还是像一条鲸鱼吧？
>
> 波洛尼厄斯：很像一条鲸鱼。[1]
>
> ——《哈姆雷特》，第三幕，第二场

哈姆雷特是对的，虽然他用的是戏谑的口吻。鲸确实像云一样。它们改变着形状，在穿过广袤的大海，从淹没的山川深谷之上游过时，它们不停地重塑自己，就像梅尔维尔从马萨诸塞州牧场的窗户里望见的飘过雪山之巅的云一样。在鲸骨雕刻品中，因纽特人将鲸的呼吸描绘成一片羽毛。卡通片里的鲸喷出它们专属的气候，在头顶形成一片蒸汽。对猎物来说，座头鲸的白色腹部也像是一片云，只不过这片云能把它吃了。

正如云在天空制造地图集一样，鲸也自成一个国度，藤壶和海虱的群落如行星般在它们居住的大陆上飘移。鲸是自然混沌之力的国际大使，是无国籍的国家，蕴含着某种超越其物理存在的东西。"那巨大的利维坦是由艺术创造出来的，"托马斯·霍布斯[2]写道，"可称为一个联邦或国家。"作为被劫掠的殖民地，它们始终在受到攻击，

---

① 引自朱生豪的译本。

② 托马斯·霍布斯（Thomas Hobbes），英国政治哲学家。他提出了"自然状态"和国家起源说，认为国家是人们为了遵守"自然法"而订立契约所形成的。

　　　　　　　　　　　　　　　　　　　　　　寻鲸记

庞大的身躯让它不可征服却又易受伤害，无法自卫。鲸注定要和人类分享空气，因此在维持自身生命时便要冒上生命危险，它们陷入困境的程度与任何哲学家对人类境况产生困惑的程度等同。

鲸在不同世界的缝隙中生存，它的奇迹所在，也是它的愚笨之处。它做了什么以至于要遭受这样的命运？它被诺亚拒绝（因为难以把自己塞进方舟），便舍弃陆地奔向海洋，最终为它的自我放逐付出了代价。

> 我仿佛被一阵洪水冲回了那个神奇的时代，那个可以说时间本身尚未开始的时期；因为时间是与人类一同开始的。
>
> ——"化石鲸"，《白鲸记》

最早的类鲸生物可以追溯至 5000 万年前的始新世的特提斯海，这片远古海洋的遗迹如今形成了地中海与里海。鲸的祖先包括巴基斯坦古鲸（*Pakicetus*），那是一种像狐狸一样的四足动物，接着它们让位给了像某种巨型水獭的游走鲸（*Ambulocetus natans*），还有库奇鲸（*Kutchicetus*）和罗德侯鲸（*Rodhocetus*）之类的所谓"走鲸"。近期的发现指向了鲸和陆生动物之间遗漏的某个环节：印原猪（*Indohyus*），这是一种像鹿一样的有蹄类动物，其听觉系统中的骨骼结构和鲸类的很相似。作为一种食草动物，它开始半水生生活以逃离捕食者。渐渐向水边靠拢后，这种中爪兽的后代将演化为马、野牛、骆驼、绵羊，——还有鲸。

最初的鲸是古鲸亚目，它们在全球的分布领域差不多就像其后裔分布得一样广。不过，当人们于 1832 年在美国南方腹地发现龙王鲸（*Basilosaurus cetoides*）的化石骨骼时，它大蛇一般的残骸使维多利亚时代的古生物学家确信它是一种海洋爬行类。以实玛利声称"附近那些因敬畏而轻信的奴隶把它当成了一个堕落天使的骨架"。只有"恐龙"一词的创造者理查·欧文爵士将这种"已经灭绝的史前大海兽"辨认作一种"先于亚当的鲸",他将它重命名为"械齿鲸"(*Zeuglodon*),是"哺乳动物中最非凡的一种,几次全球环境变化让它最终灭绝"。

在大约3500万年前,鲸分化成了须鲸亚目和齿鲸亚目,古鲸亚目则走向灭绝。不过一些科学家认为,抹香鲸的基因更接近于须鲸而非其他齿鲸。同样地,近期发现的须鲸祖先的化石表明,它们有巨大邪恶的眼睛和锯齿状的牙齿,和它们那些温和的现代后裔相当不同。

鉴于化石记录的缺失,以及我们对漫长时代的无知,鲸的进化史至今依然模糊不清。鲸胚胎的残余后肢展示了其陆生起源的痕迹,好似也可以从中揭示其史前史——但是,那也可以说人类都是鲸,因为我们出生前都在子宫羊水的海洋中游泳。偶尔会有一头抹香鲸多生出一对返祖的鳍肢，有时又有报道称，一头座头鲸长了一码长的畸形肢，那东西很奇怪，非此非彼，就好像用一条鱼和一只猴子做成的巴纳姆美人鱼。

鲸充分利用了脱离陆地的自由。海洋的浮力让它得以发展成为如此强大的动物，就算它们还有腿，体重也让它们无法站立。这样的进化进程既驳斥又呈现了全能之神的力量，就如维多利亚时代的一张宣传鲸骨展览的传单所言：

> 谁能注视着这强大的骨骼……而不崇拜造就它的神灵？除了能如此有力表现出多变的天主的不同属性的作品，还有什么能更好地陶冶我们的虔诚之情？

不过在一个信仰受到威胁的时代，鲸在某种程度上等同于地球起源以及那些新发现的史前动物。如果这些巨鲸从洪水中幸存了下来，那么其他怪兽也可以。"利维坦不是最大的鱼，"正如梅尔维尔对霍桑所说，"——我还听说过北海巨妖。"

在 19 世纪上半叶，有人在马萨诸塞州的海岸外看到了海蛇，而且它们出现得非常频繁。目击者声称那些巨大的动物有蛇一样的身躯，将头高高昂出水面。然而，和其他众多虚构的怪兽不同，每次都有数百个人在数小时里看到它们。至少有波士顿的林奈学会就其在该主题上的发现出版了一本小册子，大英博物馆中还收藏了一本，上面盖了书主人的名章——博物学家约瑟夫·班克斯。

"1817 年 8 月，目前有不同的权威机构报道称，最近有一种外观非常奇异的动物频繁出现在安妮角的格洛斯特港，那里距波士顿约有 30 英里。"林奈学会如此记录道——它的成员全都是哈佛大学的毕业生，其中有著名科学家雅各布·毕格罗，他是"科技（technology）"一词的创造者。"据说它们的整体形态及动作像一条蛇，体形极为庞大，移动速度奇快无比；只在平静明亮的天气出现在水面；人们看到它们连在一起，像一些浮标或木桶那样排成一串。"学会对此做出反应，派出了一个委员会"去收集任何此类动物的存在及外观的相关证据"。它可以算是一个判定海怪是否存在的法庭，不过，就算它的发现证明那是一只鹰头马身有翼兽，你也很难断定那些证人没看到他们声称自己看到的东西。

格洛斯特的水手阿莫斯·斯托里说，那动物的头形状像海龟，"它的颜色看上去是深褐色，当阳光照在它身上时，反光非常耀眼。我觉得它和人的身体大小差不多"。

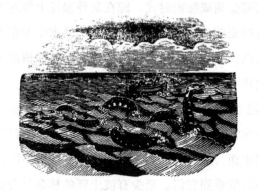

一条巨大的海蛇

美国有史以来见过的最大的海蛇，
出现在安妮角的格洛斯特港，
有数百名可敬的市民看到了它。

　　　　　　　　　　　　　　　　　　　　寻鲸记

格洛斯特的所罗门·艾伦船长连续三天看到它，"差不多整天在岸边……我在岸上，差不多和它平行……它转弯又快又突然，转身时最前面一节一节就像链条一样"。

　　格洛斯特的埃普斯·埃勒里船长目击到"它头的上半部，我要说这家伙大约有40英尺长……我用一个小望远镜看它，看到它张了嘴，看上去就像蛇，它的头顶看上去是平的……尽管有几艘船离它不远，但它像是在自娱自乐"。

　　委员会经过商议，查阅了一些历史资料，比如1755年彭托皮丹主教的《挪威自然史》。据他记录，如果有人问老练的水手，这样的生物是否存在，他们会觉得很奇怪，这就像问是否存在像鳕鱼或鳗鱼那样的鱼。林奈学会的成员们带着对这类证据的印象，声称"前述证词足以确证该动物的存在"。

　　这是一个不同凡响的结论。就仿佛要标记它一样，当年十月又有人在长岛海峡看到了一条巨蛇，"可能离岸不超过半英里，身体又长又粗糙又黑，迅速游去了海峡上方（向着纽约）"。当它返回时，有目击者通过叠套望远镜观测到，它有40到50英尺的身体抬出了水面，身上"不规则、不平坦、呈深深的锯齿状"。这算是某种恐怖场景：一头怪兽在接近曼哈顿，之后有人在哈德逊河上游80英里处又看到了一头。后来在波士顿的纳汉特，至少有200人看到了海蛇出没的场景。

　　在之后的年岁里，这些生物在相同的水域重现，就好像缅因湾对鲸的召唤，它们也被相同的食物上涌所召唤。例如，在1833年5月，英国守备军的5名军官在哈里法克斯外的马洪湾出航钓鱼，被一大群领航鲸吓了一跳，它们"处于一种不寻常的兴奋状态，在跳跃时离我们的小船如此接近，以至于某些人用来复枪射击它们以取乐"。

直到那时，军官们才意识到这些鲸是在逃离 200 码下方的"某种深海居民"。它的动作"完全就像一条普通的蛇，在游泳的动作中，它的头抬得很高，然后经由脖子的曲线向前抛出，就像是为了让我们看清它身下和远处的水一样"。人们估计那条生物长 100 英尺。

那个八月，英国领事在波士顿的一家酒店阳台上看到了类似的动物："大约有 100 个人同时看到了它"。甚至有人在普罗温斯敦的鲱鱼湾看到了一条，它显然是被鱼和更温暖的水吸引来的。参议员丹尼尔·韦伯斯特也在普利茅斯附近看到了一头怪兽，梭罗的《科德角》一书记录了这次目击，并且提到这位政治家强烈要求同行的钓鱼者对这次遭遇一个字也不要透露，以免他的余生都要用来回答关于它的问题。在梅尔维尔和霍桑于纪念碑山相遇后的午餐聚会上，这巨蛇成为话题之一就不奇怪了。在南方的加利福尼亚，又有另一头怪兽引起了一阵轰动，它沿着布罗德河而上，游进了一条只有一百码宽的支流中，一群人全程追着它，用来复枪朝它射击。

在整整一个世纪里，在全球的每一个角落，都有人目击到海蛇。就连怀疑论者都无法将他们当作一群傻瓜共犯予以无视。目击者信誓旦旦地说着相同的细节：一头巨大的长颈动物，能比最快速的鲸游得更快。人们给出了精确定位，给出了经纬度，为这些场景及时标出了具体时间，记载在船舶日志里，新闻短评里也转播了。1834 年，亨利·杜赫斯特出版了他的《鲸类自然史》，把这些作为事实写在了书里，"它们是一种还不为人所知的动物，时不时出现来迷惑动物学家"。

浏览发黄的报纸专栏，你会注意到这种传奇动物如何频频在海上露头，而人们对它们是否存在又掀起了怎样激烈的争论。最著名的邂逅发生在1848年8月6日，英国皇家海军"代达罗斯号"正从好望角开往圣赫勒拿岛，船员们看到了"一条巨大的蛇，它的头肩一直保持在海面之上4英尺"。船长麦奎哈描述道，能看到这动物 *à fleur d'eau*（在水面上）的身体有60英尺，这怪物使他激动地用上了诗意的法语。这生物（在我看来真像一条巨型蛇蜥）经过时靠得非常近，就好像是"我的一个熟人"，船长补充道，"我可以用肉眼轻易辨认它的特征"。《伦敦新闻画报》为这一主题印了一张双跨页大图，还加上皇家海军军官的证词，这一切都让读者激动不已。

但是在所有这些记录里，那些对怪兽与鲸交手的描述是最恐怖又最诱人的。这尤其是因为，这样的组合看来推翻了某些专家的观点，他们坚称那些老水手看到的实际上是鲸、鲨鱼、海豚，甚或象海豹。1818 年 6 月，在安妮角外航行的邮船"迪莉娅号"上，18 位乘客及船长看到了一条海蛇正在与一头座头鲸搏斗，那生物将头和尾抬起到水面以上 25 英尺之处。1887 年 7 月，有人在缅因州的海岸外看到一头怪兽和一头可能是鲸类的生物战斗，第二天早晨，人们在附近的海岸上发现一头垂死的鲸，"被撕咬得遍体鳞伤"。不过，最离奇的报告来自 1875 年的南大西洋。

1 月 8 日，在巴西东北角的圣罗克角（鲸群迁徙的一个地标）的海面上，三桅帆船"保利娜号"正在风和日丽的天气里航行。这时，船员们看到水面上有一些黑点，其上高高扬着一个发白的柱状物。当船驶近时，渐渐能看出那个柱状物有超过 30 英尺高，并且在起起落落溅着水花。船长乔治·德雷沃戴上眼镜，看到了难以置信的一幕：一条海蛇正盘绕在一头抹香鲸身上，缠了两圈。

故事看到这里，我发现我几乎无法继续看下去，因为害怕唤醒那沉睡的怪物，不知道我还是否有勇气再次游入深水。

那巨蛇用它的头和尾做杠杆，"速度惊人"地将自己缠在鲸身上。每隔几分钟，这一对组合便沉入波涛，再次出现时，依然在进行殊死的搏斗。这头鲸的挣扎（以及近处两头"处于狂乱状态"的鲸）将周围的海面变成了一口沸腾的大锅，发出嘈杂混乱的巨响。德雷沃从缠绕的蛇身判断，它超过了 160 英尺长。他还注意到，它的嘴巴一直张着，某种程度上使画面更加可怕了。在"保利娜号"船员们的眼皮子底下，利维坦们的战斗持续了 15 分钟，最后，鲸在濒死的痛苦中前后挥舞着尾鳍，拍打着水面，消失在了海下。德雷沃毫不怀疑，"它一定被那条蛇从容地吞下去了，而这怪物之王会昏睡很多个月，来消化这一口巨大的食物"。

在最后这一幕中，另外两头旁观的抹香鲸缓缓游向船舶，"身体浮出水面的部分比平常更高"，仿佛在寻求庇护。它们"没有喷水，也没有发出一丁点声音，似乎是吓傻了"。根据德雷沃的速写而制的雕刻品更突出了其痛苦：残忍的海蛇戏耍着温驯的鲸，就像猫戏耍着花园里的鸟，当鲸为生存而战时，海蛇只是稳操胜券地扭转翻拧着它。

德雷沃目击的可能是一头巨型乌贼和一头鲸之间的泰坦之战。我得承认，我见过鲸像海怪一样在波涛里翻滚。我幼稚地渴望相信一个失落的世界（阿瑟·柯南·道尔在希腊度蜜月时，声称在海中看到了一头小鱼龙），这种渴望力图创造出某种显然不可置信的东西，力图从科学定论的纸页中召唤出一个深海的噩梦。但是渔民、牧师以及那些阅历丰富、身份高贵的人们都冒着被奚落的风险，对他们所看到的事赌咒发誓。他们真的是被成群的海豚和姥鲨欺骗了吗？

对海蛇的怀疑将挥之不去，直到它被捕获并呈现在公众面前的那一天。1852 年，也是《白鲸记》出版的一年后，一艘新贝德福德的捕鲸船承诺要完成这个任务。"莫农加希拉号"驶进了南太平洋，它不仅看到了海蛇，还像捕鲸一样追逐并用鱼叉捕获了它。这 103 英尺长的动物被弄上了甲板，晒干保存，它又长又扁的头上有脊线，嘴里有 94 颗牙，"非常尖，全都倒钩向后，和人的拇指一样粗"。后来这艘捕鲸船与一艘双桅横帆船相遇，后者带回了船长描述怪兽的信。英国的《动物学》期刊报道了这一惊人的发现，它似乎将证实这种怪兽的存在。但是"莫农加希拉号"没能成功返航。一年后，她在海上消失了，连带着所有的船员和船上那不可思议的货物。否则，它本来能为新贝德福德的博物馆和以实玛利的眼睛带来怎样一个标本啊：公开展出的一条巨型海蛇！

在以实玛利最神秘的旁白之一"阿萨西斯的树荫处"中，他提到一个异域岛屿，可能是在地中海，在那里，一头鲸的骨骼变成了一个宗教场所。它的肋骨上挂着战利品，它的脊椎上刻着年表，它的头骨中点着一盏长明灯，"这样一来，神秘的骷髅头中便再次射出雾蒙蒙的喷水……树林绿得像冰谷里的苔藓……"。在这个生衰并存的活庙宇中，藤蔓包裹的骨骼变成了青翠的树荫——"生命包裹住死亡；死亡支撑起生命"。而我们的叙述者利用机会在自己身上文下了这头阿萨西斯之鲸的尺寸，"在我狂热地四海飘零的那段时间，没有其他安全的方式来保存这些珍贵的统计数字"。

对以实玛利而言，鲸和任何海蛇一样神秘：这是一种应该被惧怕，甚至被崇拜的强大生物。而这一哥特式的情节——以及梅尔维尔和霍桑相遇的阴暗林地的召唤——将以实玛利的注意力吸引到大西洋对岸。他的报告进而将我召唤回我的祖国，去发现鲸在那里的命运。因为正是在英国，这利维坦的真实本性才为世人所知。杰出的人们将从英国的捕鲸港出发，去鉴定、分类，甚至为我们的子孙确证鲸那依然不确定的真实性。

BOATS ATTACKING WHALES.

第九章　鲸的正确利用

　　他们告诉我，在英国的捕鲸港口赫尔，有一家鲸博物馆，那里有几头非常棒的脊鳍鲸和其他鲸类的标本……此外，在英国约克郡一个叫作伯顿·康思泰博的地方，一位克利福德·康思泰博爵士拥有一头抹香鲸的骨架……全身都是人工铰接起来的，如此一来，就成了一个巨大的五斗橱，它的所有骨洞你都可随意开关——把它的肋骨张开，像一把巨大的扇子——也可以整天坐在它的下巴上荡秋千。

——"阿萨西斯的树荫处"，《白鲸记》

　　它的名字听上去毫无意义，用约克郡东岸那单调的方言来发音就更是如此，它甚至都算不上是一个单词：'ull（赫尔）。然而，从跨越亨伯河的悬索桥上眺望，在那尚未汇入北海的灰色海水的河边，这座城市呼唤着它正确的名字：赫尔河畔金斯顿。它的骄傲彰显在那些漆成奶油色、如戴着王冠般的电话亭上——它们在王权统治的领域内组成了一个叛逆的独立网络。

　　如果你往下走到河口的堤岸，工业化的肆意扩展就会变得很显眼，工厂和零售棚屋分庭抗礼，蹂躏着那里的风景。不过它们无法完全破坏先辈们精心打造的城市印象，它属于一个稳定的贸易时代，砂岩和宏伟的市政建筑昭示了彼时的富足。在城市中心的一条窄街尽头，是一栋有山形墙的住宅，它的主人是赫尔城心爱的孩子：威廉·威尔伯福斯，奴隶解放者，反堕落协会的创立者。近处立着一根巨柱，顶上是他的雕像，以大写字母宣告着他的成就：

黑人奴隶制

废除

于公元一八三四年

八月一日

不过雕像的脸朝着另一栋建筑，这栋建筑揭示了这座城市所宣告的奴隶解放声明的虚伪。

　　穿过有着光亮黄铜指板的双开门，我沿着一道昏暗的走廊往前走，廊顶挂着一具骨架，给我指路。我就像是能听到一个奇怪的声音，一直上升到一个窒息般的顶点，有时像个唱诗班的少年，有时像一条被抓住的狗，它引诱着我，就好像我听过的所有声音都在我脑中被压缩成一个连贯的噪音。前方的室内光照并没有明亮多少。那里有一条长凳，不过不是让人坐的。它是用鲸骨制成的：肩胛骨做椅面，肋骨做成靠背和扶手。旁边是一具帽架，用一角鲸的长牙钉在一个木底座上制成。

　　在这个死亡沙龙另一端的墙上，挂着一对肖像画，标签都是"威廉·索克斯比"，令人迷惑。第一张画里，一个圆胖的男人从一个普通村舍上方指着远处的一艘船，他穿着白色马甲，圆脸红润，看上去更像是个虚张声势的农夫，而不是海上猎手。第二张画里的是他儿子，戴着上浆的硬领，穿着长筒袜，他的精致外观符合启蒙运动时期的绅士模样。这两位索克斯比，一位终身都是商人，另一位后来是英国皇家学会的成员。父子俩在墙上主持着一场收藏展，但他们对这一主题的热情已消退经年，就像一本收在阁楼上的集邮册，对如此年轻又急切的激情略略感到窘迫。

博物馆的展览被布置得像一艘船的上部构造。一切都是暗淡的色调。船舷墙里嵌着的是加框的照片，背光使他们栩栩如生，不过你可能会希望他们不要如此生动。空气中投射出深褐色的幽灵，吃苦耐劳的约克郡之子们在北极圈劳作，那里的工业化场景和任何布拉德福德的磨坊无异。船桅优雅地高高耸立，在古老的阳光里拉起了帆，工人们的脸往照片外面望着，时间在此定格。

在他们上方，绳索中缠着一些古怪的纪念品。主桅上吊起的是一头一角鲸光滑的尸体，它的斑点已失去了光泽，长牙如飞镖一般向下指着，似乎要把自己钉在下方的甲板上。一位水手在这尸体旁漫步，调整着帽子准备照相。

第二条锁链上悬着另一个纪念品：一头北极熊，它像一张潮湿的毛皮地毯般被拦腰提起。它吊在那里，垂着头，露着锋利的爪子，好像刚刚用它们掀开冰块，要在水中捞鱼吃。在它后面，船上的洗衣机正在嗡嗡震动。第三张照片凄惨得几乎让人难以忍受：一头小熊紧贴着它那死去母亲的身体。小熊被放在木桶里，堆在船顶上带回，注定将在动物园里度过一生。成年北极熊则像狗一样被拴在桅杆上。水手对它们的畏惧甚至超过了对鲸的畏惧：霍雷肖·纳尔逊于1773年乘皇家海军"尸首号"（名字很不吉利）驶往北冰洋，他在试图杀死一头北极熊送给父亲时差点送命。

　　近处的一幅布面油画使这一场景变得戏剧化了。它由威廉·约翰·哈金斯在1829年所画，哈金斯后来成为"水手国王"威廉四世的海事画家。这幅画的名称为《和谐》，沿用了画中主船的名号，但这很难说是一个恰当的描述。哈金斯观察细节的眼光精准，他力求记录北部捕鲸舰队所执行的每一个行动。远处一座冰山像破开海面后冻僵的火焰，俯视着整个画面，画中展现的是一个正遭受攻击的冰之伊甸园。一头眼神如婴儿般的海象在一个角落里浮动，向观者传达着哀伤，与此同时，三头一角鲸逃走了，长牙高高翘起。一个水手站在一只海豹上方，举起了他的棍棒。那动物正向浮冰边缘退去，无声地尖叫着。在中景的画面上，一头北极露脊鲸拍打着它宽阔的黑色尾鳍。两根鱼叉戳在它的背上，"烟囱里着火了"。鸟在空中四散飞逃。

　　航行穿过这片杀戮场的正是带来毁灭的"和谐号"。这是一艘近三百吨的三桅帆船，桅杆周围系着两副下颌骨，这战利品形成凯旋门的造型，宣告了这次航行的成功。更高处挂着一个花环，这个环饰上缠着妻子和恋人们送的缎带，由最年轻的已婚男人在五一节前夕悬挂到空中。这是一个残留的中世纪仪式——由穿着奇装异服的男人们进行"怪诞的舞蹈和其他娱乐"——它会一直挂在那里，直至船舶返航，到时，年轻的候补军官将攀上帆索，宣告对这个饱经风吹雨打的花冠的所有权。

　　这是一个勃鲁盖尔①式的壮观场面，形象在飞速移动，轮船满载着鲸脂和骨骼，在这场景下方标出了有罪的团体：赫尔的"和谐号"，

————————————————————

① 老彼得·勃鲁盖尔（Pieter Bruegel the Elder），16世纪文艺复兴时期的风景画家。

伦敦的"玛格利特号"，赫尔的"伊莱扎·斯旺号"；伦敦的"工业号"；还有忙碌着的其他工作船。我们看着这样的场景，内心也许是惊骇的，但一个19世纪的赫尔人却能从堆叠的木桶以及船长日志所盖的鲸尾印章中看到富足的象征。鲸那垂下的尾鳍、溅到水手脸上的血花、涌到甲板上的肚肠——这一类血腥的场景可以保证他们抵御赤贫，但也仅仅是将其挡在一步之外。

1822年时，赫尔是英国最繁荣的捕鲸港口。三分之一的英国捕鲸船都是从这里起航的，1830年的数量是33艘。当时的黄页显示，港口里鲸油批发铺的数量超过了小吃店，地图还显示了河岸上处理鲸油的"格陵兰庭院"，以及处理鲸骨的工厂。在工厂中，鲸骨变成"各式各样的筛子滤网、网罩……用来制成羊圈……"以及"填充椅子和沙发的底部……做成卷发棒也很受欢迎"。它们如今已消失很久了，但这座城市的博物馆里还存留着这一产业的一些纪念物。墙上挂着一具变形的抹香鲸下颌骨；地上立着一个曾被用作屠宰台的巨大椎骨；架子上排列着像是台球棍的东西，其实是白色长牙，它们曾经组成过某位北方贵人的四柱床——

在古老的斯堪的纳维亚时代，据传说，那些爱海的丹麦国王们的宝座是用一角鲸的牙齿做的。

——"烟斗"，《白鲸记》

——而在房间正中一处像是烟草摊的地方，一个光线暗淡的展示柜中摆放着一排带玻璃塞的瓶子。

鲸肉膏：一种富含蛋白质的油性物质，
用于制造人造黄油等。
鲸肉打粉制成鲸肉粉，
用作动物饲料。
鲸肝油：维生素 A 的一种来源。
鲸油：半凝固。精炼后用作轻工业润滑剂。

馆长阿瑟·克雷德兰博识多闻，他也是一位动物学家，曾吃过鲸肉和海豹肉。他打开那个柜子，递给我一个小瓶子。当我把黄褐色的液体来回晃动时，还能感觉到玻璃油腻腻的，散发出轻微的臭味。这纯净透明的东西就是鲸的精华——瓶中鲸。现在我辨认出了环绕在房间里的声音，那是鲸之歌，为其死去经年的兄弟姐妹所唱的挽歌。

离开市区，穿过赫尔的城郊，就来到了霍尔德内斯平原。这是一片平坦的冲积平原。这里的海岸线看上去似乎一直在遭受暴风雨侵袭，但实际上英国正是从这里陷入海洋，每年以码而非英尺为单位沉没。

　　拐出一条通向内陆但看似无处可去的 B 级公路后，一条铁轨般笔直的路通向了伯顿·康斯泰博庄园的大门。自 16 世纪起，康斯泰博家族就住在这栋有着红砖塔楼与城垛的优雅住宅中，在家庭教堂里坚守着天主教信仰，与此同时，他们的土地正在被波涛侵蚀。这里远离伦敦，没有人会真的在乎约克郡荒野中还保存着对教皇制度的信仰。

　　正是淡季，售票的办公室兼茶室中没有人。柜台后面的女人看上去松了一口气：“我还以为你想在这房子里到处看看。”

　　我在夜幕中动身前来，结果一位路过的园丁告诉我，我想找的骨骼几年前就搬走了。他犹豫着对我说：“我能给你看一些椎骨。”

　　从一个停满了农用车的棚子后面，他的同事钻了出来，手里拿着破布。“戴夫，他想知道关于鲸的事。”我这位向导犹豫地向他说。

　　戴夫从口袋里掏出一根铅笔头，在挖掘机的大爪子上速写出一个轮廓，它看上去像一副大鱼的骨头。他描述那些骨骼从前立在远处场地中的样子，它们由铁支柱和螺栓支撑出框架，模仿那动物还在水中的样子。那些支撑物很久以前就锈烂了，一些童子军在那里宿营时甚至想用残骸生火。

不过自那以后，那些骨骼就被解救了。在昏暗的外屋里，戴夫用戏剧化的动作扯开一片麻袋，夸张得就像一位病理学家在拉开一张裹尸布。下面躺着一块巨大的灰色骨头，因为数十年饱经风雨而遭到侵蚀，与其说是一头鲸的头骨，不如说更像一大块珊瑚。

他声称："这是《白鲸记》里的那头鲸唯一存留下来的东西。"但现实和他的说法并不协调，尤其是它就放在一辆废弃拖车的旁边。这块破碎的钙质物曾经支撑过一个巨大的大脑，它控制过强健的肌肉、宽阔的尾部和鳍状肢，听过并曾透过有情之眼观望水的世界，从那庞大的头颅中发出过一些神秘的咔嗒声。

在另一间外屋里放着那具骨架的其他部分，这些散乱的遗骸正等待复苏。从这些离散的骨骼便可以看出这头殉难的鲸有多大尺寸，它已准备好重组以满足其现代朝圣者：腐蚀的脊柱有拖拉机车轮那么大；撞出凹痕的肋骨就像西伯利亚冻土中挖出的猛犸长牙；粗重的钙质上腐朽剥落得就像被剥了皮的树。

我走到一条橡树林荫道的尽头，那里有一个设在崩毁底座上的坟场。在丛生的荒草另一边，有一片空地。草皮上仍有零散的碎砖，那是残余的基座，它曾以钢筋的曲线支撑起鲸骨。当寒鸦在渐暗的天幕上啼叫时，我想象着利维坦的骨骼在暮色中闪出微光。它真的有可能是以实玛利说的，被海浪冲到约克郡一片泥地里的那头鲸吗？

1825 年 4 月，人们在霍尔德内斯海岸边，靠近伯顿·康斯泰博庄园的地方，发现了一头死鲸。这没什么特别的，常常有这类动物被冲上这片海岸。这里是英国最荒僻的海岸之一，北海吞噬着泥砾，使整个村庄垮塌入波涛中，那海浪之下还有石化的森林。但这头动物体形巨大，当它浮出水面时，渔民们都开船远离，怕它损害他们的船。不过潮汐很快就完成了它的工作，4月28日，一个周四下午，它的尸体被甩上了汤斯朵海滩。低矮、柔软的巧克力色悬崖将海水映衬成了忧伤的红棕色，鲸就像一条巨型比目鱼般搁浅在崖下。

第二天，克里斯托弗·赛克斯神父抵达该地记录这头动物的关键信息，他是一位敏锐的业余科学家。到了周日，这头巨兽大约吸引了一千人到此观看。和两个世纪前大洋彼岸的荷兰兄弟一样，他们为眼前所见大感惊奇：一头58英尺长的雄抹香鲸，不过它不是他们想象中那种黑得发亮的怪兽。它被甩出了海洋，巨大的下颌已经脱白，纸一样薄的皮肤到处都剥落了，露出皮和鲸油之间一层奇怪的"毛"——仿佛鲸一直在伪装一般。油灰色的尸体躺在卵石滩上，早已开始腐烂，这个过程被观众加快了，他们砍劈尸体，扯出又长又粗的肌腱，用马和绳索撕开它的喉咙。

正如26岁的萨拉·斯蒂克尼所报道的那样，整个霍尔德内斯都在关注这个深海来客。"你肯定听说了那头被冲上岸的怪兽——它在附近引发了空前的喧闹。"村民们"与其说是欢腾，不如说是闹腾"，她坦白道，"鲸的身体每天都在腐烂，它充其量就是个令人恶心的东西。我始终没法忍受看到任何形状的一团死肉。"

鲸很快就变成了一团无法辨认的东西。人们砍下了它巨大的头，里面的液体看上去就像橄榄油，但很快开始凝结。鲸脑油的温度达80

华氏度^①，比户外的空气高近30度，不过研究者无法判定这是出于动物原本的体温，还是因为"腐败发酵"。等它化开，人们就能检验这奇妙之物了。提炼的鲸脂将卖到500英镑，颅腔中能产出18加仑的鲸脑油，而它的肉够许多家庭吃好几周（赫尔的一道食谱称鲸皮是一道美食，有菌菇的香味）。不过，这个海洋弃儿的科学价值要高于它的商业或烹饪价值，因此詹姆斯·奥尔德森博士受命来对它进行尸体解剖。

　　奥尔德森是约克郡一位著名医师的儿子，他毕业于剑桥大学彭布罗克学院，也是剑桥哲学学会的成员。他与鲸的邂逅不仅让他有机会论证关于这些生物的自相矛盾的证据，也能提高他的学术地位。"没有什么能比得上亲眼目睹这完整的动物所带来的冲击，还有它的骨骼，"奥尔德森将现存的标本带回了赫尔的实验室，对他的学会同侪说，"比较头骨就会发现，它面颊和下颌上那庞大又离奇的构成是其他任何动物都无从相比的。"

　　检查这座鲸脂之山，给奥尔德森带来了人生最大的挑战，哪怕它是分批送达也没有减轻他的压力。鲸的眼睛早就被挖出来了，变得又小又畸形，"成了截锥的形状"，不过它们自有一种精致的美。奥尔德森形容其虹膜为"泛蓝的褐色；深暗；瞳孔……是横向的，就像反刍动物一样"；而"反光色素层看上去非常美丽……它的颜色是绿色，由蓝色和黄色混合而成；主体颜色更偏向于蓝……上面全是浅色的斑点"。博士能在这团腐烂的血肉中辨识出如此的美，这本身就透露出这种动物的魅力。它的身体构件好像在说，看看我活着时有多美，当

----

① 80华氏度约等于26.7摄氏度。

我从深海舀起乌贼，当我面对死亡时，我有多美。

它长矛般的下颌中嵌着 47 颗牙，因它在深渊中的冒险而伤痕累累。奥尔德森观察到，它的阴茎"向外伸出约 1.5 英尺，被一层蓬乱的表皮包裹。尿道有指尖宽"。用手指戳弄鲸是一种常见的恶习。它 3 英尺长的心脏被保存在甲醛里，之后会被呈递给约克郡哲学学会，以供进一步研究。

鲸尸的处理让奥尔德森很沮丧："事实上，为了清理出骨骼，内脏太快被取出了，以至于无法挨个研究每一个器官。" 他用尽了方法也没能找出鲸的死亡原因，只发现一段 5 英寸的剑鱼尖吻插在它背上，"包裹在一层脂肪细胞中"，以及另一处"真皮上瘘管般的开口"，这显然是一根鱼叉造成的。我们知道，抹香鲸的肉里常常带着异物，就像战士负伤后伤口带着的弹片，而且托马斯·比尔记录过剑鱼攻击鲸的事件。人们曾发现一头鲸的背脊中插着一整根剑鱼的利吻，这显然是激烈撞击的结果，在撞击中，这柄武器完全滑入鲸的身体，并从底座上折断了。当伤疤愈合后，这柄"剑"就被埋在了鲸脂中，成为"鱼中剑"。以实玛利也提到过类似的情况，鱼叉会卡在鲸身上，一柄鱼枪刺中了"鲸尾附近，它像一根不肯安分的针，留在鲸体内，移动了足足 40 英尺，最后发现它嵌在鲸的背峰里"。

鲸被各种物件又扎又戳，身上不只有殉难的伤疤，还带着折磨它们的器械。然而，在这头不幸的遍体鳞伤的生物被冲上海岸时，它的命运已注定了。因为就如以实玛利所言，从那一刻起，这头鲸就成了伯顿·康斯泰博庄园主、霍尔德内斯领主派拉蒙勋爵的私有财产。

几乎在英国所有海岸上，汤斯朵鲸都将属于皇家，它们是皇室之鱼。但是在这里，派拉蒙勋爵拥有主权，从弗兰伯勒角的悬崖，到斯珀恩角金丝般纤细的岬尖，都是他的私人封地。第一批到场观鲸的人里就有康斯泰博庄园的管家理查德·艾夫森，他来认领这气味扑鼻的奖赏。当尸体横陈在海滩上时，艾夫森就已经测量了它并画了草图，就像是在巩固他主人的权力一样。随后，他的画被制成了雕版，只是准确性没法让以实玛利满意，画中的鲸就像一条巨型蝌蚪，大步在它头上走的测量员——就是艾夫森自己——也完全不成比例。

奥尔德森的兄弟克里斯托弗的插图要更加准确，它被用在奥尔德森1825年出版的《关于汤斯朵海岸搁浅鲸的记述》一书中。这本书的封面用红色摩洛哥皮革装订，印上镀金花彩字，送给了派拉蒙勋爵一本。这张鲸的肖像画无疑是浪漫主义的，每一处曲线和起伏都有生动的明暗，就像《镜前的维纳斯》[①]一样——画上动物古怪的窄腰圆臀更加强了这种女性印象，不过在它软绵无力的尾部附近露出了某个构件。图包括正面观和背面观，每个角度都非常诱人，远处还漂浮着游艇，使画面显得诗情画意。第二张插画更偏向从病理学的角度展示鲸的下颌与头骨特写，并且研究了眼睛的结构，将其切开以展示它的

———————————

① 《镜前的维纳斯》（*Rokeby Venus*），17世纪西班牙画家迭戈·委拉斯凯兹的油画作品，以光与色衬托的柔美形体著称。

美。第三张图上是一枚乌贼的喙，这头动物的肚子里可以舀出一桶这样的东西。

一头搁浅的鲸也许能为康斯泰博庄园的保险箱做出不小的贡献——1790 年，在小亨伯河发现的一头鲸产出了 85 加仑鲸油，每加仑 9 便士。不过，此前管事们的记录却表明，处理它的花费往往超出它带来的利润。

关于充公、赎罪奉献物、皇室之鱼、海难等的记录

记录人：威廉·康斯泰博庄园的管家，约翰·雷恩斯

1749 年 1 月 30 日。一头鲸脑油族的鲸被冲上斯珀恩角岸边——康斯泰博先生将它卖给赫尔的戴维·布里奇斯先生，售得90 英镑。

1750 年 9 月 13 日。一头 33 码长的鲸被冲上斯珀恩角的海岸。康斯泰博先生雇用乔治·汤普森先生将它切件——汤普森先生的收费总计比鲸的贩售所得高出 7 英镑。

1758 年 11 月 7 日。一头虎鲸出现在玛弗利特的海岸——康斯泰博先生将它卖给了赫尔的汉密尔顿·麦钱特先生，售得 5 英镑 10 先令。

1782 年 11 月 9 日。一头 17 码长的鲸出现在东牛顿的海岸——因身体受损严重且已经腐败，它贩售所得为 1.5 基尼。

1788 年 7 月 14 日。一头 36 英尺长的鲸出现在斯珀恩角的海岸，就在亨伯赛德上的灯塔对面。巴利夫的帕廷森先生将它卖给了赫尔的德波伊斯特先生，售得 7 英镑 7 先令——但这也毫无益处，前者还是死于贫困……

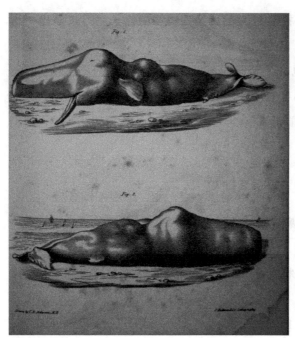
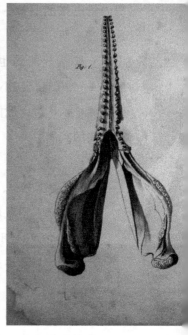

　　无论其经济收益如何,汤斯朵鲸注定有一个不同的命运。60年前,东北海岸上另有一头鲸脑油族的鲸被冲上海岸,德拉姆主教宣告了对它的所有权。这是一头50英尺长的"海怪",1766年搁浅于西顿海滩时,它还活着,"触地时悲惨的叫声数英里外都能听见"。稍后,它的骨架被陈列在大教堂的地下室里,那画面让我想起了威廉·沃克,他是维多利亚时代的潜水者,被派遣游入淹没在洪水中的温彻斯特大教堂基底,去加固它的中世纪木料。约克郡的这头鲸也经过处理,以求永久保存。为此,它的残余部分被埋在了一些深坑中,留在那里自行腐烂。

　　　　　　　　　　　　　　　　　　　　　　　　　寻鲸记

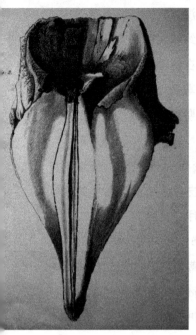
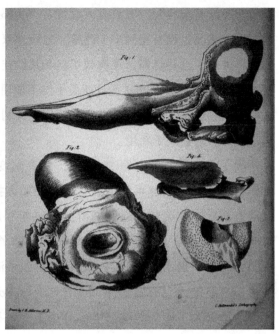

伯顿·康斯泰博庄园的新主人是托马斯·阿斯顿·克利福德·康斯泰博爵士，二代从男爵。1825 年时，他才 18 岁，鲸根本就不在他的关注范围内。他更关心如何花销自己刚刚继承的庞大遗产。两年后，托马斯爵士娶了查尔斯·奇切斯特最小的女儿玛丽安娜，他在约克郡的庄园一直闲置，因为庄园主人住到了斯塔福德郡，那里离伦敦更近，方便消遣娱乐。

这种娱乐显然不适合枯骨参与。当主人享受自己财富的果实时，那具鲸骨已被拣洗干净，渐渐变得黯淡，正如 1829 年一位沮丧的博物学家所言，它"被极度忽视，放在一片空地中央，堆得乱七八糟"。"那以后它有没有被装配，有没有人看管它，我都没有听闻。"七年过去了，这一状况也没有得到多少改善。地质学家约翰·菲利普斯在一个畜棚里发现了这些骨骼，还挽救了莫名其妙挂在树上的那些尾骨。接着，到了1836年——此时托马斯爵士终于要屈尊搬回他的祖宅了——外科医生、解剖学家及天文学家爱德华·沃利斯参与了铰接鲸骨的工作：给死后的它赋予新生。

到了19世纪的30至50年代，鲸突然变得时髦起来。公众对科学与自然史的兴趣再加上轰动效应和揽客技巧，鲸便以标本或骨骼形态开始在欧美各地巡回展出。1809年3月，在泰晤士河上，一头76英尺长的"深海巨兽"于停泊在黑衣修士桥和伦敦桥之间的一艘大游艇中展出，人们的"好奇心得到了满足"。这头鲸据说才一岁，"鉴定人宣称其为牛眼鲸（*Balena Boops*）或矛头类"——这个名称混杂了座头鲸的前半部分拉丁文名和小须鲸的另一个常用名，但这两种鲸都不会长到这个长度。"但是，仅仅为了使看客满足，就将一头体积如此庞大的怪物，在腐败状态下带进一个热门城市的中心，这样做是否审慎值得商榷。"《泰晤士报》质疑道，"无论如何，那些参观鲸的人最好能用以醋浸透的手帕，掩住口鼻，以防吸入它散发的腐烂臭气，它对健康极度有害，甚至会危及生命。"

有的演出经理人更精明，他们使展品更适合优雅的品位。1827年，一头从奥斯坦德来的蓝鲸被削减到只剩骨架，从根特至布鲁塞尔、鹿特丹港和柏林巡回展出，接着在四年后到达伦敦，安置在查令十字街上一座特制的木展馆中——"一个非常长的展台"，那里离梅尔维尔未来驻留的地方非常近。《泰晤士报》声称——用的差不多是游乐场揽客人员的口吻——那头鲸长 95 英尺，"尺寸大过此前所知的任何落入人类手中的生物"。参观者支付 1 先令，进入某首打油诗所称的"一座坟墓／一种带着婴儿栅栏的卧室／去看他们所称的——一头鲸"。棚里放着许多本拉塞佩德的《鲸之自然史》，顾客们可以坐在这动物的胸腔里大口饮酒，开一个"不寻常的沙龙"。不过，他们并没有听到 24 人管弦乐团在鲸体内的演奏，欧洲大陆巡回展出时曾有这项表演。

鲸是那个时代的名角。几年后，英国有了自己的王室标本，声称它要更大——

托马斯爵士是一个有自己时尚品味的人，他认为是时候展出他自己的鲸了。人们用一根铁棒将它的脊椎适当打断，用镫形的铁条将它的肋骨铰接起来，再用长螺栓钉入它的头骨。人工装配完成后，骨架被放在一条林荫大道上，做出沿路悠游的模样，这里便开始以"鲸陌"闻名。抹香鲸的最高权威托马斯·比尔也来到此地表达敬意。得到赫尔的文学及哲学协会博物馆馆长皮尔索尔先生的提示后，比尔特意前来观看约克郡的这个标本，自他抵达约克郡东区后，这头鲸便获得了不朽的声名。

有许多科学家对抹香鲸这一主题发表过意见，但比尔和很多人不同，他见过活的抹香鲸。从 1827 年至 1829 年，年轻的他在阿尔德门医学院学医，之后留在学校的解剖室做助手，后来成为策展人，随后转到了商业街的伦敦医院。但在 1830 年，22 岁的比尔离开了伦敦东区肮脏的街道，搭乘捕鲸船"肯特号"航行，船长是威廉·劳顿，船主是托马斯·斯图尔奇。

海浪带着比尔沿南美海岸向下，直达合恩角，接着穿越太平洋来

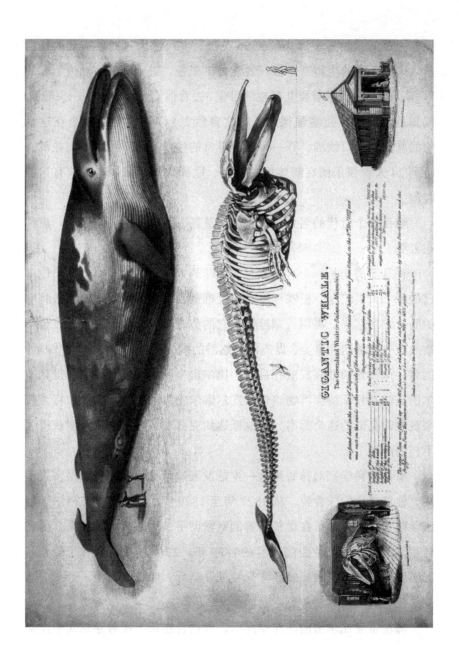

寻鲸记

到夏威夷，又登上堪察加半岛——几乎到达了当时地球上能离英国最远的地方。在旅程中，他观察捕鲸的过程，对它们的行为和生理机能做了无数笔记，他收集科学信息的方式在查尔斯·达尔文的工作中得到了呼应。其实，当比尔抵达南太平洋时，达尔文也正乘坐"小猎犬号"在航行途中。

比尔被船外那些生命深深吸引，与此同时，船上对这些生命的压迫手段也让他惊骇莫名。"当我看到32位善良、勤勉、毫无恶意但也非常勇敢的男人，用凶狠卑劣的残暴手段虐待欺辱，直至某种极其可耻的程度时……我惊恐地转过身，直白地宣布我再也无法忍受这个场景了。"1832年6月1日的午夜，在小笠原群岛上，比尔跳下船，登上另一艘斯图尔奇名下的捕鲸船"萨拉和伊丽莎白号"。这艘船的船长更加温和，他正是英勇的威廉·斯温，稍后他将成为"克里斯托弗·米切尔号"的船长，并在与一头鲸的搏斗中丧生。比尔乘坐这艘船返回家乡，全程航行了5万英里。

和梭罗一样，面对鲸的经历使比尔惊讶于我们对它的缺乏了解。"从习性上看如此有趣，从商业角度看如此重要的一种动物，却受到这样完全的忽视，这真是一件非常令人震惊的事，"他写道，"事实上，在哈金斯先生漂亮的画作问世之前，只有少数人……也只对这动物的外形有那么一丁点儿模糊的概念。而对于它的行为和习性，人们通常知之甚少，就好像被捕获的鲸从未给英国财政做出贡献，又或它从未鼓舞过我们吃苦耐劳的海员们奋勇当先。"比尔指的是威廉·约翰·哈金斯的《南洋捕鲸业》，这幅画经受了长久时间的考验，直到21世纪的头10年，它依然被用作《纽约客》一幅漫画的基础图。

　　比尔回到他位于贝德福德广场的家中，开始着手为鲸类学资料做正本清源的工作。一年后，他将自己关于抹香鲸的论文递交给伦敦折中主义协会，协会为他的工作颁发了银质奖章。1835 年，比尔医生将这篇文章以一本精致插图册的形式出版，并在接下来的四年中扩充了手册的内容。1839 年，《抹香鲸自然史》出版，这是一本包罗万象、兼收并蓄的作品，部分是科学研究，部分是冒险故事。它的卷首插图（也是本章的章首插图）是一幅充满动感的场景：在大洋上，狂怒的抹香鲸们将小船抛出水面，将鱼叉和人类掀向空中，激起了一幕浪花飞溅的定格画面。

　　比尔这本书的章节标题也同样扣人心弦，它们简洁地概括了他在辽远大洋与异域人群中的经历。

　　　被劫掠的作者——海狮之战——鸟的音乐——可怕的疾病——宗教暴政实例——溺毙的学徒——九死一生——酷热——

我们杀死了一头雌鲸——一个时髦的野蛮人——一个巫师——船长的专横——被鞭打的六个人——午夜离开"肯特号"——看见数量惊人的庞大鲸群——流血的年轻人——肉丸女孩之眼——三十个女人侵袭了我们——三个男人被冲下第二斜桅——第六次越界——看见故乡的反应——当我们缺席时疾病正在肆虐——蹒跚还乡——故居——我情感与命运的交易

比尔的故事——其对神话的复述方式预示了詹姆斯·弗雷泽爵士的人类学宗教著作《金枝》的论述方式,其间,人类的壮举就如同传奇式的流浪冒险小说——为梅尔维尔提供了创作框架,为他自己的鲸提供了一种衔接系统。如果说《白鲸记》的超自然风格源于纳撒尼尔·霍桑,那么它的现实性就要归功于托马斯·比尔。梅尔维尔书中的大段文字都直接剽窃了比尔的书——有人可能会说这简直厚颜无耻。《抹香鲸自然史》是《白鲸记》的原型,这不仅表现在鲸类学信息细节上,也表现在其他方面。

鲸在人类消费链中的角色吸引着比尔。仿佛是出于解放的精神,他把鲸看作被奴役的生物,他书中的献言强调了这个概念:"献给纽因顿巴茨的托马斯·斯图尔奇先生"。

作为麦考利可靠的朋友,你为黑人战斗……一直要到黑色人种的敌人突然开始撤退,摇摆不定的朋友们才……簇拥在你始终帮助举起的旗帜下……现在黑人自由了……我毫不怀疑……你自己的感觉就是你最佳的奖赏,独立于世俗的赞扬之外。

托马斯·斯图尔奇来自一个旧贵格会家庭，他的同族中还有一个名气更大的废奴主义者：约瑟夫·斯图尔奇。托马斯是拥有两条船的船主，前面提到，比尔曾经搭乘过它们。托马斯和他的朋友埃尔哈南·比克内尔都在新肯特路经营捕鲸公司，那里是伦敦南部，靠近象堡，是一个远离海洋的地方。（搁浅的鲸也为他带来过利益。巴克兰写到过一头1829年冬季在惠斯塔布搁浅的抹香鲸，人类用斧头袭击它，使它痛苦万分。在那可怕的惨叫和呻吟声中，斯图尔奇付了60先令购买它的鲸油。）

这些文雅人士和他们那令人厌恶的产业之间保持着某种距离。比克内尔垄断了英国在太平洋上的抹香鲸渔业，他也是一位著名的艺术赞助人，曾委托哈金斯给他的捕鲸船作画。这些作品后来给J. M. W.透纳带来了灵感，后者是比克内尔赞助事业的另一位受惠者。在这复杂的关系网中，鲸关联起了作家、画家、科学家和商人，其关联方式映射出了大英帝国的扩张范围，以及这动物本身的规模。鲸为这可怖的产业添加了一层浪漫的光影。事实上，作为当代最伟大的画家，透纳在画作中将这一浪漫意象具象化了，正如梅尔维尔在文字中试图做到的一样。

在1845年和1846年，透纳在皇家艺术学院展出了四幅捕鲸图，还附上了目录指引："捕鲸船。参阅《比尔的航行》，第175页。"它们以明亮到近乎抽象的形式描绘了捕鲸过程的英勇，鲸本身则是一些极其隐约的幻影般的形体。梅尔维尔在访问伦敦时可能听说过这些著名的画作。在回到纽约时，他带着一本比尔的著作——花了3美元38分——他在扉页上写道："透纳的捕鲸画作受到本书启发。"

　　梅尔维尔对透纳的热情几乎可以媲美这位画家的支持者约翰·拉斯金。（批评家们自己做了比较——《白外套》的某位评论者称："梅尔维尔排斥任何过去或当代的海景钢笔画家的程度，就如透纳排斥拉斯金先生为透纳故而轻视的出色画家——范德维尔德一样。"）特纳深深吸引着梅尔维尔的浪漫情感。梅尔维尔前往英国之前，阅读了拉斯金的著作《现代画家》，在书中，拉斯金描述了透纳如何让别人把自己绑在一艘船的桅杆上，创作了《海上暴风雪》。画家的精神可能不只有一点点像亚哈。

　　透纳恢宏的远景，以及暴风和光影带来的神圣感，从一开始就在影响《白鲸记》。当以实玛利抵达喷水鲸客店时，他看到"一长溜柔软而不祥的黑东西……漂浮在一片莫名其妙的泡沫之中"。他在昏暗中辨认出一头鲸，它跃起于一艘飘摇于风暴中的船的上方，像是要把自己钉在船的桅杆上。"这真是一幅沼泽般潮湿而沉闷的画面，足以让一个神经衰弱的人为之心烦意乱。"以实玛利承认道，"有一种无限的、不可企及的、难以想象的崇高气息弥漫其中，刚好让你为之留步，身不由己要发誓找出这神奇画面的含意。"它是哈金斯那逼真画面的梦幻版，是一个充满奇异色彩的透纳，倒映在以实玛利看似外行的眼中。

这些有趣的科学家与古怪的画家，以及梅尔维尔自己在利物浦和伦敦的游历，为他的作品赋予了一只英国之锚。对于《白鲸记》中交叉参照且多线并行的复杂画卷来说，这些人的个性以及成就都起到了不可或缺的作用。其中最首要的是比尔，他为以实玛利提供了鲸类学知识，力图纠正那些错误的鲸图，将真正的科学方法和第一手经验运用到抹香鲸的自然史中。比如，他批评法国权威博物学家乔治·居维叶，因为后者称鲸能威吓"所有深海居民，甚至是最危险的那些物种，比如鼠海豚、须鲸、海豚和鲨鱼。所有这些动物看到抹香鲸会吓得要命，纷纷躲藏在沙或泥中，并常常因为自己逃窜时的鲁莽，过于猛烈地撞在岩石上，即刻死亡"。

对比尔——以及任何一个在海上看见过抹香鲸的人——来说，这完全就是胡扯。"因为实际上，抹香鲸不仅恰好是一种极其胆怯且无害的动物……随时准备全力逃离那些以异常方式出现的最微小的东西，而且对于那些它被激烈控诉的行为，它也根本无力为之。"

比尔全方位描述了鲸的各个方面，条分缕析，从鳍到尾。然而，无论有多少事实和数据，无论他收集了多少观察结果，无论有什么生理细节——从胃的功能到鲸尸可能产出多少鲸油；从它"最喜欢去的胜地"到"抹香鲸渔业的兴起与发展"——比尔的猎物依然难以捉摸。只有把手放在这动物的骨骼上，这位医生才能做出他最后的诊断，但即便那时，他可能依然怀疑他所追逐的这野兽的真实性。

抹香鲸带着比尔绕了地球半圈。现在它将这位医生召唤到了约克郡东部，这绝不是一趟轻松的旅程。比尔成功抵达了霍尔德内斯，他的努力得到了回报：眼前是一幅壮观的景象，这具骨架将解锁抹香鲸最核心的秘密。他见过活的抹香鲸，但衰朽的鲸才揭示了它的本质，他痴迷于自己眼中所见。"对于伯顿·康斯泰博庄园的这具抹香鲸骨架，我不久就将给出它的相关描述，我对它非常感兴趣，主要因为它是欧洲乃至世界上唯一的此类标本。"

比尔满腔热情地想着手处理这具骨骼，他当即就为"这庞大且宏伟的骨架标本"做了笔记。他的报告延续了很多页："骨骼最长处为49英尺7英寸"——尺寸的减小是缘于无骨的尾鳍和鲸脂——"最宽处是胸部的8英尺8.5英寸……硕大的头骨……占骨架总长度的1/3以上……下颌长16英尺10英寸……脊柱包括44枚椎骨……下颌中有48颗牙。"

比尔的测量让汤斯朵鲸获得了永生。这是第一具被精确描述的抹香鲸骨架，它成为"原鲸"，所有其他的鲸都将以它为测量参照。梅尔维尔的文学作品赋予了这些骨骼某种诗意。它们充斥在整本《白鲸记》中。戴夫是对的，在约克郡的那间外屋里，他给我看的那一堆乱糟糟的肋骨和脊椎，事实上是梅尔维尔小说的唯一现实遗迹；它们通过比尔开创性的著作获得了自己的历史位置。一个世纪后，属于梅尔维尔的那本《抹香鲸自然史》重现于世，他写在书里的旁注已被后来的某位主人擦去，后者不知道，那些旁注的价值胜过了书籍本身。不过书中留下了足够多的痕迹，可以证明它为《白鲸记》的结构提供了支架，并且可以看到，梅尔维尔特别借鉴了比尔关于汤斯朵鲸的笔记，创造了一种精致的幻境——他将自己游览圣保罗大教堂的经历，与那些备受追捧的鲸尸和骨架的巡回展览融合在了一起。结果造成了一种拱形建筑式的讽刺手法，一种关于人类利用鲸的反讽又诙谐的隐喻。

> 克利福德爵士的鲸骨架全身都是人工铰接起来的，如此一来，就成了一个巨大的五斗橱，它的所有骨洞你都可随意开关——把它的肋骨张开，像一把巨大的扇子——也可以整天坐在它的下巴上荡秋千。它的有些活板门和百叶窗还上了锁；一个侍从腰间挂着一串钥匙，领着参观者到处转转。克利福德爵士还想到了收取费用，看一眼脊柱的回音廊，收费两便士；听听小脑洞里的回声，收费三便士；从它的额头一窥其无与伦比的全貌，收费六便士。

不过在这温和的讽刺中，梅尔维尔并不知道，就在他抵达伦敦的几个月前，那部开创性著作的作者在这座城市离开了人世，年仅 42 岁。比尔作为医务助理为皇家人道协会工作了 10 年；他还加入了非洲研究所，这家设在巴黎的机构承诺为奴隶谋福祉；之后余生他都是伦敦东区斯特普尼济贫院里一名薪水微薄的办事员。在 1848 年至 1849 年间，霍乱肆虐，夺走了 6 万条生命，比尔在照顾病人时感染了这种"危重之症"。27 个小时后，这位仁善高洁的人便与世长辞了。

通过一条铺着石面、嵌着暗色墙板的狭窄走廊，我走进了一间乔治王朝风格的雅致房间，里面的家具都包裹着适合冬天的衬垫。一道悬挑楼梯吱吱嘎嘎地自己打开了，看上去没有什么明显的支撑物。正是清晨，房子里空无一人。我打开一扇又一扇门，找到了一些卧室，屋里满是镶花精致的衣柜、讲究的躺椅和铺着绣花丝绒的床。一个大衣箱上放着一件脱掉的军装式长礼服，仿佛它的主人刚刚走出房间一般。在这平台的另一端立着两扇镜面双开门，门外便是长廊[①]。

这里曾被用于室内休闲，在恶劣的天气里，人们可以在这击剑或散步。现在在它陈列着书柜，还装饰着 17 世纪风格的石膏雕带。雕带上描绘着许多虚幻且跨性别的野兽。一只动物有女人的上身和乳房，却又有种马的身体和阴茎。另一头是黑橡木色的有鳞片的鲸，它咆哮着、挣扎着想要摆脱自己的柱顶线盘，它龇着牙，甩着尾，头朝下冲着门厅里那位历史悠久的对手——一头大王乌贼，它在门上方伸展着触手，旁边是一条蜷尾的美人鱼。

尽管屋内寂静无声，这古老的动画依然在上演着，指挥这交响曲的是威廉·康斯泰博，他的画像就挂在下方。他穿着卢梭风格的长外衣，戴着头巾，是启蒙运动时期的审美风格，他的珍品陈列柜里的物品显然也是这种风格，如今它们都被放在长廊尽头的一间前厅里。和贵格会信徒一样，康斯泰博也因自己的信仰被拒于高官要职之外；也正如贵格会信徒将其能量转投于商业——捕鲸业——中一样，这位伯顿·康斯泰博庄园的主人无须缴纳政治服务费用，便可以将他可观的财富花在别处。

化学、天文学、植物学、动物学和古代史全都争夺着康斯泰博的

---

① 在英式建筑中，长廊通常有很高的天花板，位于大型住宅的上层，延伸于整个建筑物的正面。它们可以用于招待客人，展示主人的收藏，或是在雨天锻炼。

注意力，华丽的贝壳、北极熊的头骨、罗马雕塑的铸件和希腊的钱币都保存在特制的箱子里。一个橱柜中放着早期的电气设备，这个精巧的装置由硬木齿轮、黄铜气缸和橡胶皮带组成，产生的电火花能被储存在玻璃莱顿瓶中，随时用于科学怪人的实验。在另一个架子上放着一头真正的怪兽的残骸：汤斯朵鲸的牙齿，它们摆在那里，像是刚从龙嘴里拔下来的一样。

　　约翰·雷利·奇切斯特－康斯泰博是伯顿·康斯泰博庄园现在的主人，这位时尚男子穿着粗花呢外衣，戴着领巾，喷了吉欧·F. 创珀尔的香水。他回忆起 70 多年前，他还是个孩子的时候，鲸骨还立在空地上，他在里面玩耍，把它当作一个巨型攀爬架。作为领地的继承人，只要有鲸被冲上这片海岸，奇切斯特－康斯泰博先生仍然会收到通知，他可以随意处置它。有一次，他把一头死去的鼠海豚带到赫尔，想用它的皮给妻子做一双时髦的短靴，但鞋匠——据说是女飞行员艾米·约翰逊[①]的一个亲戚——要他把这尸体弄出店去，免得它的气味把客人熏走。

　　奇切斯特－康斯泰博先生年轻时还是一位业余飞行员，他的私人飞机就停在鲸陌旁边的狭长空地上，那时鲸骨还在一侧，显得更加破烂。它暴露在风霜雨雪和炎炎烈日之下，埋没在荨麻和荒草之中，忍受了数十年，等待着复活的那一刻。直到 1996 年一个夏日的傍晚，这些骨头被动物学家及历史学家迈克尔·博伊德发掘了出来。和梅尔维尔一样，博伊德在工作中也受益于比尔的《抹香鲸自然史》，通过

---

① 艾米·约翰逊（Amy Johnson），英国女飞行员，因独自驾驶飞机打破从伦敦到澳大利亚达尔文港的飞行纪录而闻名。英国新闻界将她誉为"飞行皇后"。

参考这位 19 世纪前辈的描述，博伊德抢救出了大部分骨骼。

那是个炎热的下午，穿着衬衫和马甲工作的博伊德精疲力竭，感觉到了亚哈的心情："你这该死的大鲸。"维多利亚时代的铰链关节已经腐蚀了，但他仍然必须搞定厚重的铁条，才能让宏伟的肋骨和脊椎出现。它们保存得相当好，和他从罗宾汉湾附近的地层中发掘的鱼龙还挺像。鲸慢慢地浮现，一点一点地，一根骨头接着一根骨头。头骨被生锈的螺栓弄裂了，好像经受了某种古老原始的颅脑手术。颌骨也出现了，它像一根巨型叉骨般一分为二，人们还在其中找到了一颗没长出的牙，就好像鲸在被埋葬后逆转回了幼年期。

现在，博伊德的工作成果被带进了大厅，它躺在那里的地板上，被祖先的肖像和一角鲸的长牙俯视着，就像一头被猎杀的老虎，等着主人来享用它。这个房子里充满了奇异的野兽，瞪着死去的眼睛的黑斑羚被钉在墙上，镀银的中国龙爬在窗框上——在这样的房子里让鲸来迎接现代访客，是一种优雅的奇思妙想。但它的骨骼只是这动物的一种缩减版。如果它活着，它将无法挤进这个巨大的房间。它的前额会撞到门上，尾鳍会挤坏对面墙上挂着的风景画，就像一条鲑鱼被塞进一个金鱼缸。

第十章　鲸的白色

那是致命且孤寂的疆域，荒凉狂野的海洋拍打着障碍物的底
座，在将冻未冻的瞬间飞溅着泡沫，到处是冰山的军队……从幼
兽身边漂移开的白熊嚎叫着，相互研磨的岛屿挤压着缝隙中海豹
的头骨。

——赫尔曼·梅尔维尔，《玛地》

从伯顿·康斯泰博庄园驱车向北，岁月在海岸公路上流逝，那些
熟悉的地名——闪现：布里德灵顿、法利和斯卡伯勒，还有幼时关于
游乐场、炸鱼和薯条的快乐记忆，棉花糖的焦糖香味，夜里嘶嘶响的
汽灯上罩着惨绿色的罩子，绕着灯罩振翅的蛾子和灯一样脆弱，母亲
在拖车里泡着茶。

如果过往是一切经历的缩写，那未来就只存在于我们的想象之中。
度假胜地隐入了记忆，安室利处让位于荒野，辽远的虚无两端是室碍
难行的黑色针叶林。当我们穿过菲林代尔侦听站那巨大的白色高尔夫
球时，车载广播变成了白噪声。接着我们下坡前往惠特比，这又是一
个半掩半现的地方，古老的红色屋顶和陡峭的街巷一路向下通往马蹄
形的海港。

在这里，在这些狭窄的露天平台间，曾住着我的曾外祖父帕特里克·詹姆斯·穆尔。他也是一个天主教徒，不过出生环境远远比不上伯顿·康斯泰博的住户。作为都柏林一名铁匠的儿子，他加入了离开爱尔兰的移民潮，路上还经过了梅尔维尔去过的那个利物浦码头。梅尔维尔在"圣劳伦斯号"上的同船水手中，就有一位名为托马斯·穆尔的爱尔兰人。1882年，帕特里克·穆尔和妻子萨拉一起抵达惠特比，萨拉是来自法弗舍姆的一位女佣，他们婚后六个月，长女罗斯·玛格丽特便出生了。也许正是因此，他们才会住在葛洛夫街一个贫民区，那里靠近斯科斯比台。沿着家门前的小巷走到尽头就是河滨工厂，詹姆斯·库克的船"奋进号"就是在那里建造的。

1885年，我的外祖父丹尼斯在那里出生。他后来成了一名裁缝，为 J. B. 普瑞斯特利[①] 做过西装，还为温斯顿·丘吉尔做过一件大衣。不过在我的记忆中，他已是暮年老人，退休搬到了莫克姆——又名"海边的布拉德福德"，他在那里一栋面向辽阔海湾的住宅中去世。我模模糊糊记得他来看过我们，是一个干净利索的白发老人，穿着优雅的暗色西装，总是戴着一块带链的表。父母告诉我，外祖父酷爱阅读，看书时全神贯注，常常因此坐过站。我那时还是个小孩子，完全不知道外祖父出生的城镇拥有鲸的记忆。

我那时也不知道，大约就在我年轻的外祖父还在街上玩耍时，布莱姆·斯托克正在惠特比度假，正是这次度假给了他灵感，令他写出了自己最著名的作品——引起轰动的小说《德古拉》。在书中，女

---

① J. B. 普瑞斯特利（J. B. Priestley），英国小说家、编剧及社会评论家。

主角米娜爬上台阶，来到城镇的崖顶墓园，在那里遇见了一个老人，他曾在"滑铁卢遭受攻击"时驾船前往格陵兰，他还对她讲述了"过去的捕鲸业"。这个近一百岁的老水手是惠特比往昔岁月的遗迹，他的业务不是在太平洋温和的海面上进行的，而是在北冰洋寒冷的海水中——那是世界之巅的荒野。

埃德加·爱伦·坡只写过一部长篇小说《亚瑟·戈登·皮姆的故事》，出版于1838年，讲述了一位16岁的偷渡者搭乘一艘暴动的捕鲸船从新贝德福德出发的故事。在经历谋杀和船难后，皮姆和他的同伴被逼至"这可怕的绝境"——要吃掉年轻的船员理查德·帕克。梅尔维尔一定读过爱伦·坡的这个故事，它的灵感来自"埃塞克斯号"的命运，并且在40年后还有一次奇异的残响：一艘从南安普敦前往澳大利亚的游艇遇难，幸存者们吃掉了船上的侍者。无巧不成书，这个侍者的名字也叫理查德·帕克，他的纪念碑立在当地教堂墓地中，离我长大的地方很近，那令人毛骨悚然的碑文总是让我着迷：他虽杀我，我仍要信靠他。

但爱伦·坡的故事还有其他回响。小说中，年轻的皮姆随后在南极洲遭遇了另一番冒险，遇见了红眼的冰熊和残忍的黑齿印第安人。爱伦·坡借鉴了他朋友杰雷米亚·雷诺兹的笔记，雷诺兹于1829年前往南极洲，这次远征的结果是灾难性的（雷诺兹的船员在返程时叛乱，在智利将他驱逐下船，这也为他关于莫查·迪克的故事提供了背景）。爱伦·坡以非虚构的手法呈现他的小说，他甚至告诉朋友他自己也曾是一位捕鲸人。报纸将小说片段当作真实记录刊载，使读者相信在越过极点后有一片未知的新大陆，那里的水变得更暖而非更凉，那里迷信的土著把一切白色的东西视为禁忌，害怕"海中捡到的白色动物尸体"，还有"飞行迅捷的白色巨鸟的尖叫，它们是从南方白色的蒸汽幕中飞出来的"。

当小说中的冒险者航行至更深处的未知领域时，他们遇见了一个"裹得严严实实的人形，身形远远大过任何一种人类"，皮肤"如雪一样纯白"。这个在旅行见闻和科幻小说之间摇摆的怪诞世界，滋生了梅尔维尔的怪兽。从这里发源的白色令以实玛利胆寒，他还由此做出了概括且不规律的延伸，就像一个19世纪的搜索引擎：从"比最丑陋的流产胎儿还要奇怪可怕的"白化病人类，到"中欧童话"的森林里那个"脸色苍白的高个子男人……他那一成不变的苍白身影无声无息地飘荡在绿树丛中"。对于以实玛利来说，白色既是善美的颜色，也是邪恶的颜色，它是一种令人生畏的缺失："看一看那北极的白熊和热带的白鲨，不正是它们身上那光滑的一片一片的白色，使得它们显出超乎寻常的恐怖吗？"

但这白色也是一种引诱。在最后的荒野尚未被人类标记时，讲故事的人可以在地图上填充虚构的疆域。比如最远只到过新英格兰的爱伦·坡，还有《海中宁录》里黑白混血的捕鲸艇舵手哈利·辛顿，他想象出一片闪亮的冰墙，在那墙外是一片辽远的海域，是男性人鱼和有金色触角的北海巨妖的家乡，在那避难所中，"焦虑的鲸找到了宁静，在密集的深红色水母群上长着鲸脂"，远离那些携带"鱼叉和长矛，又砍又扯又煮"的猎手。

这样的想象也悄悄混入了所谓的现实。奥利弗·戈德史密斯著有百科全书《生机勃勃的自然》（"内有无数引自最杰出的英国及国外博物学家的作品的注释"），它最初出版于1774年，但随后"为青少年"改版重新发行。书中有一张不同寻常的卷首插画，就如以实玛利所说，

THE SEA BEYOND THE SHINING WALL.

画家在图中集合了冰雪世界中已知的动植物，并大量借鉴了威廉·索克斯比的《北极地区记述》，这种借鉴达到了某种程度：画中有一头搁浅得很端正的一角鲸，还有一头正在将它的袭击者抛向空中的腾跃的鲸，这两处都是直接模仿了索克斯比的画。

　　然而在这些海豹、海狮（它们正被一头野蛮的北极熊攻击）以及海鹰、海雀和海象中，还有一条海蛇在场中悠游。在水柱和冰山间，它怡然自得，另一头一角鲸在看着它，就好像它的出现是再正常不过的事情。就好像由于许多报道讲述了它在其他海域的嬉戏，于是它的存在已被确定为一个生物学上的事实，可以和极地海洋中的其他动物一起被描绘——只不过进一步的调查发现它的形象也是剽窃而来，抄袭的是蓬托皮丹的《挪威自然史》中描绘的鬃毛怪兽。

北极的别名中暗含了它的神奇与浪漫：荒原、天涯海角、极北之地。尽管一片雪白，它也是世界至暗处之一，每年有 6 个月处在极夜中，这片大陆极不适宜居住，完全算得上是另一个星球。无论是在画面里还是在人的意识里，它都绕着地轴铺出一片空茫，这使它成为一个超绝的顶点。对于任何不适宜它的活物，那无瑕的纯白就意味着死亡，然而它的气温却造就了地球上最丰饶的海洋。精致的冰晶能冻结人类的血液，但同时也守护了一个冰之天堂，它由陆上最大的捕食者统治，它们的毛皮看上去是白色的，实际上却是透明的，毛下的皮是墨黑色。同时，这里清澈的水中游弋着一些比爱伦·坡虚构的任何生物都更奇怪的生物。

　　　白化鲸是所有这一切事物的代表。你还对这激烈的追捕觉得疑惑吗？

北极的鲸包括弓头鲸、白鲸和一角鲸，它们是所有鲸类中最诱人的。它们是一个隐形世界的晴雨表，数量随着冰的季节变化而起落，它们在这封闭的海域中如幽灵般浮沉，受困于它的生物循环。这些都是恋家的动物，忠诚于出生之地，也只有这些鲸类全年都生活在北冰洋。极地之海中游着十万头白鲸，弓头鲸及其开路者一角鲸数量较少，地理上的偏僻让它们更为罕见。

　　白鲸和一角鲸自成一科，是一角鲸科（*Monodontidœ*）仅有的两个物种。白鲸又称贝鲁卡鲸，其常用名 belugas 源自俄语单词 *belyy*，意为"白色"。它们的白色并非如莫比·迪克的设定一般是源自白化病，后者因缺乏颜色而显得神秘可怕，但白鲸出生时是灰色的，只是在成年后渐渐变成纯白，随着年龄变老而越发无瑕。可塑的额隆（某位观察者称其感觉像温热的猪油）和关节灵活的颈部使白鲸能够改变头部形状，将头颈保持在直角状态，因而呈现出一种古怪的类人的表情。水手因为它们的鸣唱声而称之为海中金丝雀，威廉·索克斯比笔下的白鲸像一头晒太阳的海豹一般趴在岩石上，而在我看来它们像拉布拉多犬，在找寻主人的白色小狗。

　　一角鲸和白鲸一样，有一种悲伤的美，它的名字暗示了死亡——narwhal，源自古诺尔斯语的 *nar* 和 *hvalr*，意为"尸鲸"，因为它身

BELUGA or WHITE WHALE.

上的斑点很像青灰色的尸斑。（名字寓意如此病态的鲸类不只它一种：杀人鲸也是北极的访客，或者更准确地说，它们应该叫"鲸杀手"，其拉丁名 *Orcinus orca* 的词源是 *orcus*，意为"属于死亡的国度"，这也反映了它的名声——大型鲸类的唯一一种非人类的天敌。）不过这斑点也是一角鲸最明显的特征，它的拉丁双名 *Monodon monoceros* 也暗示了这一点，这是一角鲸自己的忧伤符号。

　　一角鲸的长牙实际上是一根生长过度的牙齿，这根牙从左侧突出鲸的嘴唇，螺旋生长至 9 英尺长，有时甚至更长。不过在数个世纪里，人们都认为它是独角兽的角，认为其充满了魔力。中世纪的北极猎手和药剂师联手炮制出一个阴谋，将这自然奇物伪装成某种真正的传奇。当时，这些长牙的价格是同重量黄金的 20 倍，十字军将它们窃为己有，当作国家护身符在整个欧洲进行交易。16 世纪中叶，已知存在的长牙只有 50 根。1577 年，马丁·弗罗比舍爵士远征探险去寻找传说中的西北航道，返回时，他向伊丽莎白一世献上一根"海中独角兽之角"，价值1万英镑，超出了一座新城堡的价格。童贞女王显然在这贡品中看到了皇族的力量，后来把它当作一根权杖使用。

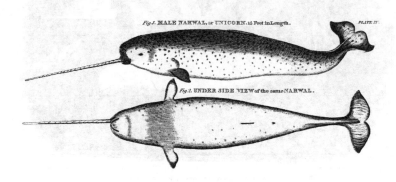

磨成粉的长牙也很珍贵，是解毒剂，也可以治疗忧郁症——隐居的牧师罗伯特·伯顿记录了这种"英国疾病"的解剖知识，梅尔维尔对其做过研究。同样，阿尔布雷希特·丢勒于1514年创作了神秘的版画《忧郁》，画中有一位沉思的天使，还有一颗彗星翱翔在一片远海，它为《白鲸记》提供了密码，根据现代作家维奥拉·萨克斯所言，那是一个以四阶幻方①为基础的隐藏结构。萨克斯称，梅尔维尔通过这个暗号，将忧郁的主题和如圣经人物般被驱逐的以实玛利结合在一起，从而"表达了他对造物的地球起源的整体观念"。

承载了如此不同寻常的象征和密谋，一角鲸成为一种奇兽，散发着它自己的哀伤，似乎无力负荷那些繁重的延伸义。要拿起一根一角鲸的长牙，需要两只手，这乳白色的长钉握在手中就像是石雕，是出自教堂石雕院落的一个沉重的装饰物，应该和滴水嘴兽有一样的地位。

_____

① 幻方是一种游戏，将数字安排在正方形纵横图中，使每行、每列以及对角线数字之和都相等。

寻鲸记

无怪乎童话中的独角兽之角从过去到现在一直呈现为一角鲸的角的模样。

直到 1685 年，弗朗西斯·维卢克比在他的《鱼类学》里描述了一角鲸，这个骗局才被揭穿。接着这些动物以自己的形态提供了进一步的证据，用其真实与我们对峙。19 世纪 80 年代，一头一角鲸沿亨伯河和乌斯河向上游至约克郡，仿佛教堂阴影中的一个中世纪幽灵。数年后，一头白鲸在相同的水道被击中，并试图奋力返程游向北方。1949 年，一对雌性一角鲸出现在雷纳姆、艾塞克斯以及远至肯特郡梅德韦河的南部水域。

如今，显微实验已揭示了一角鲸长牙中真正的魔法。和其他牙齿不同，这根牙的表面有开口小管与内部神经相连。事实上，它是一个巨大的感觉器官，排布着上千万神经末梢，这使一角鲸能够侦测到温度和压力的细微变化。这也许能解释一角鲸为什么会将长牙翘出水面，仿佛在嗅空气。另一项研究表明，长牙不仅是感知探针，可能还是声音甚或电流的发射器或接收器。这一类发现超越了它被虚构的魔力。这传说中的长钉并非了无生气的骨头，而是仍在缓慢地生长，为一角鲸带来"也许能让它们感到愉悦"的触感。从前，人们以为雄鲸靠在一起摩擦长牙是在为了雌性而决斗，但如今看来，这种行为显然有其他含义。这一附器如此敏感，以至于一旦折断就会让这动物遭受可怕的疼痛，因此另一头一角鲸会以一种极其仁慈的姿势，将自己长牙的尖端插入创口，折断尾端堵住疼痛的缺口。

鉴于这样的事实，谁能抗拒一头披着暗影锦缎的一角鲸，即便它身上所覆的黑、白、灰与褐，只是画家调色板上的单调色彩？我一意孤行地在这种动物的另一端发现了极致的美：它华美的尾鳍从中央凹痕向外掠出热烈的弧线，直至尖端，再以葱形拱曲线弯回尾根。它们看上去可能像是颠倒了，但其性能完全等同于跑车上的气流偏导器。

读者可能会认为我过度偏爱泛北极的鲸类。和白鲸一样，一角鲸会随着年龄增长改变身体颜色。但改变的序列看上去很不可信。它们出生时是浅灰色，这幼时的颜色可以让它们得到母亲的怜爱；渐趋成熟时，身体会渐渐变深为一种带紫的黑色；接着，这种黑色会分散成黑斑或暗褐色的斑点，使年轻的成鲸色彩像豹子或鹧鸪；到了老年这些斑点会变淡，重新露出下方的白色，就好像一个老妇人的秀发变成银灰色，使她们看上去年老又睿智。

这样的转变常常遭到渔网或因纽特鱼叉的阻挠。一角鲸的鲸脂特别美味，当它被叉中拖出海面时，人们会从它的尸体上切出片，趁热吃掉，这被称为"马克挞（*mak taq*）"的速食品富含维生素，可预防坏血病。因纽特人将鲸的长牙雕刻成装饰品，将一种充满自然美的东西变成毫无用处的装饰。但对人类来说，一角鲸是一种完全实用的猎物：它的牙能制成钓鱼竿，肠子能制成线，纯油能在苔藓灯中燃烧。过去，一角鲸和白鲸都能提供软皮以制作手套，浅灰、白色或带着斑点，随时装饰一双爱漂亮的手。赫尔的一家公司制造白鲸鞋带，包装盒上还写着一句有点给自己拆台的警告："不可用力拉扯"。

20世纪中期，加拿大强制实行捕猎白鲸许可证制度，但原住民和加拿大皇家骑警仍然可以"为自行家用或饲养家犬"捕杀它们。每年都有数千头一角鲸和白鲸被小船捕猎或从冰上射杀。在这选择性宰杀过程中，自然本身也是共犯。冬季，这些动物循流而上的水湾入口会结冰，所形成的屏障过于宽广，以至于它们无法一口气横越。鲸群被封在一个蓝绿色的世界里，而这里很可能变成它们的集体坟墓。

寻鲸记

那是个令人心碎的场景。在阿拉斯加的巴罗角，900头白鲸被迫挤在一个长150码、宽50码的冰孔或"萨弗塞特"（savssat）。这些动物无法找到开阔的水面，每12至18分钟就要浮上来一次，呼吸10至15次，而后再次潜下去，鸣唱它们的困苦。它们先天的社群意识加重了危险，因为它们会一起同时升上水面呼吸，这种致命的同步性会导致某些个体被挤出这个加尔各答冰洞，掉入因纽特人的怀中。他们一天就能抓到300头鲸。

　　但是在所有北极鲸类中，弓头鲸是最神秘的。它可能是我最喜欢的鲸，但我从未见过它们，可能永远也见不到。弓头鲸和露脊鲸是近亲，主要区别是前者皮上没有硬结。它能用巨大的弓形头部撞破冰层，从而避开身形较小的亲戚遭遇的悲惨命运。它还拥有所有鲸类中最长的鲸须：长达15英尺。它悬停在清澈的水中，白色的巨大下颌上点缀着黑斑组成的"项链"，这头黑灰色的巨兽看上去就像北极静默不祥的灵魂的化身——不过，它和座头鲸一样，唱的鲸歌低沉又洪亮。它是生活在这世界之巅的鲸之王，就算再强悍的捕鲸者看到它也会充满敬畏。1823年，"坎伯兰号"从赫尔出发，船员惊恐地看着一头长57英尺的雌弓头鲸绕着他们的船游动，然后平静地用吻部将船向后推，以抵制他们的入侵。有好几个世纪，弓头鲸都生活在朦胧的冰层下，这使它得以自保。栖息环境的严苛条件保护了这种庞大的动物，当冬雪掩盖极点时，它就这么消失了，仿佛从雷达屏上失踪，竖起它漆黑的尾部，带着它的秘密重新滑入深海。它有足够的理由寻找这样的避难所：这富含鲸脂、鲸须繁密的生物已经从它付出的代价中得到教训：没有任何一个躲藏处可以偏远到让人类无法找到。

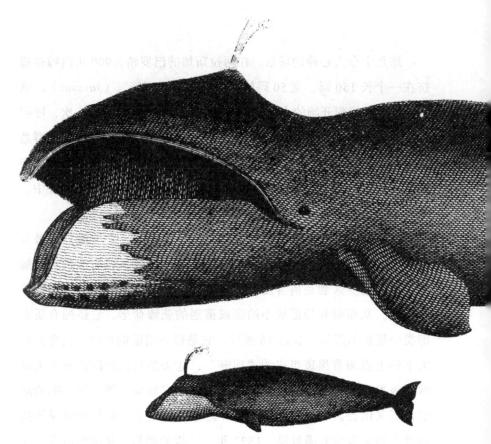

图 2. 弓头鲸幼仔，体长 17 英尺。

对于大英帝国而言，北极代表着财富和剥削，就连那里的居民都是很好的猎物。1847 年，在赫尔、约克郡和曼彻斯特，"两个因纽特人，别名牦牛"梅米戴得卢克和乌卡卢克与他们的手工艺品一起被展出，观众为之着迷。鱼、肉、人、鲸脂、鲸须、油：北极是一个不可持续资源的索引，随时等候被取用，对于赫尔和惠特比这类北部港口的居民来说，他们的海事要塞和远处的冻海之间有一种无形的联系。

英国在捕鲸业上较为滞后。在 16 世纪末和 17 世纪初，他们的船

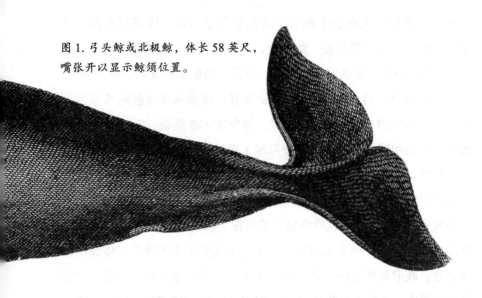

图 1. 弓头鲸或北极鲸，体长 58 英尺，嘴张开以显示鲸须位置。

图 3. 一角鲸，体长 14 英尺（不包括长牙）。

试图和荷兰竞争北极富饶且未被开发的区域："要知道那个时候，"后来一位年代史编者提到，"捕鲸就像寻找金矿。那是一种未开发的财富，这些哺乳动物尚未受到惊吓，所以会有丰厚的收获。"当荷兰人在施梅伦堡（或称鲸脂镇）建立斯匹次卑尔根岛工厂时，英国捕鲸人正从赫尔甚至埃克塞特出发。但他们贸易的衰退和荷兰人的成功成正比。截至 1671 年，荷兰人向格陵兰派出了 155 位捕鲸人，他们的年渔获量有时多达 2000 头鲸。1693 年，正如伦敦金融家及商人威廉·斯卡恩爵士在国会上所言，人们采取了行动，以复兴英国"从前……曾对王国非常有益"的产业，"不只是为了从那时起在大量进口的鲸须和鲸油，还为了培育海员，以及补偿船舶粮食供给的开销"。斯卡恩惋惜道，自 1683 年起，"就没有一艘船从英国航向格陵兰，因此……每吨曾卖 60 英镑的鲸须，如今要 400 英镑。荷兰和汉堡由此通过鲸须和鲸油从这个王国中榨取了超过 10 万英镑的财富"。

很快，商业重心再次转回到鲸身上。在 18 世纪 20 年代，南海公司从声名狼藉的泡沫经济丑闻中恢复过来，在亨利·埃尔金的建议下开始投资捕鲸业，后者也曾惋惜过英国在主动权上的落后，称之为"一个巨大的失误"。南海公司在泰晤士河中装配了十多艘船，将舰队派往北方，政府对所有鲸类产品全部免税的政策鼓励了这一举动。但回报令人沮丧，这支小舰队只带回了 25 头鲸，勉强够支付远征的费用。英国直到 18 世纪中叶才认真投入捕鲸业。不过，一旦开始，它便一路超越，效率堪比它贩奴的表现（我母亲住在布里斯托尔的祖先也曾是共犯）。这两者构建了大英帝国的根基：贩售人类，为了糖；贩售鲸，为了油。

就这样，伦敦成了世界上最明亮的城市。到了 18 世纪 40 年代，5000 盏街灯都烧着鲸油，点亮了原始的黑暗。首都本身成为了一个捕鲸港。和扬基联合财团不同，每一支英国舰队都只隶属于一位商人，比如塞缪尔·恩德比、托马斯·斯图尔奇或埃尔哈南·比克内尔。他们的船从德特福德的豪兰大码头出发，它是当时世界上最大的商业码头，如同河流南侧深劈出的一道巨壑，预示着伦敦将因自己的贸易受到创伤，其河岸上充斥着这样的港湾。这个码头能够停泊 120 艘船，它被重命名为格陵兰码头，以纪念其北极商贸，连它的系船桩都是鲸骨制成的。炼锅等也被设置在此处，鲸在这远离城区的地方被处理，以免其恶臭影响到城中的居民。进一步提炼的工作在河流的环湾附近进行，就是未来千禧巨蛋所在的位置。咖啡色的泰晤士河从这里开始变宽，汇入海洋，死去的鲸则在这里被带回伦敦的街道。如今林立着昂贵的港区公寓的地方，正是过去煮沸鲸脂之处。

不过，英国捕鲸业真正繁荣的地方是在东岸，那里的港口更靠近北部捕鲸场，即出色的赫尔和惠特比。那里的捕鲸传统有悠久的历史：1000 年前，维京人在挪威海外捕鲸——在贝奥武夫的传奇故事里，那片海被称为鲸路——到了 9 世纪，他们出口鲸肉给英国。800 年后，到了 1753 年，惠特比也开始捕鲸。当年只有 3 头鲸被带回港口，但是在接下来的 80 年中，58 艘船从约克郡港口出发开展了 577 次航行，总共收获了 2761 头鲸、25000 只海豹和 55 只北极熊。

对猎人们而言，这并不是一个安全的职业。在捕鲸业的峰值年份，惠特比损失了 17 艘船，这是一个可怕的损耗，还要加上一些个人的灾难，比如 1810 年一艘不幸名为"瞄准号"的船被一头鲸击沉，导致 4 人死亡。但不管怎么样，这时捕鲸业已经是一个获利颇丰的行业，到了 1788 年，《泰晤士报》报道称北部港口获得了渔获丰收。仅仅在一周内，"阿尔比恩号"就给赫尔带来了"500 桶鲸油和 2 吨鱼鳍，这是 7 头半鲸的产物"；在同一个港口返航的"撒母耳号"带回了"60桶鲸脂和 1 吨鱼鳍，是 3 头鲸的产物"；返回纽卡斯尔的"斯宾塞号"带回"270 桶鲸脂和 5.5 吨鱼鳍，是 7 头鲸的产物"；还要加上另外4 艘船带回了总共 16 头半的鲸，以及 2000 只海豹。"格陵兰鲸大屠杀"正在切实地进行，技术的改良已足以满足大不列颠用油照亮其国民脚下之路，用鲸须将其摄政王 ① 笼罩于"鲸须城堡"中的意愿。

和扬基捕鲸者相同的是，英国人也用更小的船追捕猎物，不过他们的船模仿的是早期的维京小船。人们也常常从冰上猎杀鲸，然后把它们拖上冰屠宰。但和美国人不同的是，英国捕鲸人并不在甲板上熬取鲸脂，而是将其全部带回去。参与这项生意的船舶如此之多，以至于你能看到 100 艘以上的船沿着冰缘排开，形成了一道现实的封锁线，这使任何一头鲸都几乎无法逃脱。但捕鲸者面对的危险几乎与此相同——10 艘船中就有 1 艘永远无法返航。

与北美殖民地的战争迫使英国找到新的鲸油来源，政府向捕鲸船提供了高达 500 英镑的激励金，其中就有恩德比父子公司的船队。1775 年，塞缪尔·恩德比从马萨诸塞州的波士顿来到伦敦。他是英国政府的忠实支持者，正是他的船队将那批著名的茶叶运进了波士顿港。1776 年，恩德比与亚历山大·尚皮永和约翰·圣·巴贝一起，为 12 艘捕鲸船配备了美国船长和鱼叉手。它们带回了 439 吨鲸油。

1788 年，依据詹姆斯·库克提供的信息——他在前往澳大利亚的航程中看到了抹香鲸，恩德比派出了"阿梅莉亚号"。这是第一艘为"取油"特制的英国船，它驶进太平洋，从而领先扬基舰队一步，后者的第一艘船"海狸号"直到 1791 年才离开楠塔基特前往太平洋。由于可以在甲板上炼油，这些船能在远离家乡的海域捕猎，就如以实玛利所说，它们执行的是"迄今为止人类进行过的最长的航行"。它们是那个时代的星际飞船，英勇地追逐着那些数百万年前

---

① 1788 年，英国国王为乔治三世，后他因被疾病折磨导致精神错乱无法执政，其子威尔士亲王，亦即后任国王乔治四世于 1787 年至 1788 年及 1811 年至 1820 年两度作为摄政王代理国务。在他执政期内，他的强硬立场导致了北美殖民地的最终独立。

占据了远海的动物的后代。现在人类在创造他们自己的海上殖民新航线。

这是在公海上展开的崭新对抗。大英帝国为"弥补"它在美洲殖民地的损失，通过捕鲸将它的影响力延伸到了南半球。英国意图在鲸油上实现自给自足。1785年，新共和国的第一位美国大使约翰·亚当斯冷嘲热讽地对英国首相说："我们都很惊讶，皮特先生，比起接受我们的鲸油作为汇款，您更喜欢黑暗以及随之而至的街头抢劫、盗窃和谋杀。"作为新国家未来的总统，亚当斯的话中充满自信，昔日的马前卒已领先主子一步抢占了先机，就如以实玛利吹嘘的："因为美国佬一天打到的鲸，比英国捕鲸者十年的斩获还要多。"捕鲸业预告了一个新世界秩序的到来。

捕鲸船为前往南太平洋的传教士扫清了道路，捕鲸人把上帝和光明带到了那里的世界。霍尔·怀德海评论道："他们留下了疾病、非原生动物（尤其是老鼠）、科技以及他们的基因。"从英国出发的捕鲸船将罪犯运抵澳大利亚——否则它们会是空船。"证据使我们更倾向于相信，如果捕鲸船没有靠岸，这些殖民地将不复存在，"托马斯·比尔写道，"事实是，博特尼湾最初的移民不止一次因为一些捕鲸船及时抵达而免于饿死。"1791年，富有魄力的塞缪尔·恩德比在悉尼港的杰克逊港口开了一个办公室，安排他的船将罪犯运抵此处，并把新的奴隶运往新南威尔士州。这些殖民地的建立为英国在南部的捕鲸业带来了巨大的优势，很快，这些殖民地将凭借自身的能力获得鲸油供给，他们从自己的海岸出发去捕猎，并"以低廉得多的时间和成本代价"将产品出口给英国。与此同时，英国皇家海军军官詹姆斯·科尔内特乘军舰"响尾蛇号"从朴次茅斯出发，去拓展帝国在太平洋上的捕鲸业，但是以实玛利嘲笑他描绘的鲸："啊，我勇敢的船长，为什么你不给我们画个从那只眼睛里往外张望的约拿呢！"

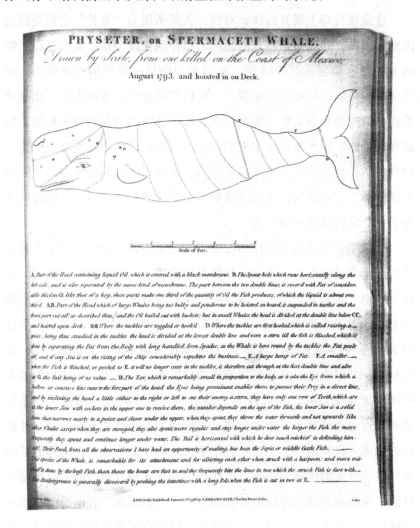

至此，人们越发将捕鲸业看作"英国力量与荣耀的矿藏"，是海

事经验和商贸投机的重要资源。随后，捕鲸船将爱尔兰大饥荒的受害者运往美国，我的曾外祖父就是从爱尔兰逃到英国，最终定居惠特比。从某种甚至比以实玛利猜想的还要广泛的意义上，鲸在世界事务中扮演了一定的角色，这体现在整个人口迁移的过程中，以及未来半球影响力的转移中。

> 我敢坦率地断定，心怀四海的哲学家终其一生也无法指出一种和平的力量，在最近六十年对于整个世界的潜在作用，总体而言，能够超出崇高强盛的捕鲸业。
>
> ——"辩护者"，《白鲸记》

每到四月天气转好时，惠特比的船就出发前往格陵兰，用鱼叉捕获北极那些易于捕捉的鲸。他们带回大块的鲸油，制造的恶臭被以实玛利比作鲸墓，港口因此变成英国最臭的场所之一。

惠特比的捕鲸船长有很多也是贵格会教徒，他们在西崖高处建起优雅的住宅，远离他们臭气熏天的财富工厂。那些乔治王朝风格的阳台至今仍然俯瞰着港口，这片风景的外框是惠特比著名的鲸骨拱门。孩提时，我站在这遗迹下，猜测它已经存在了几百年。但实际上，这拱门来自一头蓝鲸的下颌骨，在1962年才刚刚竖立，后来又被阿拉斯加人赠送的一头弓头鲸的颌骨所取代。但在下方的镇子里，鲸骨被用作屋顶和墙壁的建材。整座房子和工坊都由这些巨大的肋骨和颌骨构建。如果一个人能站在一头鲸的嘴里，那为什么不为他和他的家人建造一种更方便的庇护所，用鲸骨代替砖块呢？毕竟它们对鲸也没有什么用处了。

　　捕鲸舰队的扩张速度是惊人的。1782年，在格陵兰海面上工作的捕鲸船有44艘。两年后，这数字翻了一倍。到了1787年，有250艘船从英国港口出航——但新爆发的战争阻碍了它们返航。"新人"被强押上捕鲸船，以便将他们训练成海军，而经验丰富的捕鲸人则被强征入伍去对抗拿破仑。

　　还是一名年轻水手的威廉·索克斯比在特拉法尔加被俘，但是他大胆越狱，设法避开西班牙狱卒，偷偷登上了一艘交换战俘的英国船舶。回到惠特比后，索克斯比应征加入捕鲸船"汉丽埃塔号"，迅速晋升为主鱼叉手（Specksioneer，这个词源自荷兰语），接着成为船长。他由此开启的职业生涯将夺走不少于533头鲸的生命。

　　索克斯比是一个体格健壮、活力充沛的人，他在捕鲸上的天赋是毋庸置疑的。在作为"汉丽埃塔号"船长的第二次航行中，他带回了18头格陵兰鲸。在接下来的5年里，这艘船带回80多头鲸，产出近

寻鲸记

800 吨鲸油。很快，索克斯比开始掌管一条更大的船，"邓迪号"，首航就捕获了 36 头鲸，这个数量是空前的。在约克郡海岸与一艘法国战舰遭遇的事迹更加巩固了索克斯比的英雄地位：当时，毁灭似乎在所难免，在关键时刻，"邓迪号"揭开了它装载的 18 磅火炮，敌人便落荒而逃了。

1803 年，索克斯比开始指挥一艘双壳体新船，船首加了金属板，能在北极破冰而行。他自己的儿子也在这艘"决毅号"上，这个 14 岁的孩子也叫威廉，他将凭自己的能力成为一名捕鲸者、探险家及发明家。父亲给他树立了榜样。任何能够前往北纬 89 度打通传说中的西北航道的人，都可以获得 1000 英镑的奖赏，这将"撕开鲸的居所"，而老索克斯比比任何人都更接近这笔赏金。他还设计了一种封闭式的桅杆瞭望台，这一精巧的独创性设计有一个皮革或帆布制成的保护性框架，可以贮藏望远镜和火器，还有旗帜和扩音器可以同船员或其他船舶进行交流。对于以实玛利来说，这是一个古怪的装置，他讥讽索克斯比为"斯利特船长"，站在他的发明里，端着一支步枪，"用它来射杀那片海域中大批出没的迷路的一角鲸，或是到处游荡的海中独角兽"。

索克斯比不是一个普通的海员，他时常在航海日志中写诗："如今我们离开了西方的冰面 / 收获了令人愉悦的狂风"。他还养了一头宠物北极熊，他会用皮带牵着它走下惠特比港口，钓鱼给它当午餐。索克斯比是英国捕鲸业巅峰时期的掌舵者，他是这个国家丰收的化身。1817 年夏天，《泰晤士报》设专栏专门报道来自贝里克郡、格陵诺克、彼得黑德、阿伯丁、蒙特罗斯、邓迪、柯科迪、利思、利物浦、赫尔、纽卡斯尔、伦敦及惠特比的消息，报道那些满载鲸油和鲸须而归的捕鲸船。

1823 年，在漫长而辉煌的职业生涯结束后，索克斯比告别海洋，退休定居惠特比。他从未质疑过人类捕杀鲸的权利，相反，他辩称捕鲸可促进人的创造性，是神的恩典。"我们被引领着反思关于这陆地及海中最巨大的动物造物的经济表现，它们凭此服务于人类，要么提供生命的能量，要么提供它们死去尸体的产物。"

"当我们考虑到鲸和人身体的相对比例时，人类对鲸的捕猎就变得着实令人惊叹，"索克斯比宣称，"一头体积是人类一千倍的动物，被迫在人的袭击中让渡生命，而它的尸体将成就他惊人的事业。"他的职业是公正的，"神圣裁定的简单原则令人满意地解释了这一点。它是造物主的旨意"。但是，索克斯比最后离开世界的方式却和他在北极屠杀鲸的方式一样残忍。

一条架高的人行道沿巴格代尔一路延伸，穿过一个优雅的露天平台。阳台俯瞰着一个围着围墙的贵格会墓地，墓地之外是帕内特公园，公园里曾装饰着鲸骨拱门，就像惠特比的许多其他花园一样。索克斯比曾生活在这里，住在一栋漂亮的乔治王朝风格的住宅中，有经典的扇形窗和砂岩石雕门廊。1829 年 4 月 28 日，69 岁的索克斯比在这里拿起他的手枪，射穿了自己的心脏。随后的验尸结果显示："他在过去的几个月中，显然处于某种短暂的精神错乱状态。"我们已无法得知索克斯比自杀的原因，若从中解读出他对自己杀死的 500 头鲸有任何负疚感，那真的就太感情用事了，毕竟他曾为这些死亡感谢过上帝。

从肖像画来看，小威廉·索克斯比像是他父亲的精致版本，他理性、严谨、虔诚、好奇，是那个时代所认可的行为准则的集合。和父亲一样，他从小便出海，不过在加入海军前，他在爱丁堡学习科学，退伍后曾去伦敦与约瑟夫·班克斯会面，这位著名的博物学家曾与库克船长一起出航。班克斯在位于索霍广场的住宅里接待索克斯比，他可能在这年轻人身上看到了和自己相似的方面，后者说起北极地区的事头头是道，因为他早已跟着父亲的捕鲸船探索过那里了。

一年后，小威廉开始指挥他的第一艘捕鲸船"决毅号"，第二艘是"依丝卡号"。在航程中，他力图证明深层海水的温度高于表层。他将自己的发现写信寄给班克斯，两人开发了一种装置，名曰"潜海者"，可以更准确地测量海洋的余热。这是一个精巧的黄铜仪器，可以深入海下 7000 英尺。对索克斯比来说，捕鲸是为他的研究提供资金的一种方式。在"依丝卡号"的危险旅程中，索克斯比差点因为装载冰块而失去他的船——船员们可能因此咒骂过这位船长的好奇心——但他伏案在书上和纸上做了很多科学笔记：计算、草图、假设和描述，这流水般的大量研究稿件，首次记录了这些未被侵染的海域。

1820 年，两卷本的《北极地区记述》在爱丁堡出版，书中有大量的地图和版画插图。索克斯比的作品成了所有其他同类作品的标杆，这是一本关于鲸类学、捕鲸技巧及北极自然的梗概，书中附有 96 种冰晶插画，由这位"斯利特船长"的儿子亲自绘制，模板统一，令人眼花缭乱。

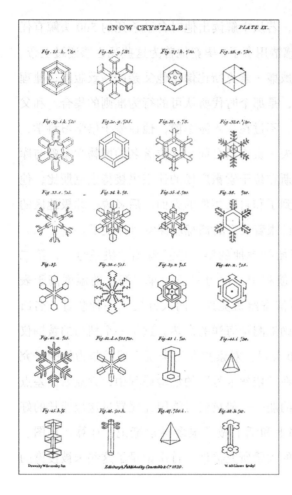
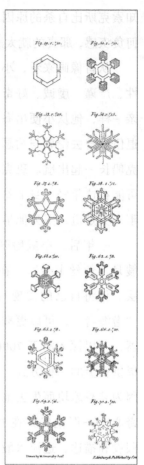

　　相对于比尔的太平洋游记,索克斯比的文本就像是它的北极版本,其中隐含着宗教寓意,就好像他记录的动物、位置与现象都是伊甸园存在的证据一般。这本书后来由宗教信仰协会接手,提供给美国周日学校联盟运动,以佐证创世说。就整本书在科学上的严谨程度而言,

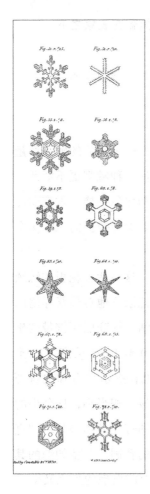
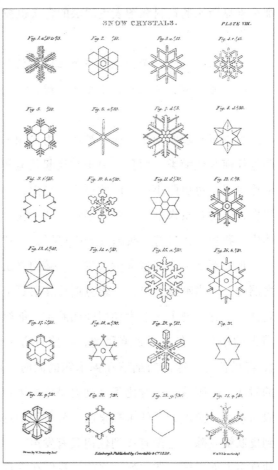

其作者的信仰和他的研究之间并无冲突。索克斯比追随父亲的信仰，而且和父亲一样，他公开宣称，受上帝的感召，他的目的是找到西北航道。但如果说我们只能从鲸的喷水和它升上海面时云山雾罩的状态去猜测它真正的天性，而一座冰山的全貌只能从海面下方才能看到，那么索克斯比的资料和图表更深层的含义也被掩盖在表象之下。

　　第一节．频繁出现在格陵兰海中的鲸类动物的描述。
　　弓头鲸：北极鲸，或格陵兰鲸。

"这种珍贵有趣的动物，通常被尊称为'鲸王'……它们的鲸油产量胜过任何其他鲸类，而且，由于它比起其他任何一种鲸都更不活跃，动作更慢，也更胆小……因此更容易捕捉，"和比尔一样，索克斯比根据自己的观察来描述这些利维坦，"在我个人参与捕捉的 322 头个体中，我相信，没有一头超过 60 英尺长……"

　　那么要如何表述这庞然大物，这鲸肉之山，这高达天花板的鲸须之洞呢？"当嘴张开时，"索克斯比在书页上记录下他对最新俘虏的观察，"它呈现了一个大如房间的腔室，能容纳一艘商船所携带的坐满人的小艇，有 6 至 8 英尺宽，（前方有）10 至 12 英尺高，15 至 16 英尺长。"这样的细节在揭示鲸的同时，也在揭示作者和他身处的时代。"眼睛……对比于这动物身体的体积显得相当小，比公牛的眼睛就大一点点，"他坐在桌前，就着鲸油灯的灯光继续书写，"直到皮肤被剥除，也没有找到任何具有发声功能的孔洞。"就如鲸的其他许多方面一样，在它死去之前，我们在它身上能发现的少之又少。

　　然而，这样细小的眼睛却什么都看得见。"据观察，如果海水清澈，即使相距很远，鲸在水面下也能够发现彼此。不过，在水面上时，它们无法看得很远。"事实上，它们根据声音来感知彼此的存在，然而就如比尔笔下的抹香鲸一样，索克斯比认为弓头鲸无法发声。"它们没有嗓音，"他做出结论，"但在呼吸或喷气时，它们能形成非常响亮的声音。"冰层回应着这些水中巨象的号角声，它能轻而易举地穿过海洋，而没有鲸脂的人类却被同一片海洋击败。"鲸身体笨重，看上去懒散，或者说笨拙……然而事实却相反。"

那年龄呢，索克斯比先生，年龄您怎么看？"某些鲸身上，在中央的许多鲸须片上，在一侧有一个古怪的空洞，另一侧则有脊，间隔是规律的 6 至 7 英寸，"船长不耐烦地回答，好像恼怒于我的干扰，"就像牛角上的年轮一样，两者类似，这种不规则是不是暗示了鲸的年龄呢？"科学花了两百年的时间才追上索克斯比的另一个发现，这个发现埋藏在他的书中，几乎完全被忽视。在他探索西北航道之时，曾偶然打开了通向鲸最恒久的秘密的通道。

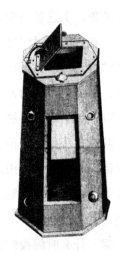

在索克斯比的科技仪器"潜海者"旁边，画着一个原始的石制工具，刻意形成了新石器时代器件与工业革命发明的对照。"1813 年 7 月 19 日，在斯匹次卑尔根岛的岸边，惠特比捕鲸船'志愿号'的船

长给我看了一根长矛的残片，这是几周前从他的船员杀死的一头鲸的脂肪中取出来的，"索克斯比讲述着，带着某种冷静的惊讶，"它完全嵌入了鲸脂，伤口也基本愈合了。那头鲸的皮肤上只留下一道白色的小疤，标志着长矛插入的地方。"但是值得注意的是，这样的武器是"一个世纪前因纽特人常用的"。

索克斯比发现，这些器具是"这个民族的某些部落击中的，他们居住在冻海的岸边，位于美洲大陆的北面，尚未被开发"。如果在大西洋被捕获的鲸身上嵌着太平洋海岸所制作的工具，就像某种早期的追踪装置一样，那么在两个大洋之间必定有一个通道。（三个世纪前，在弗罗比舍开始远征的前一年，汉弗莱·吉尔伯特爵士向伊丽莎白一世力陈存在西北航道时，他引用的证据就包括人们在鞑靼海岸发现的一头一角鲸的角。）这就是索克斯比和他父亲所寻找的圣杯，是极北之地的通道。在追寻的过程里，他们的注意力转移了，因此错过了一个更加离奇的发现：索克斯比的"潜海者"沉入水中也许是为了测量海洋的深度，但这个原始的人造物也揭露了弓头鲸惊人的秘密。

1850 年 4 月 29 日，赫尔曼·梅尔维尔从纽约社会图书馆借出了索克斯比的两卷本著作。当他读到"北极地区"这一章时——他这一年都没能返回北极——他的想象力被石矛的故事点燃了。这使他得出了一个惊人的结论。在《白鲸记》中，以实玛利在切割一头鲸时报告了这一发现："一个石枪头……周围的肉也完全长结实了。那石枪是谁投出来的呢？什么时候投的？它可能是早在美洲还没有发现之前，西北部某个印第安人投的吧。"就算他有所夸张，这个想法依然使人震惊：如果索克斯比发现的长矛是一个世纪前的，那就意味着这头动物的岁数超过了一个世纪。

直至最近，核查真相的编辑们才开始认真对待以实玛利臆想的声明。"大型鲸类的解剖证据表明，其寿命可长达70至80年，"1972年，哈罗德·比弗在《白鲸记》的一个脚注中向读者担保，"但说到更长的跨度，达到几百岁，那只是水手的神话。"但如今，迟来的证据证实了梅尔维尔的想法，科学家开始意识到，鲸的寿命可能被远远低估了。关于这一点的线索来自仍然在白令海捕猎弓头鲸的阿拉斯加原住民。伊努皮克人观察鲸长达数个世纪，他们族里说故事的人宣称自己认得个别动物，它们已活过几代人的岁数。自1981年起，人们在鲸脂中发现了6枚鱼叉尖头，有些是石制，有些是牙制，现代伊努皮克人都认不得这些武器，因为他们自19世纪70年代起就主要使用金属鱼叉了。

在索克斯比的发现之后许久，科学家得出了结论：这些鲸必定和其体内所发现的器具一样古老。伊努皮克人只捕猎幼鲸，因为它们更好吃，这样看来，可能还有更老的鲸藏在冰河之中。弓头鲸生存的北极环境似乎减缓了它的生命，延长了它的寿命，几十年，几百年，这有知觉能力的动物悬停在浩瀚的时间长河中，好像是被低温保存了。

加利福尼亚州斯克里普斯海洋研究所的杰弗里·L.巴达博士使用了一种技术，根据动物眼睛里天冬氨酸水平的变化来测算它们的年龄，他检测了伊努皮克猎人捕捉的鲸身上的组织。死去的鲸大多在20至60岁之间，但是在5头雄性大弓头鲸里，有一头90岁，另外4头的年龄在135至180岁之间，还有一头鲸已有211岁。巴达博士采用另一种方法测量鲸骨骼中的放射铅含量，以及活鲸身上收集的皮肤样本，他声称"我们给弓头鲸测定的年龄只是其年龄的最小值……它们是一些真正高龄的动物，可能是最长寿的哺乳动物"。

最老的鲸不太可能被捉住，因此更老的鲸很有可能存在，巴达的评估值得重视。甚至就在我写作的此时，人们在一头于阿拉斯加捕获的鲸身上找到一个长 3.5 英寸的矛尖，它埋在鲸脂里，是 19 世纪 90 年代在新贝德福德制作的。一个推论反复出现在我脑海中：这些鲸曾在索克斯比乘船穿越的同一片海域中悠游，他当年观察过的某些动物可能至今还活着。这也是一种高级的复仇：鲸比梅尔维尔更早出生，还比它们的捕猎者活得更久。

在"鲸的体积会缩小吗？它会灭绝吗？"这一章中，以实玛利没有考虑到鲸的数量，尤其是那些大型须鲸的数量正在减少。相反，他声称它们有"两个坚固的堡垒"，他断言它们将"永远牢不可破……它们的北极城堡……在一个永远是严冬的魔圈中"。

> 因此……我们认为，无论鲸个体是多么容易毁灭，但是作为物种，鲸是永存不朽的。它在大陆冒出水面之前就在海洋中游动；它曾经在如今是杜伊勒里宫、温莎城堡和克里姆林宫的地方游过。在诺亚洪水中，它曾对挪亚方舟不屑一顾；即使世界像荷兰那样，为了消灭鼠类，再次淹没于滔滔大水，永存的大鲸依然会存活下来，而且会矗立在赤道洪水最高的浪峰上，喷出泡沫，蔑视着苍天。

梅尔维尔在幻想中看到了一种新的天命，是霍桑的草原大毁灭的水中版本，哈利·辛顿的冰中圣殿活了。

最近的消息宣称，地球在 1800 年左右已进入一个地质新纪元，这是工业革命的结果。科学家们说，全新世已经结束了，人类世已经开始。俄罗斯所有沙皇的碑石棺都安葬在老城要塞中，在要塞教堂群的某一座建筑中，有一幅中世纪的鲸鱼壁画。这幅脆弱的画像已经送别了沙皇彼得、尼古拉、约瑟夫和米哈伊尔，像某些新石器时代的洞穴壁画般，像这鲸身后的岩石般，挺过了人类的帝国时代。如今鲸的堡垒正在迅速退移，使西北航道成为了永恒的真实，开启了大陆与大陆之间的通道，同时，北极冰盖中固锁的淡水正在融入海中，位于世界北方的国家已准备好侵吞北极刷新出的资源。

当上升的海洋使我们想起它的威力时，这对鲸意味着什么？以冰面下藻类为食的磷虾数量可能会减少，鲸的食物来源早已在低纬度海域变得稀少，变暖的海洋将它们推向更北的北方，但它们会发现那些永恒的堡垒消失了。另一方面，南极洲的矿质营养物正以相同的步骤被释放，它们对食物链能产生有利的影响，可能对鲸类也会有。但没人能够确定。我们正活在一个广袤的实验场中，其实验结果也许是梅尔维尔所想象的被洪水淹没的世界。一个将由鲸继承的世界，它们将演化成至高无上的造物，只会模糊地记得一个它们曾被某种生物迫害的时代，那些生物的贪婪最终导致了他们自身的毁灭。

著作出版以后，索克斯比搭乘新建造的"巴芬号"重返海洋，告别了他在利物浦的妻子和家人——他并不知道那是最后一次告别。在绘制了格陵兰东海岸的海图后，1822 年 9 月，他回到家中，得知妻子已经去世的消息。心灰意冷的他又出了一次海，之后便放弃了海洋，转向另一个职业：传教牧师。随着往昔的战士将"冰雹打在冰山上的咔嗒声"换成了教堂会众的祝祷声，惠特比的捕鲸舰队规模也缩小到了仅剩 10 艘船。1825 年，在教区的圣母教堂中，在俯瞰城镇的高高的山丘上，索克斯比悲伤地执行了他的传道职责："生机号"在北极的一场暴风雨中全军覆没；他自己曾担任船长的"依丝卡号"在距离惠特比仅 30 英里的海中沉没。在一个行业终止的尽头，添上了 60 条人命的可怕代价——还有捕鲸场的空虚，以及数千头被屠杀的动物的性命。

索克斯比成为布拉德福德的教区牧师，教区居民包括霍沃思村的帕特里克·勃朗特牧师及其年轻的女儿们。他将自己对科学的兴趣转到了研究催眠术的神秘力量上。惠特比如今已不再从事鲸油和鲸须贸易，转而买卖从其悬崖上发现的闪亮黑玉雕成的珠宝，一位常年悲痛的女王 ① 使它们成为了哀悼的时尚。那个时候，我自己的外祖父正沿着巴格代尔漫步，和他的兄弟姐妹们一起去做弥撒。惠特比的骨拱建筑在高架铁路的映衬下显得十分矮小，它们是新的大灭绝时代倾覆的方舟。

---

① 当时的维多利亚女王因阿尔伯王子的去世而常年佩戴黑玉首饰。

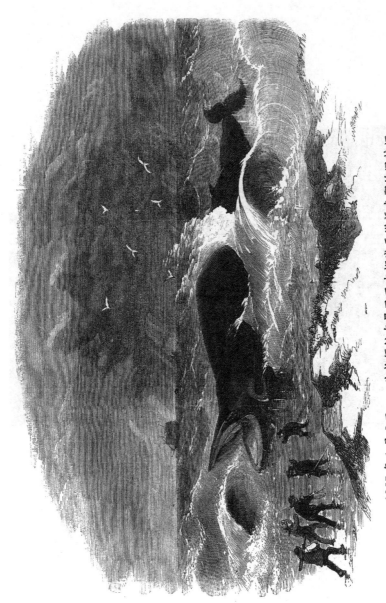

1857 年 1 月 5 日，一头长须鲸在暴风雨中搁浅于诺福克郡的温特顿，后来它在怀特查佩尔的麦尔安德德路展出。

第十一章　忧郁的鲸

国王普通税收的第十项……鲸和鲟鱼的所有权归皇家所有，
无论是被冲上岸来的，还是在岸边捕获的，它们都是国王的财产。
——"布莱克斯通"，一个等而下之的图书馆员摘录

在斯凯格内斯及其俗丽的娱乐设施南边的一处萧瑟的海滨上，我
在落日余晖中跋涉过潮湿的灰沙。暮色渐浓，有什么东西横陈在前方，
越来越近，直至其模糊的轮廓分解成可辨识的形态。但在那之前，我
就已经嗅到了它。后来我看着照片时仍能嗅到它。它躺在那里，像一
条鳕鱼躺在鱼贩的案板上，那是一头小须鲸。它闪亮的黑色皮肤已经
完全被剥掉了，只留下米色的鱼肉，有乳胶般的质感，只是有些地方
的鲸脂已经开始变成蓝绿色。

我上一次看到小须鲸，那动物正在斯特勒威根海岸冲浪，在海面
上攫取空气，短暂地展示出尖锐的吻部——它的拉丁文名 *Balænoptera
acutorostrata* 由此而来。（它的英文名 minke 来自一位挪威水手明克
[Miencke]，他把这种最小的须鲸错认成了更有价值的猎物。这再次让
我想到，鲸总是因它们对人类的用处而非因其与生俱来的美而被命名。）

当时，在一个罕见的天启般的瞬间，一头须鲸游到了船首边，

在水下展示出清晰的轮廓，它的鳍上装饰着如同军官袖套上的那种 V 形纹。而此刻，我看到的只是一片死物，气味居于鱼肉和猪肉之间。它优雅的尾鳍烂成了去皮的软骨，几乎没有任何部分能表明它曾经是一头活物，除了它腹部上方悬吊着的苍白的小阴茎，软弱无力，像是一条蠕虫。我用手指拨弄了它，然后在渐黯的天光中走了回去，月亮像血色的珍珠般从北海升起。

这处波涛汹涌的东岸是鲸遇难的常处，永久地回荡着它们哀伤的喘息声。在我于斯凯格内斯邂逅那头须鲸尸体的 80 年前，还有一头须鲸于 1926 年 9 月被冲上梅布尔索普附近的海岸。它在搁浅时还活着。珀西·施塔姆威兹从自然史博物馆被派过来，试图让这头 15 英尺长的雌鲸回到海中，但没有成功，只得将它收为标本。新闻报道称，那头鲸在被捕捉后又活了一天半，在前往南肯辛顿，并注定要被埋入沙坑的路上，"它的喘息声在引擎响声里仍然清晰可闻，直到卡车开到离伦敦约 30 英里的地方，这动物的一根血管爆裂，因肺出血而死亡"。事实上，当这头鲸被放上卡车时，施塔姆威兹知道它仍然活着，但由于它并不清醒，他辩称如果他试图杀了它，那么一旦它在过程中恢复意识，就会遭受更多的痛苦。

1913 年，皇家赋予自然史博物馆优先购买鲸类尸体的权利，从而承认了它们除商业价值外的科学价值。同业公会要求遇难管理员 ①——当时整个国家都有其站点——向博物馆发送搁浅鲸类的"电报报告"。最早的报告是在"一战"期间编写的，由博物馆著名的主管西德尼·哈

---

① 遇难管理员（Receiver of Wreck）是英国贸易部任命的官员，负责保护搁浅或遇难船舶，接收、保管并处理其所载货物或漂流到岸的物品。

默整理。这是一份令人悲伤的死亡名册，可以反映当时发布的其他死亡名册（如哈默注明的，当时海岸警卫队有其他事务需要应对）：从福思湾的一头长须鲸，"最初人们以为那是一架飞机"，到斯凯格内斯发现的一头珍稀的苏氏喙鲸，它"似乎是死于步枪射击，可能是被错认成了一艘德国潜水艇"。它的幼仔和它一起躺在海滩上。其他的鲸因误入雷区而死，这些水雷原本是用以炸毁德国的 U 型潜水艇。

博物馆记录了 13000 头被冲上海滩的鲸，每一头迷失又死去的鲸类都标绘在一张英国海岸线死亡地图上，但是纵览整个 20 世纪，只有一些鲸被宣布用于科学研究。其余的鲸代表了集体的谴责和后勤上的困境，因为一头死去的鲸给人类留下的问题依然巨大。

遇难管理员在一座俯瞰南安普敦码头的现代办公大楼中办公，他们执行着一条 14 世纪的法令。自 1324 年起，便有一条权利被铭刻在爱德华二世统治期内：每一头在英国海岸上发现的鲸、海豚、鼠海豚和鲟鱼都将成为皇室的财产。曾是皇室特权的法令如今成了一项责任。实际上，在 21 世纪，遇难管理员已成为向伊丽莎白二世女王负责的鲸之送葬者。

19 个海岸警卫站负责警示"接收者"，或称"代理女士"——这些古老岗位的两位现代任职者恰好都是年轻女性。一头已死去或濒临死亡的鲸可能漂浮在海面上，成为航道潜在的风险，或者，当它被冲上岸时，可能会成为某种公共的麻烦。有时一头鲸出现在一片海滩上，但是会被潮汐带往另一片海滩。在这个病态的竞赛中，接收者的工作就是处理这可疑的奖赏：一具巨大的、散发恶臭的尸体。在偏远的地点，鲸尸可以成为鸟类的餐点，但在其他地方，人们可能就需要拉起警戒线，既是为人群隔绝动物传染病或跨物种传染，更是为了把人们和沉重的工厂机械隔开，要移动一头重达数吨的动物，这些机械必不可少。

这些处理措施所需的费用很高。小型鲸类的迁挪要花费 6000 至 8000 英镑不等，更大型的鲸则要高达 2 万英镑。一项可赢利的特权变成了公共开支。当鲸不受保护时，它们是有利可图的商品，是要归于皇家的财富；如今它们被当作待处理的甚或是有毒的废物对待，这是海洋污染或大剂量安乐死药物的结果。它们很快就会腐烂，表皮剥落，内部器官分解，腹部胀气，但是死去的鲸依然很有弹性。它们的鲸脂很厚，难以刺穿，挂在机械爪上的尸体就像吊在钩子上的印第安神秘主义者。有时需要两架挖掘机才能把它们扯开，其他技术还包括使用高压水枪。一头搁浅在怀特岛的长须鲸是从比斯开湾漂过去的，装了九个卡车货厢才把它零碎地运到当地垃圾填埋地。索伦特海峡的另一头鲸被埋葬在新林区的某处。

在开放式办公室里，索菲娅·埃克塞尔比向我展示了她的搁浅鲸相册。那就像一本恐怖的汽车保险公司相簿，每一头鲸都比前一头更凄惨。一头领航鲸卡在了德文郡的岩石间，被夹在那种孩子们会爬上去寻找潮水潭的卵石中。一头长须鲸被冲上文特诺的海岸，它的鲸脂在烈日下像蜡一样往下滴，分离的头部离身体有数码远。一头鳁鲸——较稀有的一种须鲸，也是速度最快的一种——躺在莫克姆沙滩上，成为迷惑性潮汐的牺牲品。一头搁浅在肯特的座头鲸，趴在自己白色的鳍肢上，就像一架紧急着陆的客机。还有一头在默西河中的虎鲸。

这些都不是鲸该出现的地方。

其中有许多鲸是死于意外，比如船舶撞击，或是渔网缠结和疾病。集体搁浅更难以解释，这种现象更常出现在科德角或新西兰。反常的潮水、恶劣的天气、沙洲或生病的鲸无意间将同伴引入灾难，这些都被看作可能的原因。西德尼·哈默在关于搁浅的笔记里写道，这些搁浅常常发生在海洋温度异常的时候，其原因是更暖或更冷纬度的水流的汇入，又或是因为局地风吹向海岸。

另一种理论称，鲸类会根据地球无形的电场，通过身体中的磁小体校准自己的方向，在鲸类器官组织中发现的铁磁体支持了这一理论。它们随时意识到自己的位置——鸟类可能也使用相似的技术进行迁徙——根据地磁线给自己定位，就像配备了个人 GPS 系统。但有些时候，这张无形地图会出现异常现象，磁力线与陆地呈直角而非平行，又或是指向位置的海岸情况发生了变化，但没人更新它们的系统。

对于海洋哺乳动物来说，这样的失误可能是致命的。自冰期便已铺设于海角的沙洲便是一个恰当的例子。领航鲸和海豚被它们自己的感官欺骗，被引至岸上而非穿越深水。斯帕恩角就可能有这样的影响，它位于亨伯河河口，就像是一个微型的科德角。更近的研究表明，搁浅次数的增加可能也和破坏磁场的太阳活动相一致。人们研究了过去三个世纪中搁浅在北海的抹香鲸，研究结果显示，90% 的搁浅发生时，太阳的活动周期都低于平均水平——这个发现还推动了一个概念：17 世纪荷兰的那些灾难预兆除了末世论基础外，可能还有气象学原因。

人们为集体搁浅列举的其他原因提出了一些与鲸本身相关的有趣问题。一位生物学家认为，这种行为是它们演化史中的基因记忆：受到压力或生病的鲸意图返回陆地，因为它们知道至少在那里不会淹死。有人在其中看出了某种马尔萨斯式[1]的本能，认为它们是为了保证物

---

[1] 托马斯·马尔萨斯（Thomas Malthus），英国人口学家及经济学家，认为灾难可以控制过度增长的人口数量。

种整体的生存：当鲸在某一区域的数量达到可持续发展的极限时，集体搁浅可以作为控制种群数量的一种方法。商业捕鲸终结之后，这种搁浅的数量有所上升，这一事实也被当作证据，用以支持这种相当极端的自我约束理论。

无论如何，完全非自然的力量可能就如同海妖的歌声。我们越来越确信的一件事是，鲸会被强大的军事声呐影响，后者自20世纪60年代开始发展，用以探测敌方新型的无声潜水艇。海军演习前后都有鲸类搁浅记录，在演习过程中，人们制造的噪声是喷气发动机声响的两倍。依赖自身声呐系统的齿鲸尤其会成为自然音景扭曲的受害者。但受影响最大的是喙鲸，它们在深潜之后通常必须缓缓浮起，响亮的脉冲声会使它们惊慌上浮，从而在血液中形成气泡，造成减压病。验尸报告也表明，它们的脑部和脊髓周围有大量出血。

今天，鲸在英国东岸频繁搁浅，其原因可能就是人为噪声，在那里为调查石油而进行的地震测深不仅会造成地区贫困，还可能侵扰鲸的远古声波路线，使它们错误地转入过浅的北海，而它们在那里无法找到充足的食物。就如在自然史博物馆监督搁浅工作项目的利兹·埃文斯－琼斯告诉我的一样，今天搁浅事件被越来越多地报道，或许也可能（只要和鲸相关，就有如此多的可能，那少许确定显得如此珍贵）是因为人们意识到了这些动物的困境，而偏远的海岸如今也可以抵达了。无论事实是什么，对鲸来说，与人类世界的遭遇对它们少有益处。

过去，住在海边的人会把一头搁浅的鲸当作神灵的礼物，那些不太习惯这种场景的人则把一头死鲸看作邪恶的预兆，就如一颗彗星或一次日食。1658年，一头鲸在暴风雨中游进了泰晤士河，它被视为护国公奥利弗·克伦威尔的死亡预兆，因为他第二天就去世了。那确实是一个奇异的景象：一头在达格南区①下方扑腾的利维坦。约翰·伊夫林的住宅能够俯瞰河水，他在日记中写道："一头大鲸被带到了我毗邻泰晤士河与格林尼治的领地上，吸引了无穷无尽的观者，他们从水上来，骑马来，搭马车来，走路来，从伦敦来，从所有地方来。"

令人惊奇的是，这是一头露脊鲸，这种动物更适合富含浮游生物的水体，而不是17世纪漂满岩屑的伦敦河流。鲸刚出现时，河流正处于低水位，"若是在高水位期，它会摧毁所有船只"。这异形被其不吉利的出场判了死刑，仿佛它的丑陋本身就是一种罪。由于陷入困境，它以一种未来鲸救援者非常熟悉的方式抗争："在一场漫长的战斗之后，它死于鱼叉以及头部的撞击，从头部的两个孔洞中喷出了血和水，就像从烟囱里喷出烟。在一声可怕的长鸣后，它大半个身体扑到了岸上，死了。"

伊夫林自己就是一位业余科学家，他利用这次机会测量了这头巨兽。"长58英尺，高16英尺，黑色的皮肤像车座的皮革，眼睛非常小，巨大的尾，鳍肢很小。还有梭子般的吻部，嘴非常宽，可以让好几个人直立站在里面。嘴里完全没有牙，只通过非常多的我们称为鲸须的骨须吮吸黏泥。"伊夫林发现非常奇妙的是，"一头体积如此庞大的动物却只靠黏泥为自己提供营养"。60年后的1721年，丹尼尔·笛福在前往不列颠的旅程中，记录了一具架在伦敦通往科尔切斯特的道路上的鲸骨："这里稍提一句，路上有一处地方就叫作鲸骨，它的名

---

① 达格南区，伦敦旧时一行政区。

字源于一头大鲸的肋骨，这头鲸是 1658 年在泰晤士河中被捕捉的，就是奥利弗·克伦威尔逝世那一年，骨头被固定在那里，以纪念那头巨大的生物。"今天在达格南区，鲸骨巷仍然存在，鲸骨则保存在当地一家博物馆中。

其他拜访伦敦的生物也并没有得到比伊夫林笔下那头鲸更好的待遇。1788 年，12 头雄性抹香鲸搁浅并死在了泰晤士河河口，几乎就在大文城①的眼皮底下。它们很快就被熬出了鲸油。5 年后，在约瑟夫·班克斯记录的一次事件中，一头 30 英尺长的虎鲸游进了河流中，发现自己成为"一场令人兴奋的追逐"的对象。当时它被鱼叉击中，拖着它的猎手飞速从德特福德游到了格林尼治。在这次伦敦南部水橇之旅结束后，皇家外科医师学会得到了这头动物的头骨。1842 年 10 月，德特福德码头附近出现了一头鲸，它被描述为"鳍鱼"，接着"无畏海军号"医院船上的 5 名水手乘一艘小船出动，装备了一根"有芒的巨矛"，"向那怪兽发动了袭击，它很快显示出了虚弱迹象，并从背上的喷孔里喷出大量的水"。还有其他小船包围着它，它被捆住拖到了码头上，围观者如此众多，以至于出动了警察部队来恢复秩序。这头生物最可能是一头小须鲸，它身长 14 英尺 6 英寸，有鲸须，腹部白色。随后人们用马车和数匹马将它运到了老国王街上一家屠宰店里，它被放在那里的一个看台上向公众展示。

值得注意的是，这些迷失的鲸在伦敦出现的位置恰好就是其猎手出发之处，就仿佛它们是回来纠缠他们的一样。19 世纪 80 年代，

---

① 大文是伦敦过去的蔑称，由乡村拥护者威廉·科贝特（William Cobbett）在 19 世纪 20 年代创造，他把迅速发展的城市视为一种病态的扩张。

一头据说身长有 40 英尺的瓶鼻鲸搁浅在伍利奇阿森纳。"它随着潮水来到河中，当发现自己搁浅在芦苇河床上时，它疯狂地喷水，翻了五六个跟斗，在岩石上撞伤了自己，血染红了河流。"蒸汽拖轮"女皇号"的船员用一根绳子绑住它，拖到了河滩上，"打算和泰晤士河管理会的官员商讨如何处理它"。在所有事件中最离奇的——至少对现代读者来说最离奇的一件可能是在 1918 年 5 月，一头海豚搁浅在贝特西大桥，但它即刻就被博物馆的"著名通讯员们"吃掉了，部分还供给了市长公馆的一场宴席。"之后收到的反馈几乎全是好评，其中一些还非常热情。鲸类肉质上乘并且营养价值高，这一点应该让更多人知道，尤其是在肉类短缺的时代。"西德尼·哈默承认，"鲸肉特有的味道可能不会让所有人喜欢，而且在保存的过程中它通常会更浓郁，将其煮至半熟也许可以去掉一部分味道……事实上有人认为鲸肉的味道胜过其他任何肉类。"

甚至到了 20 世纪末，海豚和鼠海豚在泰晤士河中都不算罕见。1961 年，人们看到一头 16 英尺长的小须鲸在远至邱园①的河中载浮载沉，"后面跟着一艘警用汽艇，警示其他船舶给它让路"。这一天早些时候，人们在河岸上发现了这头鲸，它显然被船撞了。皇家防止虐待动物协会的巡查员和警员及其他救助者一起用柏油帆布把它拖入水中，希望它自己能找到返回海洋的路，但它在邱园大桥下被芦苇缠住，很快就死了。不过在之后报纸上的报道中，这位闯入者显得不那么无辜，因为在 24 小时前，一位工程师在奇斯威克因小艇翻船而溺毙，

---

① 邱园，英国皇家植物园林，坐落在伦敦三区的西南角。是世界上著名的植物园之一，及植物分类学研究中心。

地点就在那头鲸被发现的位置附近。还有两个男孩所在的另一艘小船差点被"一头扑腾的鲸或鼠海豚"弄翻。文章所附的照片上有两人站在这假定的犯罪者旁边,似乎在谴责它的罪行。

历史也许可以容忍博物学家吃掉他们自己的标本这样的违禁行为。但很少人能预见到,在21世纪,会有一头鲸从滑铁卢桥下游过,经过查令十字路——几乎就在梅尔维尔住过的地方的窗下——经过威斯敏斯特宫,最后在国王路传来的噪声中搁浅在巴特西[①]的堤坝上。

这种事件开始成为某种全球性的马戏节目。一头只习惯于远海中它的兄弟姐妹发出的隆隆声和咔嗒声的动物,突然落入世界上最大也最嘈杂的一座城市的噪声和束缚中。那头迷失方向的北瓶鼻鲸痛苦地随着潮水在河流中上上下下,它的尾巴疯狂地拍打着,它那好奇得如婴儿般的头颅哀伤地抬出水面,而人类朝它喊叫着,船围绕着它,载着摄制组的直升机在它头上嗡嗡飞过,向整个世界发送图片,供着迷的观众欣赏。几个月后,当我再次看到这样的场景时,我才后知后觉地意识到接下来发生的事有多么辛酸:一次悲哀的死亡,汽车、火车、船和人的吵嚷声如同攻击,那些试图救它的人使它恐惧,它饿极了,然后要忍受极度的干渴,徒劳地想随着一条没有出路的河游回西方的海洋。

鲸的这次现身,不可避免地被视为对于世界的一个新预兆。一个月前,6头阿氏贝喙鲸在开普敦港口有一次不同寻常的露面,它们龇着奇异、短粗又突出的牙,观望着,还有那褐色的皮肤和斑驳的纹路,就如同深海的远古居民带着它的罪恶来挑衅现代世界。在瓶鼻鲸抵达

---

① 巴特西,伦敦泰晤士河南岸一市区。

伦敦的数天前，人们从不来梅的波罗的海带出一头死去的 50 英尺长的长须鲸，在警方护卫舰的陪同下，前往另一个首都的中心。这具尸体被摆在了日本驻柏林大使馆的台阶上，以抗议这个国家在南冰洋圣地中持续的捕鲸行动。而就在瓶鼻鲸出现在泰晤士河的同一天，4 头柯氏喙鲸在西班牙搁浅，随后的测试表明，它们是海军声呐演习的牺牲品。

伦敦的这头鲸在进入河口时就已注定死亡，它在河中被捞起，由一列船舶送回海中，新闻工作者和观众挤在泰晤士桥上看着这一场景。当它躺在充气浮筒上时，疯狂的肌肉运动开始变得疲弱。当晚 7 点，它在格雷夫森德附近呼出了最后一口气，离获得自由只差 2 小时。在它那橡胶棺材上，含着眼泪的随员要求关闭摄像机，以示尊重。

这场景会让某些人想起温斯顿·丘吉尔的葬礼，英雄的灵柩由海军旗舰沿河护送，当年看电视时，我还是个小孩，父亲告诉了我它的历史意义。而对另一些人来说，这一切看上去就像某种集体狂热。这位鲸之女皇——因为它是一头雌性——成为全国讨论和新闻头条的主题。有权威专栏称对它的处理方式证明了我们的人道主义，还有专栏宣称，它的出现同样提醒我们，还在捕鲸的国家是多么野蛮。维多利亚时代的新闻也会有差不多相同的反应：整个八卦版面镶上黑边，看上去像是在纪念鲸。其他人则从鲸的不幸中看出讽刺意味：一张漫画上画着这头动物被放上国旗覆盖的灵车，以一种国葬的方式送行，只不过四角上护卫的不是 4 个军刀出鞘的禁卫军，而是 4 名将摄像镜头朝下的摄影师。画家并不知道，他的画面是前一个世纪一幕场景的回响：当时皇家水族馆的白鲸就在威斯敏斯特以国葬方式被送灵。

碰巧，那个周日在弥撒上所读的内容正是出自《约拿书》，这促使赫尔的一位牧师写信给一份全国性报刊，特别指出弥撒段落中"约拿说尼尼微——也就是他那个时代的伦敦或纽约——将在 40 天内倾覆。人们通过斋戒、穿最简朴的衣物来减少消耗，并宣布放弃暴力。石油正在枯竭，全球变暖开始疯狂加速，而美国一直在进行可怕的侵略，也许这可怜的动物是在给我们一个暗示"。事实上，验尸报告显示，这头鲸死于脱水和压力。数月后，理查德·萨宾给我看了它的背鳍，它被保存在自然史博物馆的一个标本罐中。这片起皱的背鳍是灰黑色，软骨被移走后的中空处清晰可见，它保持着最后的造型，向一侧弯曲，这暗示了其主人在死前遭受的创伤。

（伦敦鲸得到的对待，和 1938 年另一头游进亨伯河的瓶鼻鲸受到的对待，形成了鲜明对比。"那头鲸……多次在希普大宅［Heap House］和基德比［Keadby］之间的河段上上下下，"赫尔负责遇难管理的国务大臣写道，"它不断地搁浅，其挣扎对河堤造成了损害，同时它在河中的存在对航运来说也是个持续的风险源。因此斯塔基才决定射杀它。"自然史博物馆领走了尸体，但此前他们先向斯肯索普的 W. A. 赫德森咨询了屠宰费用："宰杀鲸：5 英镑"。）

死去的鲸在整个 20 世纪一直是某种令人着迷的东西。1931 年，一头做过防腐处理的、65 吨重的鲸抵达伦敦码头，它是太平洋捕鲸公司的财产，将在一次圣诞马戏中展出。它被装在一个特制的箱子里，需要全世界最大的水上浮式起重机"伦敦猛犸"将它从船上转移到卡车上，才能载去马戏团，"这个行程安排在夜里"。一个当时还是孩子的观众记得，有一根巨大的支撑棍撬开它的嘴，它身上覆盖着焦油以防止腐烂，散发着类似维修道路时的气味。

20 年后的 1952 年，一头长 70 英尺的长须鲸在特隆赫姆被捕获

（它是被追踪的直升机找到的），它被安置在一辆 100 英尺长的巨型货车上——据说是世界最长的——缓缓地行遍了欧洲、非洲和日本，还出现在一些出人意料的地方，比如巴恩斯利和约克郡，最后被放逐在比利时。这个场景令人想到匈牙利电影《鲸鱼马戏团》，电影中，一头四处游荡的巨兽给冷战时期的一个小镇造成了精神痛苦，并成为对极权主义的讽喻——"有人说它与此无关，有人说它隐藏在万物之后"——就如捷克诗人米洛斯拉夫·赫鲁伯所想象的，

> 鲸严重短缺。
> 然而，在某些城镇，
> 捕鲸舰在街区里行驶，
> 它们太大了，水实在太浅了。[①]

另一位诗人肯内特·O.汉森写到一头被腌制的鲸，由一辆平台型铁路货车载着穿过美国怀俄明州，"转至一条灰色的旁轨／巨兽在枷锁中溶解"。我想象一些装在箱子里的鲸，它们从一场鲸类大屠杀中被运出，每一头都躺在铁路车辆上生锈的盒子里。一艘渡船撞上一头座头鲸，一艘货船上翘的船头载着一头长须鲸，重重地倒在沙滩上的鲸群。

啊，世道，啊，鲸。

人类和鲸之间发展出了一种新的关系，不过和过去一样，它只基于人的意愿，而非基于那动物的权利。英国早在 1824 年就成立了防止虐待动物协会，1835 年也通过了动物保护法令，但是鲸要过很久

---

① 选自唐浩译本。

才被容纳到这项法令中。1877年，一位记者在目睹伦敦白鲸的命运后，给《泰晤士报》写稿称："是的，鲸、鸟类、鱼类以彼此为食。"

　　而人类——我们认为最接近伟大造物主的生物——捕食它们全部。如果他想要一件海豹皮夹克，他就杀死海豹，拿走它的皮；如果他想要一份羊排，他就杀死绵羊，拿走它的肋骨；如果他想要一头可以盯着看的活的老虎，他就抓住一头活的老虎，把它放进笼子里；我担心，看到那鲸濒死的痛苦也不会再给威斯敏斯特水族馆的管理者带来多少感情波动，正如相同的场景并不能让一个北海捕鲸人软下心肠，他会投出致命的鱼叉，因为他想要鲸油。

感情仍然让位于生意。1868年圣诞前夕，史卫德·佛恩在日记中写道："谢谢您，伟大的主。您独自完成了一切。"这个挪威人是在赞美他刚刚获得专利的手雷鱼叉，上面的炸弹能在鲸的头颅中爆炸。佛恩曾经是一名海洋猎手，他是"一位极其幸运、虔诚、善良的老人，被所有认识他的人尊敬且爱戴"。在"希望与信心号"的处女航中，船员里也有一位叫明克的水手，而且船上就装备了佛恩那高效的武器。

　　从19世纪开始，鱼叉枪就被用在鲸身上，但佛恩发明的神圣武器可以让他的同胞去追逐斯塔巴克和索克斯比们鞭长莫及的巨型须鲸：蓝鲸和长须鲸，它们是地球上最大的动物。现在，没有任何鲸类能够逃脱了，无论它们速度有多快，只要它们被看见，就已等同于死亡。对于挪威水手来说，一头死鲸才是一头好鲸。很快，斯堪的纳维亚人一年就能杀死一千头长须鲸。这个属于蒸汽机船和鱼叉发射器的新科技时代也开始给座头鲸带来深重的苦难。

　　　　　　　　　　　　　　　　　　　　　寻鲸记

这是一个必要的发展，所以才有佛恩真挚的祈祷，因为其他鲸类已经耗竭。抹香鲸和露脊鲸已经减少到使捕猎无法赢利的程度。另外，自从石油和天然气被引进后，鲸油的价格就直线下跌。到了1879年，第一盏电灯亮了。世界开始向别处寻求照明。北冰洋东部的渔业已经基本终结。1880年，年轻的阿瑟·柯南·道尔作为船医搭乘美国海军"希望号"从彼得黑德出海，这艘船在航行6个月后返航，只带回了2头鲸，不得不依靠海豹生意来获取利润。邓迪仍然是一个重要港口，其历史性的繁荣源自与苏格兰黄麻的"联姻"，后者需要使用鲸油进行处理。到了1883年，仍有700名捕鲸人住在这个城镇里，而在这一年，一头座头鲸游进了泰河，在吃了6周的鲱鱼后，它被"北极星号"派出的一艘汽艇用鱼叉猎杀，随后做了防腐处理，在阿伯丁、格拉斯哥、利物浦、曼彻斯特和爱丁堡展出。

因为在北冰洋西部发现了弓头鲸，美国的捕鲸业经历了一阵短暂的复苏。这些新近发现的兽群因其巨大的鲸须而被选择性捕杀，用以制作紧身褡和环箍，以修正女性的体态。但是到了20世纪初，鲸须被钢铁和塑料代替，随着女性把自己从勒紧的细腰和畸形的胸廓中解放出来，鲸似乎也将得到自由。1924年，最后一艘捕鲸船驶离了新贝德福德。这一行业长时间处于衰退期，查尔斯·蔡斯是仅剩的少数捕鲸船船长之一，他拒绝接收"新英格兰"小伙子们（也就是白人）做学徒，因为知道他们会进入一个夕阳行业。这个捕鲸之城已经从鲸类生意转行去做服装生意。纺织厂排布在它的河岸上，其雇用的劳工来自英国兰开夏郡和亚速尔群岛；蒸汽船搭载乘客们前往楠塔基特岛和马撒葡萄园岛——这些地方比阴湿的码头漂亮，码头上，腐烂的废船立在荒废的停泊处，依然散发着鲸油的臭味。

随着美国捕鲸业的衰落——只剩一个加利福尼亚州的海岸捕鲸站还在运营——欧洲的捕鲸业开始发展至补足行业空缺。1904 年，挪威及英国的武装蒸汽船打开了南极洲的大门，以实践鲸的一种新用途：用以制作硝化甘油。在一个新的战争世纪中，这些温和的动物为世界提供了一种能炸飞自己的原料。两次世界战争毁灭了 5 万头鲸——数量等同于它们制成的炸药所造成的人类牺牲者。造成西线大屠杀的冲动似乎也让人们在全球海洋中大开杀戒。当欧洲因失去百万人而痛苦时，南大西洋中整个座头鲸种群也在 1918 年被灭绝。它们的油使士兵免于受战壕足病的折磨。西德尼·哈默在当年鲸类搁浅的报告中指出，"因此有几头鲸被用于制作军需甘油"。鲸，和人类一样，是战争的饲料。

史卫德·佛恩启动的这些事件往前大踏步发展，无可阻挡。一位作者在 1925 年指出，亚南极捕鲸场开启后的 20 年里，"须鲸的数量已下降到令人担忧的地步"。那一年，第一艘加工船"激进号"在挪威下水。有了这些"远航屠宰场"，灭绝按部就班进行，当人类历史展开一个极度血腥的世纪时，须鲸的死亡数字也达到了 150 万。很明显，屠杀已无法继续。"南极区域的鲸被屠杀的规模过于庞大，若不是福克兰群岛的捕鲸场属于英国领土，因此得到了一定程度的控制，那么南极的鲸也会像北极的鲸一样被灭绝，"《泰晤士报》于 1926 年报道，"除非人们及时采取措施，否则鲸会在全世界范围内消失。"

自然史博物馆向南半球派出了它的科学家，一方面是记录和进行限额捕捞，另外也是为了在这些动物完全消失之前了解它们。1913 年，福克兰群岛的海岸上还设有英国的捕鲸站，群岛总督威廉·阿勒代斯爵士意识到，被用来在南冰洋中捕杀鲸的新技术过于高效，那里的鲸群数量将很快大幅下降。伦敦殖民办公室同意了他提出的颁发执照的想法，并派出自然史博物馆的 G. E. 巴雷特－哈密尔顿前往调查，以评估可持续性。不幸的是，在到达南乔治亚岛后不久，这位科学家就死于心脏病，精力充沛的珀西·施塔姆威兹一路陪同他到此处，却不得不向办公室报告了这一噩耗。

不过，施塔姆威兹的其他信件充满了生命力，他的文字描绘出了一幅几乎令人难以置信的景象，那是人类降临之前才会出现的鲸群。他的信写于战争蹂躏欧洲的前一年，描述了人类抵达远南之前那里安宁富饶的浩瀚图景，但它很快就消失了。"捕鲸者称鲸在南部海域非常丰福（原文如此），"他写道，"能看到南乔治亚岛周围有数千头鲸在喷水，一些比较大的鲸长达 100 英尺。"当信件抵达馆长 T. W. 卡尔曼博士手中时，这最后一句下面用蓝色铅笔画了线，博士加了一句潦草的批语："我们能为自然史博物馆弄一头吗？"

那些年里，施塔姆威兹不知疲倦地为博物馆、为鲸工作。他就如爱德华七世时期的所有探险家一样勇敢无畏，自己就是一名猎手，不过他带回的战利品注定不会成为一座豪华住宅墙上的装饰，而是要成为国家博物馆的陈列品。年轻时，他要离开特南格连的家——他的妻子担忧地写信给西德尼·哈默，询问丈夫的去向，以及她是否应该继续支付他的保险费——来到设得兰群岛，和亚历山大捕鲸公司合作，报告说那里的长须鲸、塞鲸和小须鲸都很多，说他们"也在期待座头鲸"。在现代鲸类学的破晓时期，他有时也收集关于鲸类行为的不确定信息——公司主管贡德·延森在回答一个疑问时说，"我从未听说虎鲸会攻击抹香鲸，因为抹香鲸是一种相当可怕的蛮物，它们追逐一切，甚至包括鲨鱼"——不过施塔姆威兹为了让老板们高兴，也会寄回一些肢体样本，包括鳍和胚胎。回到博物馆后，他用鲸尸作为模具，制作了一系列模型，它们将悬吊在他最伟大的成就——蓝鲸旁边。

珀西·施塔姆威兹的年度评估报告还保存在博物馆内图书馆的员工档案里，它们佐证了他的才能，他不仅是技术助理，本身也是一位鲸类学家。评估报告中列出了鲸类复制品——虎鲸、白鲸、巨头鲸（或领航鲸）、康氏矮海豚和海氏矮海豚、白喙斑纹海豚、鼠海豚、塞鲸，甚至还有一头年幼的抹香鲸——这些石膏模型全都出自施塔姆威兹的巧手，标本原件则是他收集的搁浅动物，有时标本的状态很糟糕。（有一次他极其艰难地尝试复原一头约克郡的 60 英尺长的抹香鲸——有正式文件要求将它做成新靴子，在那之后，"考虑到他在布里德灵顿长时间的辛苦工作，特别批准珀西·施塔姆威兹可以有 6 天特休假"。）施塔姆威兹对鲸标本充满爱意的塑造使它们展露了原有的美，他的小儿子斯图尔特继承了父亲的天赋，在接任博物馆同一职位时，看着他长大的馆长特别提到他"杰出的手工技艺"，以及在随皇家海军出航执行他自己的收集任务时讨人喜欢的性格和举止。

索克斯比父子见证了 18 至 19 世纪捕鲸业的兴衰，同样地，施塔姆威兹父子的职业生涯也折射出现代捕鲸业的兴衰，以及动物学家对鲸未来的深切关注。早在 1885 年，博物馆的第一任馆长威廉·弗劳尔就做过一次演讲，谴责人们在大西洋和大洋洲海域贪婪的捕鲸行为。正是这些开拓者在南冰洋所做的工作为未来的保护行动奠定了基础，在鲸最接近灭绝的关键时刻挽救了整个物种群落。

像往常一样，官僚主义和资金拖慢了进展，直到 1925 年，皇家科考船"发现号"才出发前往南乔治亚岛。这是一艘由蒸汽辅助的三桅木帆船，于邓迪市初造，曾作为 1901 年斯科特南极探险队的捕鲸船，如今在朴次茅斯改装后重新出航。在南乔治亚岛的古利德维肯捕鲸站旁边有一个研究室，科学家们在这里研究被带上岸的鲸，他们周围的环境如同地狱。"肉和肠子堆得像小山，血流成河，"一位研究者写道，"……绞车和锅炉冒着蒸汽的云雾，就好像一口巨大的汽锅。"四年后，一艘新船"发现II号"建成，就如名字令人难忘的福蒂斯丘·弗兰纳里爵士在她下水时所宣布的，这艘232英尺长的船舶是为了收集数据而专门建造的，这些数据将可能推动签订国际协议，同意在南极限制捕鲸。还将有一艘全新装配的"捕鲸船风格"的船舶与"发现II号"同行，它以另一位著名探险家的名字命名："皇家科考船威廉·索克斯比号"。

然而，与其说限制捕鲸的法令是出于科研目的，不如说它是出于利己主义。英国和挪威捕鲸者向国际联盟（其成立是为了阻止另一场人类大决战）请愿，要求限制工厂舰队。正如道格拉斯·莫森爵士在研究澳大利亚时的评论，鉴于1930年至1931年捕鲸季"可怕的猛攻"，限制捕猎的需求已愈加迫切。但是另一位名字极富场景感的记者阿瑟·F. 熊园从他所在的圣詹姆斯绅士俱乐部寄出信件，指明英国和挪威早已订下了协议。

1935年，在国际联盟的主持下，人们起草了一份国际协议，由英国和挪威作为主要捕鲸国签署，他们短暂地联手以抵制新来者进入猎场。很快事实就证明，其条款缺乏执行力，挪威方与英国接洽，建议扩充协议内容。1936年5月，一个国际捕鲸会议在奥斯陆召开，参会者只有两名：英国和挪威。有了新领袖的德国没有正式参与，不过派出了一名观察员，称其希望"作为世界最大的鲸油消费国而拥有完全的行动自由"，德国用鲸油制作人造奶油，并且供给肥皂公司——

德国汉高公司，这家公司拥有 12000 吨的加工船。这不是一次和平的会议。据说谈判拖拖拉拉，并且挪威方还威胁抵制，导致会议中断，在谈判结束后，会议同意"通过设置禁猎期，并限制……鲸加工船配套的捕鲸船的数量，以防止鲸数量过分减少"。禁猎期是从 12 月至 3 月。"人们希望……这样一来，现代捕鲸史上一个腥风血雨的篇章能够有一个圆满的结局。"

就如它对废奴的务实态度一样，在保护自身利益的同时，英国在这些愈发迫切的限猎行动上充当了急先锋，甚至同时还在使用其他外交手段，力图稳住这个正在滑向战争深渊的世界。1937 年 5 月，一个扩大的国际会议在伦敦召开，与会代表来自南非、美国、阿根廷、澳大利亚、德国、爱尔兰、新西兰和挪威。英国农业和渔业大臣 W. S. 莫里森先生告诉代表们："若事态继续发展，蓝鲸将会灭绝，而南极捕鲸业将很快终结。"一个新的协议签署，宣布在当年 9 个月中禁止远洋捕鲸。"某些地区完全禁猎；特定种类的鲸、幼鲸、照顾幼仔的母鲸受到绝对保护，小于一定尺寸的鲸受到同样保护；陆上基地的捕鲸"——比如南半球的那些站点——"将遵守禁猎六个月的规定"。

大会还希望其他国家，"尤其是业务正迅速扩张的日本，遵守本协议"。日本沿海已经捕鲸达数个世纪，1819 年英国船舶"叙伦号"在日本和小笠原群岛的外海发现了富饶的捕鲸场，不过一直到 1891 年沙皇尼古拉二世访问日本，在日本海中看到了无数鲸，才促进了日本海域现代捕鲸业的发展。1934 年，日本使用从挪威学到的技术，首次开展南冰洋的捕鲸航程。由于拒绝加入国际协议，其行业迅速发展，5 年内便有 6 艘加工船在南极水域作业。

东西方的这一分歧早已在一定程度上模糊不清。英国和挪威坚守限猎协议——1939年5月，一位挪威船长被控杀死了一头身长59英尺的雌性蓝鲸，低于70英尺的限猎标准——但在每年猎杀的3万头鲸中，两国要对其中95%负责，他们各自有10艘母舰在忙于制造孤儿。死亡余数则被分配给德国、俄国、荷兰和日本，美国在这个它曾经占据主导位置的行业中只有一艘母舰，但以实玛利会发现这个行业已面目全非。在这追捕中已经没有多少英雄主义可言了，因为捕鲸子船是在远高于水面的、安全有利的船首上朝鲸开火的。在扬基人捕鲸的年代，鲸至少可以反击，但如今它们再也没有一丝机会。一头鲸只要被看见，就必死无疑。

到"二战"爆发时，载员240人的大船每年可以捕获50万吨鲸。如玛丽·希顿·沃尔斯在普罗温斯敦所写："破坏如此严重，以至于巨兽的身形每年都在减小，除非采取国际行动，否则鲸将成为历史上的神话怪兽之一。"鲸无意中成为一个苦难世纪的象征。奥登此时也被放逐至美国，1939年3月，他在自己的《赫尔曼·梅尔维尔》一诗中写道："邪恶貌不惊人，总是人类。"这应该不是巧合。

鲸被默认为敌人。人们使用各种类型的装置屠杀它们：爆炸型鱼叉、番木鳖碱、氰化物和箭毒（可能受阿留申群岛居民的启发，他们使用腐肉污染的倒钩使鲸的血液中毒），甚至还尝试了电刑：这是文明世界用来处决贪污犯的方法，现在却被用来对付这些不能说话的动物。猎人装备着榴弹炮和弹矛而来，表面上看，它们似乎加速了死亡，但实际造成的痛苦我们只能依靠想象。南极捕鲸站的人把企鹅扔进火堆，用涂油的鸟做引火物，这些事实表明，他们对动物的尊严显然漠不关心。

鲸之战争是从上空发动的，人们用飞机搜索目标，轰炸机会把鲸错认成水下的潜水艇，从而导致不可避免的结局。英国和挪威船舶离开危险的大西洋，前往南非的太平洋海岸。从 1941 年至 1943 年，一支挪威舰队在秘鲁海岸捕获了 8500 头抹香鲸。捕鲸船上的这些年轻人也是为战争做贡献的一分子，还有我母亲，她在南安普敦的一家工厂中忙于制造机枪零件，以及此时已年老的珀西·施塔姆威兹，他骄傲地服务于英国国民军，在闪电战中保卫伦敦。战争甚至在一个宣传动画里使用了鲸的形象，在其中，孤立的英国正被一头纳粹之鲸威吓，它是欧洲地图的变形，斯堪的纳维亚半岛是它阴险的万字符头颅，波罗的海是它带着利齿的邪恶下颌。

当德国的 U 型潜水艇将行动范围扩大至赤道南部，而太平洋同样成为战争上演的剧场时，捕鲸业实际上已终止了。南非和大洋洲仍有一些海岸站点在运作，但大多数捕鲸船已被投入战事使用，"有更紧迫的事务需要这类大型加工船，它们是逃离在外的毁灭性工具——

其中有些排水量超过 17000 吨”，《泰晤士报》在标题为“战争与鲸”的文章中写道。“战争迫使人们禁猎，这种结果是很有趣的”，报纸补充道，希望 1939 年至 1940 年最后的渔猎期中鲸数量的迅速下降“将被证明是暂时性的。同时”，报纸也承认，“格陵兰鲸、太平洋灰鲸、黑露脊鲸和南露脊鲸的几近灭绝也在告诫人们不要过于乐观”。

战争并没有给鲸带来和平的结果，就如战争对人类的影响一样。作为对配给饮食的补充，鲸油和鲸肉比以往更有价值，而且捕鲸国家一致认可，在战争之后的第一年，渔猎期应该加以延长。1945 年，就在冲突中止的几个月后，战后新建的第一艘英国捕鲸蒸汽船就从泰恩河下水，航向南乔治亚岛，她的颜色是红、白和蓝，船员共 400 人。“‘南部冒险者号’很匆忙……这艘船刚刚建成，她无法在渔猎期正式开放前抵达捕鲸海域。”两艘挪威船舶将在她之前抵达，不过和它们同时抵达的还有两艘英国捕鲸船，它们是从缴获的德国船舰改装而来。

当务之急是让一个饥饿的国家吃上饭。人们开发了一种新技术，可在航运过程中为鲸肉脱水，“据说这些肉富含蛋白质……并且易于消化”，很快，食谱就出现在了通俗报纸上。“如何烹饪鲸肉——推荐杂菜炖肉”（“加入番茄酱增色……搭配通心粉或饺子食用”），伦敦饭店的菜单上出现了“京肉汉堡扒”，菜名是故意写错的，可能是想模糊其来源。（“莱特福特先生在吃了‘京肉汉堡’后说，味道令他相当惊喜……没有鱼的腥味。”）

“鲸肉既不是鱼肉也不是禽肉，”粮食大臣伊迪丝·萨默斯基尔博士承认，“但如今它隐藏了自己的‘水手’口音，坚持向烤牛肉靠拢。就这样，捕猎获得的所有鲸肉都卖光了。”鲸肉每磅卖 1 先令 10 便士，完全物超所值，而且它能烤、能炖、能做肉馅，可以搭配炒洋葱、土豆泥和抱子甘蓝。不过一位评论者指出，"也许慢慢地食用它，直至消化系统更熟悉它会是更明智的"。与此同时，在挪威，红十字会把抹香鲸的牙齿发给在战争中残疾的人雕刻，就如英国老兵们折叠纸罂粟一般。

依然处于战时模式的英国将战争经验用于捕鲸。1946 年 6 月，它派出装备有"声波潜艇探测器"的船舶去寻找鲸，使用超声渔网将它们拦在子船的攻击范围内。尽管人们很快发现，这些模仿自动物的技术比不上动物本身，但这个重启的行业在加快步伐。1948 年 5 月 10 日，捕鲸船"弓头鲸号"——及其 70 名英国船员和 500 名挪威船员——胜利返航南安普敦，共捕获了 3000 头鲸，占当季总渔获量的 10%，其中有一头巨兽长 94 英尺，重 180 吨。

我从小就认识这艘停在码头上的巨型船舶，它在远洋航线上以身形和气势傲视群雄，船上还设有实验室、铁匠铺和医院。它从南极归来，那里的气候和归处的热浪形成鲜明反差，它带回来的货物也许没有那些客轮上的好莱坞明星光鲜亮丽（下一位出现在码头边的名流是拉娜·透纳①），但它们对国家经济有巨大贡献：4500 吨肉、163000 桶食用油（将被制成人造黄油）、10000 桶鲸油、170 吨肉膏，还有 3000 吨肉可作牲畜饲料。和丘吉尔在当地报纸上号召建立欧共体的报道一样，对一个战后世界来说，"弓头鲸号"和它带回的货物代表了希望。

这种资源很快就变成了怨愤的源头，尤其是因为美国在援助日本的

---

① 拉娜·透纳（Lana Turner），20 世纪美国著名女演员。

捕鲸作业。归根结底，这是一个简素苦行的时代，同盟国鼓励战败国用煎鲸肉或速食鲸脂作为国民食物，它是一种便宜的蛋白质来源。道格拉斯·麦克阿瑟将军手下的占领军也协助把退役海军军舰装配成捕鲸船，之前与同盟国战斗的日本船舶现在把载重目标转向了鲸。澳大利亚对此表示强烈反对，抱怨美国在此事上没有与它进行磋商。之前的敌人现在在它的海域中航行，这让澳大利亚紧张不安，他们还"就早期日本违反国际捕鲸条例，以及日本捕鲸业的低效和浪费"提出了抗议。

1948 年，一支日本捕鲸远征队航行 6000 英里抵达南极，船上共载有 1300 名船员，足以填满一座小镇（或者入侵它，就如某些南半球人担心的那样）。这支现代的无敌舰队包括 6 艘捕鲸船、1 艘万吨级的加工船"桥立丸号"、2 艘冷藏战利品的精炼船、1 艘油船以及 2 艘冷冻船。一个楠塔基特人看到这支舰队必定会目瞪口呆。舰队的各艘船间隔很远，以避免互相冲撞或撞上冰山，在穿行于浓雾中时，它们使用雷达来导航。直到遇见命定的敌人：一头无比庞大的蓝鲸，它们才会合。

一艘捕鲸船被派往前方，但每当它瞄准鲸时，鲸就会下潜。直至两小时后，炮手才击中了目标。就在它死亡的当时当地，人们在它身上切出一条深口，以免它特殊的代谢系统造成麻烦。在厚厚的隔热鲸脂下，鲸会产生可怕的热量，它们喷出冷凝气流，类似于巨大的蒸汽引擎。如果它们在追逐猎物时用力过度，就可能死于热衰竭，因此它们需要用尾和鳍降低血液温度以调节体温。一头在南冰洋被杀的鲸会被人们立刻从喉咙至尾切开，让冷水流入它的体内，以免内部热量导致骨骼燃烧，给猎手们留下一头"烧焦的鲸"，它会像一根巨型蜡烛一样点燃自己的油，就如它过去的同胞曾经燃烧自己点亮世界一样。

蓝鲸被提起尾部，拖上捕鲸船船尾一条渡船般的滑道，80个人花了4小时屠宰它。这头蓝鲸是人类有史以来捕获的最大生物之一，它重30万磅，他们会知道这一点，是因为他们要把它切成片，放在磅秤上。单舌头就重3吨，心脏和一辆车一样大，动脉宽到足以让一个人在里面游泳。而现在这一切都变成了碎肉。

　　这些工作都在一种兴高采烈的氛围中完成。"工人们大笑着，在滑向装载斜槽的鲸腰上跳跃，"舰队上的美国海军陆战队中校沃尔登·C.温斯顿说，"其他人开始喊号子，他们一次又一次装满小台秤上的箱子，再把其中的东西倒下装载斜槽。"他们就像是身处底特律的一条生产线上。

　　甲板下方是钢制的锅炉，鲸脂在那里被提炼成鲸油，装在巨大的槽中。一切都不会浪费。人们设计了一个流程，将富含维生素的油从鲸的肝脏中提取出来。仅这一头动物就产出了133桶油和60吨肉，价值28000美元。这样的过程循环往复，日复一日，月复一月，年复一年，在这片远离陆地的水域，受伤的人往往会死，因为他们无法就医。

　　这里远离文明世界，所停靠的海岸也不属于任何人，没有人需要负责。不过，由于船上装着鲸肉，官方观察员会来视察，还有生物学家试图通过检验死尸来了解活着的鲸。这是一个独特的疯狂世界，只仰赖于它自己的合理性。尽管法规禁止捕猎带着幼仔的母鲸——任何一个射击它们的炮手都会被扣除相应的薪酬——但是怀孕的动物会被猎杀。它们是最难被杀死的，一头蓝鲸母亲需要被击中9次，耗时5个小时才会死亡。

　　在古代日本，佛教徒崇敬这些未出生的鲸类，会为它们竖立面向海洋的石墓，这样，它们至少在死后还能望着生前居住的家园。但是在这支舰队上工作的美国科学家有其他计划。一位科学家发现了一个5英寸长的抹香鲸胚胎，他将它裹在冰块里，带回港口的旅馆，用伏特加和剃须润肤乳的混合物将它保存过夜。第二天早晨，他仔细解剖了这个标本。它有未来可形成鲸的基本特征：像猪一般的吻部，鼻孔位于前部（未来将移至头部上方），有突出的耳和生殖器，还有像手一样的鳍状肢和残存的腮须，这正在形成鲸的胚胎仿佛完全可以变成其他的生物。

人类只有在死去的鲸身上才能看到这些细节，也只有在这些母舰上，这些巨兽才会看上去自成一个殖民地。它们活着时，身上爬行着鲸虱，钉着藤壶，当整层鲸脂被剥离时，这些藤壶最终松开了抓握，硬壳从表皮上爆开，哗啦啦掉在甲板上。鲸的体内还住着其他寄生虫：线虫寄居在它的肠道里（令科学家惊叹的是，这些肠管铺展开有四分之一英里长）。"桥立丸号"直接把这些虫和鲸肉一起切碎。人们更关切的是鲸肉中发现的放射性能级，其辐射微尘来自广岛和长崎爆炸的原子弹。不过那时候，这颗行星上的每个人，包括男人、女人和孩子，都从这两次爆炸中吸收了锶-90，它将沉淀在人们的骨骼中，传给之后的数代人。

在浮满冰山的海水中，密密麻麻的须鲸肚皮朝上躺着，一头挨着一头，像被掏了内脏的鲱鱼一样，海鸟像插着羽毛的星辰一样在它们周围飞来飞去。它们是被捕获的鲸，正等着被处理。一个加工船队一天能宰杀70头鲸，用的武器类似航天时代的导弹，有缘边和锚爪，可以在那巨大的颅骨中产生内爆。有36万头蓝鲸以这种方式在20世纪死去，导致这个物种的数量仅剩下1000头。到了20世纪60年代，蓝鲸实际上已在商业层面上灭绝。

第十二章　为鲸的冷战

你已和我们一样，

遭到贬谪，终将一死。

——斯坦利·康尼茨，《韦尔弗利特之鲸》

1954 年的电影《白鲸记》是在英国及爱尔兰拍摄的，而非在新英格兰，导演约翰·休斯敦为此征用了一艘 1870 年的纵帆船，它前不久刚在迪士尼的《金银岛》中扮演了"斯班诺拉号"。这艘帆船在赫尔的圣安德鲁码头装配完毕，那里的杂货店贡献了鱼叉原件，是在店铺阁楼上找到的。接着，这艘电影中的"裴阔德号"航向爱尔兰的西岸，导演决定只在阴天拍摄，好为自己的电影营造阴郁的感觉。

我记得小时候看过休斯敦的电影，对我来说它相当冗长又无趣。我们老式镶面的黑白电视只有不清晰的 405 线画面，在传递微妙的电影效果上起不到多少作用。电影摄影师奥斯瓦尔德·莫里斯设计模仿19 世纪的捕鲸场景，组合了两组底片——一组黑白，另一组彩印——以暗示"电影拍摄于故事发生的 1843 年"。我也没有领会编剧雷·布雷德伯里的良苦用心，他为此把书读了 9 遍，写了 1500 页脚本，最后删减至 150 页。"我发现自己被极度的抑郁所折磨，"布雷德伯里说，"我觉得我在负重，背上背着梅尔维尔。"我也理解不了 19 世纪对鲸油的渴望与战后对石油的欲求之间的任何类比。

奥逊·威尔斯在电影中还出色演绎了配角马普尔神父，在谢珀顿的船首讲坛上完成了戏剧性的表演，但我也没有被他的表演打动。（威尔斯将于 1955 年在伦敦东区的哈克尼帝国剧院放映自编自导的《白鲸记》版本，并声称这是他最好的作品。）我模糊记得理查德·贝斯哈特演的以实玛利，但那只是因为他在《航向深海》中演了一位潜水艇船长，和一头巨乌贼搏斗。和迪士尼的《海底两万里》一样，鲸和乌贼都是冷战怪兽，是科幻外星人的水下版本，是世界要面对的内部威胁。尽管另一个野蛮人的样子也足够可怕——奎奎格那布满刺青的脸和红色的长内裤，但是当一头鲸终于出现在屏幕上时，你很难说清它到底是活的还是死的，尤其还因为休斯敦是用一个实物大小的模型扮演了莫比·迪克。（在拍摄的过程中，当"白鲸"在狂风大浪中被拖离菲什加德时，它的一个零件脱落了，致使海岸警卫队警告过往船舶注意一个"可能妨碍航行的风险"，英国空军还派出了一艘飞船搜寻那个偏离正路的道具。）

和这头假鲸用绳索连在一起的格里高利·派克差点淹死，因为休斯敦坚持一遍又一遍地拍摄亚哈的最后时刻。但直到今天再次观看电影，我才在这些场景中看到某些真实到吓人的东西。大部分场景是在一个摄影棚中拍摄的——暴露这一点的是错误的波浪大小，还有背投那颜色夸张的天空，将格里高利·派克饰演的亚哈映衬成了某种哑剧魔王——但在交切的镜头中，休斯敦插入了人们在马德拉群岛捕猎抹香鲸的影像。这是他的电影最接近真实的部分，在那头鲸濒死的时刻，从它的气孔中喷出了深红色的喷泉。那是一种令人难忘的、海明威式的姿态，只不过做出这种姿态的不是一头濒死的公牛，而是世界上最大的捕食者，它在大银幕上毁灭于众目睽睽之下，就像是一则广告。

1958 年，也就是我出生的那一年，欧内斯特·海明威告诉《巴黎评论》，他曾追捕过一群抹香鲸，数量有 50 头，并用鱼叉射中了一头"近 60 英尺长的，但被它逃脱了"。他孤独地吹嘘着美国英雄主义的往昔岁月。捕鲸如今已是其他国家的职权，他们的努力将把鲸逼入绝境，其程度远远超过扬基舰队曾做的一切。事实上，捕鲸业是在我出生以后发展到巅峰的。仅在 1951 这一年，即梅尔维尔的著作问世 100 年后，全世界被杀死的鲸的数量已超过新贝德福德在一个半世纪里的捕鲸量。

我的《动物百科图册》由美国自然史博物馆的展厅负责人集体编辑，用了馆藏的色彩暗淡的透视画作为插图——不过我要高兴地说，那幅一头抹香鲸与一头巨乌贼搏斗的实物大小的透视画没有选用，它真的叫人毛骨悚然——这本书承认了20世纪50年代鲸类学的局限性。就如同回应以实玛利的问题一般："鲸会缩小吗？"作者们做出了迟缓的回应："除非我们更多地了解这些深海哺乳动物，否则我们无法期望有很多结论。我们正在认真努力获得这个信息。"

这本书见证了一个前生态时代。其中一个章节的标题是"来自鲸的最重要产物"，文中陈述"最近的一个南极捕鲸季生产了2158173桶鲸油"，但是在另一个标题"鲸已濒危"下，它报告"捕鲸者在一个季节中就猎杀了6158头蓝鲸、17989头长须鲸、2108头座头鲸、2566头抹香鲸……其中并不包括俄罗斯人猎杀的2459头鲸"。

看看这些数字在整个20世纪如何飙升是有益的。1910年，1303头长须鲸和43头抹香鲸被捕杀；1958年，数字增加至32587头长须鲸和21846头抹香鲸。政治使这一势头加剧恶化。从1951年至1970年，苏联的捕猎数量超出了国际协议的范围，猎杀了超过3000头的南露脊鲸，上报国际捕鲸委员会（IWC）的却只有4头。IWC的总部位于英国剑桥，首次会议于1946年在美国华盛顿特区召开，召集人是杜鲁门总统，大会提出了进一步限制捕鲸的渐进步骤，但商业压力和非可持续性的限额压倒了良好的意图。

在这场大屠杀中，受难最为深重的是座头鲸。俄罗斯人声称只捕杀了2000头，但数字显示他们杀死的座头鲸超过了48000头。年轻的鲸、母鲸和幼仔、受保护的物种被无差别地杀死，而且数据被篡改了。抹香鲸也是一大受害者。在19至20世纪之交，新的机械化舰队开始追逐须鲸，抹香鲸因此享受了一段幻觉般的缓刑期。但是在"二战"之后，随着须鲸种群规模的迅速萎缩，鱼叉又再次瞄准了抹香鲸，

　　　　　　　　　　　　　　　寻鲸记

那时它们的数量刚刚开始恢复。

到了 20 世纪 50 年代，在东西方彼此敌意最盛的时期，每年平均有 25000 头抹香鲸死去，成为维生素补剂或动物饲料。俄罗斯科学家亚历山大·伯金可谓是苏联时代的托马斯·比尔，他的书中有一些模糊的鲸病理学及解剖插图，他指出："煮熟的抹香鲸肉可以被用来饲养毛皮动物。"他的同胞们还用鲸头中的肌腱来制作胶水，仅在 1956 年这一年，一家俄罗斯工厂中就加工了 980 吨鲸皮，它们被鞣制、染色、制成鞋底。人们在踩着鲸走路。

冷战被引入鲸的海洋堡垒。自 1935 年起就受到法令保护的北大西洋露脊鲸因苏联的屠杀而减至 100 头，苏联还杀死了 372 头更稀有的北太平洋露脊鲸。在实行种族隔离的南非海岸，南露脊鲸早已减至仅剩数十头，而北极的弓头鲸在那些分裂的国家手下遭受着相似的苦难。

人类重新对这个行业产生兴趣，自然是因为财政。捕鲸迅速成为新跨国公司的主业。到了 1957 年，鲸油一吨可以卖到 90 英镑；这一年在奥斯陆，联合利华公司从挪威、日本和英国的船上采购了 125000 吨鲸油，但是被质询时，这家公司拒绝对其购买行为发表评论。几年后，鲸每年在全球经济中所占的产值约有 5000 万英镑。人们在南冰洋使用直升机来寻找鲸，一艘捕鲸船在那里进行了一次王室社交。当时菲利普亲王从皇家游艇"不列颠号"登上了"南方收割号"，人们从桅顶悬吊下来一个篮子，让这位贵族乘篮升空横越，一头 50 英尺长的抹香鲸在两艘船之间提供了缓冲器。（稍后，亲王在一次电视访问中评论道："鲸有它独特的气味。"）

1958 年，IWC 在海牙召开第十次会议，发布了新的限令，扩大了北大西洋和北极部分海域禁猎座头鲸的区域，并限制在南极猎捕座头鲸。但这样的限令对那些没有签署协议的国家来说毫无用处。《泰晤士报》在 1959 年 1 月的一篇社论中直截了当地指出，"捕鲸业重现噩梦：鲸的灭绝"，并预见了"下一季在南极的大屠杀"。它要求派出中立观察员，并强制禁止建造新的捕鲸船。"英国作为调解者的角色值得赞赏。但它作为利益相关方，很难担当起这项工作，而没有其他各方的配合这项工作也不可能完成。"正如另一位科学家指出的，"保护行动失败主要是因为鲸不属于任何人，照顾它们也不会给任何人带来直接利益。"

当 IWC 在研究如何猎杀鲸更具人道主义时，荷兰和挪威——所谓捕鲸"五大国"的其中两个（其他三个是英国、日本和俄国）——宣布它们决定退出协议，"因为事实证明这两个国家不可能获得合理的捕鲸配额"。而就在西方国家大肆争吵时，日本扩充了它的舰队。1963 年的头条新闻宣称"对鲸肉的偏好推动产业发展"——这是对日本社会现实的阐述，对鲸油的需求则次于鲸肉——并指出这个国家最近并购了"南方收割号"，就是女王丈夫参观过的那一艘。媒体在一定程度上偏向于报道这类内容——"日本的捕鲸方法透露出一种机械般的冷酷，它使数年前的捕鲸者显得像是业余冒险家"——这又是战争后遗症之一。

同一篇文章还补充道，一种"海盗般的行径"在"逐渐清空捕鲸场"。捕鲸是一项自由参与的产业，最为恶迹昭著的参与者之一是希腊航运巨头亚里士多德·奥纳西斯，他是美国前任第一夫人①未来的丈夫。他故意将船舶登记在洪都拉斯和巴拿马，这两个国家和 IWC

---

① 指杰奎琳·肯尼迪。

成员国毫无关系。他的船在受保护海域大肆掠夺，杀死遇到的每一头鲸，"无论是濒危种类还是新生幼仔"。直到挪威向公众公布他的行为，秘鲁海军及空军因其船舶侵入他们的领海而向它们开火之后，奥纳西斯才被迫停止屠杀，发现把舰队卖给日本人更有利可图。

这一切都是在无视国际捕鲸委员会的强制配额下进行的，或者有可能就是因为这些配额而引起的。例如，1967 年至 1968 年的南极渔获量被设定为 32000 个"蓝鲸单位"。世界最大的动物被贬作一个数学量，而它古老的种群数量在官僚等式中变成"库存量"。这是一个可怕的算法：

$$1 \text{ 蓝鲸单位} = 2 \text{ 长须鲸，或 } 2.5 \text{ 座头鲸，或 } 6 \text{ 塞鲸。}$$

渔获的鲸平均大小在下降，就如一位科学家指出的，"这表明可能存在过度杀戮"。不仅如此，"CDW（每艘捕鲸船的日工作量）也在稳定下降，它可以衡量捕猎一头鲸所需的努力程度，它的下降说明了一件我们早就知道的事：鲸在消失"。一个糟糕的可能性让另一位海洋生物学家慨叹："接下来是什么？是不是会有轨道卫星从太空传送消息，告诉猎人们去哪里找寻最后一头鲸？"

鲸注定失败。当须鲸在南极减少时，捕鲸国便转向抹香鲸。成千上万的鲸在舰队前往南冰洋的途中被捕杀，在那些更温暖的海域中，人们找到的是雌鲸和正在繁殖的鲸群。在 1965 年的伦敦会议中，IWC 发现"大量证据"表明，关于可捕猎抹香鲸大小的条例已被彻底违反。于是大会规定在南北纬 40 度之间的海域禁猎抹香鲸。那一年的捕杀量达到了历史顶峰，死去的鲸一共有 72471 头。

邓迪属于最后一批捕鲸港口，它派遣船舶到达的水域将在 20 年后见证英国最后一场殖民战争，如今这些船正在南乔治亚岛和福克兰群岛的岩港中锈烂。在船上工作过的船员中还有一些人在世，他们把那些户外屠宰场形容为地狱。记忆中的噪声、气味和景象令他们不忍回首。他们说，如果那些鲸能尖叫，那没人能忍受这些工作。相反，鲸在死亡面前哑然无声，就好像它们商量好不对这虐待进行抗辩，从而让其迫害者更感羞愧。

我自己也无法得到豁免。当我穿过潮湿的秋叶，从学校走回家，我看到母亲正在火边烘干衣物，南安普敦的工厂加工的鲸油黄油就放在冰箱的淡黄色盒子里，而我的面颊上涂着鲸脂，因为就如我那本百科全书所说，"女人们会乐于知道她们的化妆品中有鲸脂的成分"。

鲸的气味挥之不去。

当我在被窝里阅读违禁的美国漫画，幻想着一个满是身穿光亮外衣的超级英雄的世界时，硫化、皂化和蒸馏这样的新工艺已将鲸的用途延伸至润滑剂、颜料、清漆、墨水、清洁剂、皮革和食物这样的产品中，并使之合理化：氢化作用使鲸油变得美味，入口丝滑。效率至上的做法取代了早期捕鲸者的浪费行为。鲸的肝脏产出维生素 A，鲸的腺体被用来制造治疗糖尿病的胰岛素和治疗关节炎的促肾上腺皮质激素。19 世纪的列车在鲸油上飞驰，如今这些有着优美镀铬尾鳍的流线型汽车使用的制动液也是鲸油制作的。维多利亚时代的新英格兰人爱吃鲸油炸出的甜甜圈，现在这些剪着平头穿着条纹 T 恤的孩子们也在舔着用鲸油制作的冰淇淋。他们容光焕发的脸是用鲸油肥皂洗出来的，他们绑着的鞋带是用鲸皮做的，他们大步走向学校时经过的花园是用鲸肉肥料滋养的，他们用鲸油蜡笔绘画，而他们的妈妈在给他

们缝衣服时用的机器是用鲸油润滑的，他们家里的猫吃的都是鲸肉。在办公室里，姐姐录入备忘录时用的打字机色带使用的是鲸油墨水，她偶尔还会停下来涂一涂鲸油唇膏。傍晚时她会打一场网球，用的是鲸弦球拍。回到家里，爸爸让全家集合照一张相片，胶卷上涂的是鲸胶。

鲸铭刻着时代的画面。

直到 1973 年，当我长成一个十几岁的青少年时，英国才开始禁用鲸类产品。就算是那时，还是有一些例外得到允许，比如用作引擎润滑剂的抹香鲸油，用来软化皮革的鲸蜡——当时

每月进口量依然有 2000 吨，以及其他"由国外引入工业制品"的产品。"抹香鲸并未被过度开采，"农业、渔业和粮食国务大臣说，"但须鲸是。"宠物食品制造协会——进口鲸肉中的 90% 被他们用来在猫狗食品中营造"肉块感"——他们宣布将于当年 11 月接收最后一批货物。

鲸也许不再点亮这个世界，但时代仍然奔跑在它们的油脂上。钟表匠使用这种优秀的润滑剂，其优越性体现在极地纬度，因为它可以允许精密时计在冰点以下的温度中工作（因此也可以让南极舰队捕猎更多的鲸）。斯特拉斯堡教堂巨大的天文钟恪守仪式地敲响欧洲的钟点，它能顺利工作，得益于新贝德福德威廉·奈油业公司生产的润滑剂。

当鲸油之钟鸣响时，这神话中的巨兽在核能时代的半衰期获得了一种新的含义。20 世纪 40 年代，美国画家吉尔伯特·威尔逊开始沉迷于梅尔维尔的小说以及现代科学。在《原子科学家公报》中，他写道："在指出凡人在憎恨和支配上所犯过失这方面，世界文学中没有一部悲剧像《白鲸记》这样有力和清晰。"威尔逊甚至向肖斯塔科维奇[①] 建议，他们应该创作一部《白鲸记》的歌剧，作为"催化剂，以帮助化解美国和苏联的冷战纠纷，恢复世界和平"。

在威尔逊自己的反乌托邦想象中，白鲸成为核冲突的预兆，而亚哈"疯狂追击莫比·迪克进入日本海"的行为则被类比于美国"在相同区域（进行）残暴的核试验和核爆"的行为。与此相似的是，在

---

① 德米特里·肖斯塔科维奇（Dmitri Shostakovich），苏联作曲家，被誉为 20 世纪最重要的作曲家之一。

1949 年出版的评论作品《熔炼白鲸记》中，霍华德·P. 文森特认为莫比·迪克"在时空中无所不在。往昔它击沉了'裴阔德号'，过去的两年中它发动了五次袭击，它从新墨西哥州的一个沙漠升空，浮现在广岛和长崎上空，最近又出现在比基尼环礁"。

一朵像鲸一样的云。

一代人之前，在新墨西哥州罗伯写作的 D. H. 劳伦斯在梅尔维尔的书中看到了"我们白人的末日……'裴阔德号'就是美国白人的精神之船"。1952 年，特立尼达作家 C. L. R. 詹姆斯 ① 被扣留在爱丽丝岛 ②。流放地就在曼哈顿高楼群的视野范围内，在自由女神岛旁边的一座阴暗的砖石建筑中，詹姆斯在这里完成了他对《白鲸记》的批评文章，把亚哈比作现代独裁者。这篇文章写于核竞争运转的阴影中，在文中，亚哈的"裴阔德号"变成了一种大规模杀伤性武器。"他有一艘完全由他个人指挥的捕鲸船，是当代技术水平最高的建造物之一。他头脑中分门别类地储存了数世纪以来积累的所有与航海相关的科学知识。这也是他成为如此致命威胁的原因之一。"这样的意象也可以被用来攻击西方。20 年后，红军派 ③ 的反资本主义恐怖分子因发起反帝国主义的战争而被关押，他们的代号都来自《白鲸记》（如头领巴德尔的代号就是亚哈），他们将梅尔维尔故事中的怪兽以及霍布斯的国家当作他们的攻击目标。甚至到了今天，亚哈癫狂的追击依然是政治讽刺片常用的桥段，"反恐战争"中的世界领袖也常被比作梅尔维

---

① 詹姆斯是一位社会主义者和革命家。

② 爱丽丝岛，位于美国上纽约湾的一个人工岛。面积约 11 公顷，被视为美国移民的象征。岛上建有移民历史博物馆。1965 年成为自由女神国家纪念地的一部分，1976 年向游人开放。

③ 红军派是德国一个左翼恐怖主义组织，主要由安德烈亚斯·巴德尔、乌尔丽克·迈因霍夫等人建立。

尔笔下那个魔鬼船长。

> 与怪物战斗的人，应当小心自己不要成为怪物。当你凝视深渊时，深渊也在凝视着你。
>
> ——弗里德里希·尼采，《善恶的彼岸》

到了 20 世纪 60 年代，鲸从实体意义上被军队征用。美国海军提出了海洋哺乳动物计划，训练宽吻海豚和白鲸识别水雷，甚至在水下放哨。海豚在越南服役时，传闻说它们被训练成了刺客，吻部套上带针头的衬垫尖锥，携带装着二氧化碳的气筒，向袭击美国船舰的越共潜水员释放会造成身体内爆的高压气体。它们至今仍在参与战争，上一次海湾战争中，人们在海豚胸鳍上固定摄像机，派遣它们清除乌姆盖斯尔港口的水雷。对一些人来说，这样的征用是对人与鲸之间关系的终极扭曲。

人类的技术正在赶上其所模拟的鲸，机器已在模仿鲸本身。在一个实验中，一艘潜水艇的外壳上使用了仿制鲸皮的橡胶，人们发现它能减少湍流与阻力的影响。于是，如雷达天线和指挥塔这样的突出部分都被包上了橡胶。后来在一艘潜水艇上发现了巨乌贼的吸盘印，它似乎把潜水艇当成了鲸。

"二战"中海洋声学的发展使军队注意到了鲸的声音（捕鲸者在通过船体听到这些声音时，曾以为那是海里的鬼魂）。从前所有人都认为海底世界是寂静无声的，现在却发现它充满了嘈杂的声响，这使人想到潜水艇可以通过播放录音伪装成鲸。一个世纪前，奴隶船曾伪装成捕鲸船行事，如今，核潜艇要使用相同的骗术。鲸类技术使人类可以入侵鲸的世界，事实证明，在这个过程中制造的声音对鲸而言是致命的。

海下如此，上空亦然。机械鲸潜水艇在深海模仿鲸，它们使用在极深处也不会冻结的鲸油润滑，反射着仿鲸声脉冲。与此同时，鲸又使人类能够探索另一种极端环境，美国国家航空航天局（NASA）使用鲸油润滑其精妙仪器和火箭引擎，将鲸的基因送入了太空。两个世纪前，鲸在大西洋国家之间引发了竞争，如今，它们又成为太空竞赛的一部分。一位曾在 20 世纪 50 及 60 年代随同捕鲸舰队航行的科学家告诉我，美国一直等到它的鲸油供应可以满足终生需求——我想象着在某个秘密地下室里放满了加标签的桶——才（无视五角大楼的抗议）游说议会发布了禁猎抹香鲸的法令。当苏联的坦克和导弹还依赖鲸油时，美国已在开发鲸油的化学替代品用于其他军事用途，这进一步推动了边缘政策①。即便到了现在，欧美的宇航局仍在使用鲸油润滑漫游的月球车和火星车。另外，环绕地球旋转的哈勃太空望远镜也在使用鲸脑油，它能看到过去 60 亿年的光阴，而"旅行者号"探测器旋入了无垠的太空，它播放着座头鲸之歌迎接一切友好的外星人——它们可能会非常疑惑，我们为何这样对待与我们共享行星的物种。

* * *

中世纪的世界相信地球是平的，相信在他们照亮的地图之外有

---

① 边缘政策是冷战时期美国的一种对外政策，美国国务卿杜勒斯称其为"走在战争边缘，又不卷入战争的必要艺术"。

怪兽生活在海洋里，对当时的人来说，鲸是一种无鳞片的裸鱼——这种概念混淆方便了僧侣在斋戒日食用它们的肉——就如海鹦被认为是半鸟半鱼的生物，鹅雁则出生于藤壶之中。尽管亚里士多德在公元前4世纪就已推断鲸是哺乳动物，但直到1773年，林奈才将它们归入此类。

然而混淆还在继续。19世纪的捕鲸者把他们的猎物称作鱼，以实玛利曾故意坚持这一点。也许它是一种潜意识中的借口，因为猎手们非常清楚，当他们屠宰这些猎物时，他们发现其体内的构造更像他们自己，而不像一条黑线鳕或鳕鱼。举个例子，我们对蓝鲸的许多认识都来自20世纪的捕鲸行为，但是当时仍然有干扰因素。鲸的身体大小被过高估计，因为它们被拖出水面后，身体会拉伸。而唯一能为这些巨型尸体称重的方式，就是把它们切成块，因此人们要模糊地猜测它们失去了多少吨的血以补足肉的重量。由于鲸的血液与体重比例要比人类的高出2/3——以便在相对安全的深海中能储存更多氧气——所以这又是一个不严密的判断手法。

上述调查是出于私利的，为的是确定鲸的盈利能力，不过有很多科学家意识到了鲸未来可能的命运，他们有另外的计划。20世纪30年代中期开展了一项计划，由"皇家科考船威廉·索克斯比号"开始给鲸加标签。钢制飞镖被射入鲸的体内，在它们被捕获时回收。捕鲸者将标签返还殖民地办公室，并附注死亡时间和地点，便可以得到一英镑酬劳。接着人们分析这些数据，"以收集信息，不仅有关鲸的迁移情况，还能解答鲸是否会年复一年返回南部同一个区域"。1936年，有800头鲸因此被标记并编号。统计结果令人震惊：人们发现一头蓝鲸在不到50天里移动了近2000英里的距离。

WHERE ARE A WHALE'S WHEREABOUTS?

You might think that where a whale goes in its spare time is nobody's business but its own. We thought so, too, but we were wrong. Some scientific people were intensely interested in the subject, and decided that in future whales must wear identification discs. But whales are unreasonable creatures, and move about a good deal in salt water, which in time corrodes almost anything but the whale itself. So the scientists came to us. Why to us? Well, we make a stainless steel tube which is quite blasé about salt water. And from this stainless tube, "darts" are made, which are dated and numbered and fired into the blubber. When the whale is eventually caught, the darts tell the story.

Simple, isn't it? But it's simply nothing to some of the other clever things we do with stainless steel tubes. We have helped to solve problems of corrosion in many businesses. Might we not be able to solve yours too, with Stainless Steel Tubes?

STAINLESS STEEL TUBES
BY ACCLES & POLLOCK LTD · OLDBURY · BIRMINGHAM

鲸类研究依然会造成创伤。1956 年，波士顿心脏专家保罗·达德利·怀特博士——他因治疗艾森豪威尔总统而成名——为记录鲸的心电图设计了一个方案。这方案要将一支鱼叉射入动物体内，鱼叉上附着的金属触片通常被放在人类病人的胸腔中。不过，就如一篇报道所言："目前没有线索表明，当科学兴趣被满足后，这头鲸要如何才能摆脱它的负担。"我的百科全书还补充道："很难说这头动物能从这样的诊断中获益。"怀特博士的病号——或受害者——是一头 50 英尺长的灰鲸。怀特已经在一头露脊鲸身上试验过这一方案，他发现那头鲸的心跳和人相似。鉴于这一认识，人们试图减少动物的痛苦：出于人道主义，英国人在试验中使用了一种新的带电鱼叉，但它没能取得成功。

　　小时候，我曾看过被圈养的海豚在布莱顿的地下水族馆中表演，嵌在廊内的停车场般的水池里亮着黄色的光，回荡着海豚的咔嗒声，海滨布景让它显得更加凄凉。那时，人们对鲸的态度也在改变。自我父母那一辈开始，变化可谓翻天覆地。在 20 世纪 20 年代，泰恩河里有许多鼠海豚，以至于捕捞鲑鱼的渔民催促"应该采取措施猎杀它们"。而到了 20 世纪 60 年代，《泰晤士报》发布了这样的头条："英属哥伦比亚省因鲸之死而震动"，指出一头虎鲸的死亡已经在加拿大成为全国新闻。

　　被称为"莫比娃娃"的那头鲸是被温哥华水族馆的馆长出海时用鱼叉击中的，它注定要成为馆内一具石膏复制品的原型。但这头鲸在受伤后活了下来，随船而回。公众对此的反应可能是最早的迹象，表明人们对鲸态度有了变化。它的鱼叉被拔了下来，人们用马的心脏、注血的比目鱼和海豹幼仔（"立刻就有人道主义者对此抗议"）喂养它，不过当人们在水槽底部找到它的尸体时，才发现"莫比不是娃娃，莫比是一头雄性"。第二年，另一头虎鲸在相同海域被捕获。人们给它取名"纳姆",用一张刺网将它拖了400英里来到南方的新家——西雅图水族馆。但刚出哈迪港两小时,捕获它的人就发现他们的货物突然被40头虎鲸包围,"它们似乎决心让它重归自由"。报道称纳姆的家人来看它,而它能根据斑痕和伤疤认出它们。

通过纳姆这样的个体,鲸成为一个新时代的符号。20世纪60年代,美国科学家约翰·C.李利博士针对鲸的智力提出了有争议的主张,并发布了一条同样特别的声明。"我们需要一种新的伦理,"他写道,

> 新的法律以新伦理观为基础,人类要为侵占脑力可与我们相比甚至强于我们的物种的生活方式及领地,而受到惩罚。我们需要修正我们的法律,使鲸类不再成为个人、公司或政府的财产。正如我们的法律对人类个体日益尊重一样,对鲸、海豚和鼠海豚个体也应如此。

李利博士的呼吁是20世纪20年代亨利·贝斯顿言论的回声,并且反映了新时代的社会思潮,他甚至声称海豚"可能几乎和人一样聪明,只不过是以某种奇异的方式,这是因为它们生活在海洋中",而鲸有"一种复杂的内在感受或精神生活"。然而,科学家同侪们对李利博士的研究表示出了一定的怀疑,尤其是因为他在研究人类知觉的实验中使用了LSD致幻剂。后来他还为1973年拍摄的一部电影《海豚的故事》做过顾问。

社会越来越意识到鲸的困境,而且IWC显然很不称职,环保主义者们开始坚决主张他们有权利批评"一个群体的工作方式似乎认定了世界的鲸可以随他们的意思来分配"。捕鲸业的惨状终于真正进入

公众的视线，如绿色和平、地球之友这样的组织打开了他们的视野，人们发出了激烈的抗议——比如向 IWC 的日本代表投掷血包，并直接在海上展开救援行动，然而一切为时已晚。全球的鲸类种群一直被捕猎、射击、轰炸、屠宰、虐待、消耗，其开采程度远远超过地球上其他任何一种生物资源。

在环保卫士们赢得胜利之前，捕鲸业本身早已慢慢陷入停顿，但这是一次皮洛士式的胜利①，人们对这些物种的保护零星而分散：1966年，座头鲸全面禁猎；1976年，长须鲸禁猎；1978年，塞鲸得到了相似的保护。俄国和日本曾被迫转向捕捉小须鲸（最小的一种须鲸），在最后数十年的无限制捕鲸中，他们又重新开始在北太平洋捕猎抹香鲸，从1964年至1974年，他们杀死了25万头鲸类。这就像是他们知道必定会有一个终点，所以要赶在终点来临之前更加全力以赴。

1982年，IWC 在布莱顿的迈特波尔酒店颁布了它的全球禁止令——这个酒店的环境有些出人意料，因为它离镇上有海豚表演的水族馆只有几百码距离——这一法令延期执行，好让捕鲸国家有缓冲的时间。但是鲸仍然是国际政治的牺牲品，因为它们没有国籍：它们被震耳欲聋的噪音污染威胁，这些声音会对它们的耳朵造成损害，对抹香鲸最重要的感官造成致命破坏；它们被化学污染影响，这些污染从母亲的乳汁中一代代传给幼仔；它们被渔线缠裹，这些线网使它们在狂乱状态下淹死，每年都有30万头鲸因误捕而死。

鲸会误吞下塑料碎片；日渐稀薄的臭氧层导致皮肤癌的发生；变

---

① 古希腊伊庇鲁斯国王皮洛士出兵与罗马交战，在付出惨重代价后打败了罗马军队。此后，人们用"皮洛士式的胜利"指代得不偿失的惨胜。

寻鲸记

暖的海洋在驱赶它们的食物来源；它们关于环境与资源的古老常识跟不上气候的变化。它们不停地在领海间迁移，在立法海域进进出出，穿过没有任何保护法则或责任的公海，但无论它们去到哪里，都永远要屈从于人类的活动（就在这过程中，我自己乘飞机横越大西洋的举动也在给天空划下伤痕，在空中书写了我对环境犯下的罪行）。

　　无处可逃。有时候鲸像是注定要可悲地成为牺牲品。它们曾经因人类使用鱼叉而恐慌地屈服；它们用自己的残片给炉火添加燃料，还在被屠宰后提供自己的油做清洁，就好像在为这脏乱道歉。如今，它们是生态攻击的早期警示系统，犹如在用它们自己的声呐侦测破坏。以实玛利的鲸之乌托邦比过去更加遥不可及。我们无休无止地蚕食鲸的生存环境，这已经给它们造成了巨大的压力，它们已承受不起更多持续的追逐，但这却正是它们要面临的境况。1987年，全球禁止令终于生效（除了一些地区的土著为生存而进行的捕猎，包括格陵兰、俄国和阿拉斯加的因纽特人、华盛顿州马考人、圣文森特岛和格林纳丁斯群岛的加勒比海居民），自那时起，大约有25000头巨鲸死去。单日本一个国家，就在其南极研究项目JARPA和北太平洋研究项目JARPN中杀死了7900头小须鲸、243头布氏鲸、140头塞鲸以及38头抹香鲸——日本在2000年又开始捕猎抹香鲸。2006年，JARPA II项目杀死了1073头小须鲸——猎手称其为"海蟑螂"——外加50头长须鲸。每一年，日本都要杀死20000头禁止令中不包括的小型鲸、海豚和鼠海豚。

　　这些肉在日本市场上公开售卖，但环保主义者们声称，因为市场需求减少，大多数肉都会储存起来，或是被制成宠物食品。有些肉会被当作须鲸肉来卖，因为比起齿鲸，须鲸更少受到食物链污染的影响，但这些肉事实上就是齿鲸肉。其他科学家质疑JARPA的研究价值，他们认为这个项目提供的数据不需要通过猎杀鲸来收集。就和挪威与冰岛公开捕猎小须鲸一样，背后其实还有文化动因。像欧洲一样，日本称捕鲸是它延续数千年传统的一部分——在历史上，禁止食用陆地动物的统治者鼓励了这一行为。

日本还指出，美国海域每年都有土著在捕猎鲸，这和日本宣称的沿海城镇文化优先性有什么区别？加勒比海的贝基亚岛仍然在捕猎座头鲸，其技巧是贝基亚一名渔民学会的，他曾于19世纪70年代受雇于一艘普罗温斯敦的捕鲸船。1977年，因纽特人仍然在捕猎弓头鲸，这据说让美国很"尴尬"，这种鲸的幸存数量已小于2000头。"他们每年都态度强硬地争取降低配额，对日本和俄罗斯喋喋不休……不依不饶。但讽刺的是，只有美国人在捕猎最接近灭绝的一种鲸：弓头鲸。"在与鲸相关的食物和宗教方面，因纽特人有悠久的历史，而如今他们"因鲸油带来的收入而足够富裕，可以购买摩托艇、功能强大的步枪和爆炸性鱼叉"，捕鲸"已经不再是一种仪式或生存手段，它变成了一种消遣"。

西方曾在战后鼓励甚至协助日本捕鲸，直到20世纪70年代，学校的午餐都会提供鲸肉，因此，日本厌烦在这个问题上被训诫。"并不是因为日本人多爱吃鲸肉，"大久保亚夜子在《纽约时报》的采访中说，"而是他们不喜欢外国人对他们指手画脚。"有人说，正是美国对日本的过度施压——以及环保游说的道德压力——促使日本摆出了不妥协的姿态。事实上，尽管美国在上世纪70年代的反捕鲸运动（1972年，它向联合国某次环境大会提交了一份建议书，申请10年内禁止所有捕鲸行动）中呼声高昂，但如果美国与俄国、挪威和日本一样，在战后持续捕鲸的话，那情况就会完全不同了。如果美国的捕鲸业没有在 19 世纪末衰退，他们也许就没有政治动力呼吁禁止国际捕鲸了。这可能是《白鲸记》的真正遗赠。

鲸的数量正从 20 世纪中叶的低谷回升，这是事实。在南部与北部海洋中，座头鲸和小须鲸的数量正在增加，南露脊鲸正成功在南非与南美的外海繁育，有望用它的基因振兴它的堂亲——北大西洋露脊鲸。正如理查德·萨宾和科林·斯皮迪这样的野外研究者所说，比斯开湾和爱尔兰南部海岸外的长须鲸数量越来越多，爱尔兰海中也有蓝鲸游过，这个海域曾是一条致命的通道，英国和爱尔兰猎手在这里捕鲸很容易，就像是身处某种鲸类射击巷道。利用现代禁猎期，巨鲸们在收复它们古老的航线。

然而，情况的改善让那些认为鲸的数量足以持续的人继续对它施加伤害，讽刺的是，我们开明的态度再一次暴露了这些鲸。杀死一千头小须鲸对其剩余种群有指数级的影响，因为这会摧毁复杂的繁育与社交结构；抹香鲸所受的影响甚至要更大。2006 年，冰岛宣布计划重新开始捕猎长须鲸，但这一尝试被中止了，因为人们发现他们捕猎的鲸肉中的汞水平已超出人类所能承受的范围。食用白鲸和一角鲸的格陵兰因纽特人是地球上受污染最严重的人群之一，虽然他们所居住的是地球上最原始最干净的区域。加拿大圣劳伦斯水道中的鲸吸收了太多工业污染物，以至于每四头中就有一头死于癌症。挪威因其根深蒂固的历史沿袭，于 1992 年重新开始商业捕鲸。它从未有任何接受 IWC 约束的意向，也没有从自己的行为中看到任何的矛盾：对挪威人而言，鲸就像是家养奶牛一般的牲畜，是一个海运国家历史悠久的资源。与此同时，有争议的全球禁止令仍在生效，但它只是一个暂时的解决方案，协议双方对此都心知肚明。

李利博士关于鲸类智力的非凡主张，科学界过了一段时间才消化。科学家们不情不愿地就这一主题发表见解，其态度就像他们对尼斯湖水怪到底是否存在发表意见时一样。然而答案变得越来越清晰，与鲸和海豚的大脑匹配的只有高级灵长类和人类的大脑，它们与后者有着同样复杂的大脑皮层——其顶层典型的皱褶与涡旋——这意味着出众的智力。如果考虑到它们厚重的鲸脂，那抹香鲸的身脑比（脑化指数或 EQ）意味着它们极其聪明。

研究表明鲸类能解决问题并使用工具，会表现喜悦和悲伤，并生活在复杂的社会关系中。不仅如此，它们还能以"文化传播"的方式传授这些能力。霍尔·怀德海说，20 世纪的捕鲸业可能摧毁的"不仅是无数个体，还有它们蕴藏的关于如何开拓特定栖息地和领域的文化知识"。这还导致剩余的鲸出生率更低，尽管抹香鲸所受的苦难没有弓头鲸等须鲸类那么惨痛——后者如今的数量与捕鲸时代前的数量相比已有天渊之别——但繁育缓慢的抹香鲸每年数量只增长 1%。1986 年的中止令也许只来得及挽救抹香鲸属。

怀德海博士与乔纳森·戈登和纳塔莉·雅凯这样的科学家一起，花费多年时间研究野生抹香鲸。他告诉我，有一些有力的证据表明，这些鲸有"先进的认知"，它们只是使用大脑的方式和人类不同。它们生活在另一种介质中，依赖的结构和作用力与我们完全不同，这就使它们的生活需要其他的天赋，而我们对此还一无所知。

霍尔·怀德海对抹香鲸得出的结论很有意思。他指出，虽然它的大脑巨大，但从相对比例上看，这在哺乳动物中并非不同寻常。然而，它的结构"表明了其在处理声音和智力上的优势"；它有一个异常大的端脑，是大脑用来形成有意识的心理和感觉过程、智力与个性的部位；它的新皮层也高度发达，灵长类的这个部位与社交智力相关。

　　恰恰是因为这动物如此巨大，栖息地又如此广袤，才使它的智力得到发展。它一直在移动，一直在社交群体中生活，所以鲸的生命是彼此相通的，它们互相依存，依赖于彼此的知识。因为没有天敌，抹香鲸的生命漫长且相对安全，再加上庞大的数量，使它们演化出复杂的社交体系与文化，只不过我们对此还不了解。怀德海的研究没有发现关于其智力的直接证据——这主要是因为我们对它们的生活所知甚少，同时，鲸复杂的社交行为显示了一个公共的回忆系统，它传递关于聚食场和其他记忆的信息。在一个不停变化的环境中，年长者是很重要的，它们相当于这些物种的生命保险。

　　也许鲸的记忆超出我们的想象，就像谚语中的大象一样，它们也许有持久的记忆力。人们在研究座头鲸的大脑时，还发现了纺锤体神经元的存在，此前这些神经元只在灵长类和海豚脑中发现。这些细胞于1500万年前首次出现在人类始祖的大脑中，它们对于学习、记忆、识别周围的世界以及对自我认知可能都非常重要。在鲸类的大脑中，它们可能是在3000万年前演化而成的。这一发现将座头鲸置于齿鲸之列——抹香鲸、虎鲸和海豚——它们都有复杂的社交技能，用以"结盟、协作、传播文化与使用工具"。

　　霍尔·怀德海说抹香鲸不仅拥有文化——因社交互动而产生学习信息的能力——还用它"成功适应了海洋苛刻的环境"。"人们渐渐开始承认文化并不是人类特有的。"这样的研究表明，整个鲸类群体——这个在大洋中以各自独特的模式移动，并以各自独特的咔嗒语系"说话"的族群——就像拥有相同语言的人类。相同种族的不同群体会以不同的方式行动，以不同的方法搜寻食物，这些方法是从母亲那里学到的，一代代传下来。同样地，宗族成员相当于人类的民族；加拉帕戈斯群岛的两个族群基因相似，地缘相邻，"说"的却是不同的方言。

怀德海博士将抹香鲸的咔嗒声分成了4个功能组：通常的咔嗒声，大约1秒2次，是鲸觅食时发出的；吱吱声，是一种规律性的、更迅速的咔嗒声序列，他形容这种声音就像门打开时生锈的铰链发出的声音，这表示一头鲸正在锁定它的猎物，或是扫描到了海面上其他的鲸；交际用的韵尾序列，比如咔-咔-咔-（停）-咔，这是一种鲸类的莫尔斯电码，表示"交谈"，不过"我们不知道它传递的是什么信息"。所有声音里最神秘的是成熟雄性发出的缓慢的咔嗒声或铿锵声，怀德海将它比作"一扇监狱门每7秒被砰地关上一次"。

科学家们开始意识到抹香鲸社群的复杂性，捕猎可能会对其造成致命的影响，如果猎杀了其女家长，支持种群延续所需的关键信息就会同时丢失，而宰杀了大型雄鲸，雌鲸就失去了配偶。这些鲸群社会面临着显著的新威胁。当我们能够预报天气时，它开始变得无法预测，与此类似，当我们发现更多关于鲸的信息时，它们开始消失。自然历史可能很快就会简化成：历史。

地球上的动植物正以平均每天100种的速度消失。一个毁灭过程将会完成，在两百年前人类开始调查鲸的天性时，乔治·居维叶就率先预见到了这种毁灭。在我写作这本书的过程中，鲸类的一种——白鳍豚已宣布灭绝。到本世纪末，所有动物物种中的半数将走完相同的进程，其中包括科德角海湾的弓头鲸。

抹香鲸也面临不确定的未来，它们繁育的速度太慢，可能最终也会消亡，这是捕鲸的延迟效应。人类在那两个大捕鲸时代中启动的一切，也许会在偶然之中，被其后代成功终结。怀德海博士和他的研究同侪们也许永远不能了解鲸的真相，不过在他最惊人的意见中——它源自最详尽的科学调查的集成，是他终其一生研究这一个物种的成果，因此也显得更为惊人——怀德海提出，我们还可能发现，抹香鲸，这种鲸类中最古老也可能是演化程度更高的鲸，拥有发达的情感、抽象的概念，甚至可能还有信仰。

如果抹香鲸拥有信仰，它们会信仰我们吗？在梅尔维尔那部反圣经的作品中，亚哈对大白鲸渎神式的追击在一场灾难式的三日追逐中结束。他被逼至狂躁的顶峰，将鱼叉猛插进了那动物的身侧——"这样，我就连标枪都放弃了！"——结果绳索套住了他的脖子，"就像沉默的土耳其人绞死受害者一样，他无声无息地被射出了小艇，一时连水手们都不知道他消失了"。人们最后只见到亚哈被甩到了鲸的白色身侧，就像被钉在了十字架上，他死气沉沉的胳膊召唤其他人跟随他进入遗忘的水域。接着那动物攻击"裴阔德号"，击穿了船，船和上面所有的船员都沉没了。梅尔维尔故事中的整个船员群体都消失了，只留下似乎从未存在过人类的海面，"海洋那巨大的裹尸布又像五千年前那样继续不息地翻腾"。以实玛利一个人幸存下来——扑在奎奎格做的一口棺材上——被一艘路过的捕鲸船捞了起来，它"在折回来搜寻那两个失踪的孩子，却只是找到了又一位孤儿"。

但大多数评论者都漏掉了梅尔维尔书中另一位幸存者：那头鲸。如果有任何动物要发展出自己的宗教，还有谁能比它更好？在经过了所有这一切试炼和苦难后，它依旧是一种不死的、全知的力量，一个在海中徘徊的形象，超越一切物理维度和人类的理解能力，不停地旋入太空之中。

林线   单桅帆

罗斯威尔   锚

掸子   雪暴

刮擦的幼仔   山谷

第十三章　观鲸

　　难道还有比一瞬之间通过彼此的眼睛来观察更伟大的奇迹吗?

　　　　　　　　　　　　——亨利·戴维·梭罗,《瓦尔登湖》

　　在麦克米伦码头,船已准备出发去进行当日的第一次观鲸。博物学家丹尼斯·明斯基查看昨日的观测报告,那是一些夹在垫板上的影印表格。他用手梳理着灰白的头发,理顺胡髭。今天他将汇编另一叠需要及时处理的数据,它们是一张拼图的碎片,而这是一张永远不会完成的拼图。

　　马克·德龙巴船长在旧咖啡杯里熄灭烟头,设定了一条固定但又时刻变化的航线。当朝圣者纪念碑被浓雾笼罩,太阳消失了;当陆地在雾角声中远去时,所有的声响都变得模糊起来。我们是当天的先行者,随后其他船舶将跟上我们的水迹,乘客中将会有孩子与父母、伴侣和孤客、失落者和发现者,他们全都在期盼某些东西。

　　接下来看到的是司空见惯的景象——先是布满鸟粪的防波堤,接着出现的是纹章中常见的鸬鹚和一头懒洋洋的斑海豹,而后是一连串标志着陆地尽头的灯塔:长角灯塔,嘴状沙洲在它这里陡然下降了

140英尺；林末灯塔，它的灯火曾宛如普罗温斯敦的一颗卫星；赛点灯塔，海流贴着这里看似温和的绿色浅滩，凶猛地转了个弯。船往往到这里就返航了，能走这么远已经很了不起。在海湾中，海面不过是被风吹皱，但越过这个点，浪头则可能会把我们100英尺长的船抛来抛去，就像玩一个婴儿洗澡玩具那样。

当我们进入外海时，风渐渐变大。深度计降到80、70、60英尺，这意味着水下的斯特勒威根海岸在渐渐升高，它的形状就像是水下的海岬。这个海中高原是大西洋版的塞伦盖蒂平原，它是召集鲸的食物网的核心，丹尼斯对乘客们说，这些动物是迁徙性的，就像你们花园里的鸟一样。

这是个惊人的对比：一群骨骼轻盈的燕子，和一群脂肪丰厚的鲸。两者都迁移了同样浩瀚的距离，而这个夏天，回归此地的鲸情况良好。除了大约2000头已知的个体座头鲸外，又确认了68对母子，从而证明了这些水域的富饶。但它们依然濒危：上个世纪，这些动物的祖先被捕鲸船追击，如今它们自己也可能成为目标。

当海床被阳光晒暖时，玉筋鱼朝光线蠕动着钻出沙洞。在上层甲板上，丹尼斯给观众们展示这种鱼的橡胶模型，他的助手则举起一连串很有启发性但是相当重的木板，告诉人们可以在哪里看见它们。当丹尼斯把模型传给众人时，孩子们尖叫起来，之后传看的是一个小小的海水标本罐，里面有无数细小的桡足动物。他最后展示的是一组古老的鲸须板，这些褐色的脆片飘着流苏，颜色和质地都像马蹄。

我第一次登上这艘船是在 5 年前，而今天我有一个不同的任务。现在我是观鲸活动的一分子，而不仅是一位看客。我放松视线，透过望远镜望向海平线。但这终究是令人紧张的探寻。我寻找着一切关于鲸的迹象：海面微妙且令人恍惚的改变标志着海流的汇合，海鸥的骚动意味着它们找到了免费的餐点，以及任何打破单调海景的细小异常。

船破开水面。大䴉——没有哪种鸟的名字能比它的更恰如其分——在几乎要碰到波浪时才倾斜它们的翅膀，和海洋玩着大胆的游戏。和黄蹼洋海燕一样，大䴉是远洋鸟类，终生都在海中生活。丹尼斯引述了奥尔多·利奥波德关于动物如何组成风景的观点，我们的船长大声咒骂着那些缺席的该死的鲸。紧接着，凭借比我借来的双筒望远镜还要锐利的目力，他看到了远处的一次喷水。从这一刻起，一切都改变了。

> 对于一个陆地上的人来说，这时不要说鲸，就连鲱鱼的影子都看不见，只有一片动荡的青白色的水面，上面点缀着稀疏的气泡，正向下风头吹散开去，就像白色巨浪溅出的乱纷纷的飞沫。
>
> ——"初次放艇"，《白鲸记》

对于人们接近鲸的行为有严格的法规限制。在两英里外，船的速度就必须减到 13 海里 / 小时，接着是 10 海里 / 小时，然后是 7 海里 / 小时。离那动物 600 英尺处就是法定的等待区。就算是飞机也必须与它们保持 1000 英尺的高度差。约翰·沃特斯打趣说，在对礼貌距离的要求上，鲸比好莱坞明星还要吹毛求疵。

船舶震动着停下来，驾驶室里的人们在加快动作。我们包起照相机和写字夹板，沿楼梯爬上船顶，船长在那里指挥一切。在船慢慢滑向鲸喷水的位置时，乘客们纷纷发出了兴奋的吸气声。数码相机的快门声连成一片，但它们的镜头记录的只是一些二手画面，这超出我们世界一切衡量标准的生物，它们如此奇异，有时它就在我们眼前，但我们却好像看不见它一般。

BE（波士顿记录）浮标，42°.14.88N，70°.17.45W

利维坦的到来因其低调的作风而显得更加令人惊奇。当它浮起来时，细流就像水银线一般从它墨黑的脊背上滑落，巨大的胸鳍在水下闪闪发亮，被浮游生物染成了荧光绿色。它甚至狡黠地重塑了它身处其中的海洋。鲸在海中上下沉浮时，那山峦般的身体形成了属于它自己的溪谷，在它尾部行过之处会留下一溜顺滑的水面，就算是在粗暴的海洋里，那一小片水域都平静得像池塘。人们可以根据这道尾迹追踪它的路线，捕鲸者认为那是鲸在下潜时被冲刷出来的油或"滑光"。捕鲸船不会横越这道尾迹，因为担心这样会吓走猎物。因纽特人也不愿意打破这个魔咒，但他们这样做是出于尊敬，他们把这个加拉——意为"隐匿的鲸路"——视为鲸映照我们世界的镜子，也是我们映照它们世界的镜子。

长须鲸的喷水

尽管它们身形巨大，但人们可以根据喷出的水雾来识别它们：长须鲸的喷泉是高高的柱状；不连贯的简短喷气属于小须鲸；座头鲸的喷水是浓密的，这个海洋蒸汽引擎有时也会发出愤慨的象鸣声；弓头鲸的喷水呈独特的 V 字形，对许多观鲸者来说，它是这类珍稀动物中他们能靠得最近观赏的。这些水雾都带着虹彩，如此轻盈的景象却标记着这般庞然大物的存在。而且，直到我被连续喷了满身水后，我才发现它们也能造成类似感冒一样的传染。无怪乎每次鲸再度呼气时，我们的摄像师汤姆都要把脸转开。

另外，这一物种的其他许多身体迹象都非常微妙。比如，长须鲸是唯一一种有不对称体征的鲸类——事实上也是唯一一种这样的哺乳动物：一半是鸽灰色，一半是信天翁白色，这种优雅的分区甚至延伸到了它的鲸须上，从某种程度上说，这样的颜色似乎为它在不断变换的光线和海水阴影中提供了伪装。它的尾部线条清晰、角度锋锐，

座头鲸的喷水

只有在它前冲扑食时才能看见，它在食物源中侧身移动，用白色的那一半下颌把鱼快速扫入嘴中。长须鲸肌肉发达的背部点缀着精细的涡旋纹和 V 形纹，但人们通常只能根据它们被船撞击出的伤痕来辨别个体；也就是说，人类只能依照人类对其造成的伤害来认识它们。其中一头名为"穗带"的须鲸背上有仿如履带的痕迹，这是撞上螺旋桨造成的，也许"烙印"是个更好的名字。另一头名叫"懒蛋"的鲸的吻部有一道白色伤疤，像是一只鸟叼着一条鱼。当它们在水中翻腾时，那绵延的长度会让人惊叹不已，它们的身体漫无止境地划过水面，这个过程所需要的时间度量出了一种宏大。它们是海中真正的运动家。

座头鲸是一种很容易找到的目标，首先是因为它们待在海面上的时间几乎比所有鲸都长久。它们尾部下方有黑白的花纹——部分是与

生俱来的，但常常也混有长大后得到的刻痕和伤疤。这些记号就像人类指纹那样各有不同，因此人们可以识别返乡的不同个体。当雌鲸带着幼仔回到此处学习如何进食时，这些新的个体会被登记下来，不过幼鲸要到初次露面的两年后才会被命名，这段时间它将经历漫长的迁徙、疾病或虎鲸的攻击并幸存下来。它们的名字来自尾巴上复杂的叠痕和条纹，人们从中发现形状，就像从火焰中看到脸，或从云朵中看到国家，这对哈姆雷特来说肯定是个吸引人的游戏。

除此之外还有其他可以观察的点，比如洒着白点的背鳍或夸张的镰钩——那是镰刀状的背鳍，或只是足够高到移动时会在水中颤抖。判断鲸的性别又是另一个问题。最明显的判别特征是幼仔的存在，否则就只能等它们跃出水面时匆匆一瞥，又或是等到它们像海狮般懒洋洋翻躺，将鳍肢从一侧拍向另一侧时。一头雌鲸的外阴部会有凸圆的

鼓起，一头雄鲸则只会有一道狭缝，为了流体动力，它将阴茎藏在那狭缝中。所有这些特征集合成一个综合的画面，但它永远无法非常完整，因为在水中的惊鸿一瞥就像是透过沾了油污的玻璃观察一样。

在下甲板上，乘客们每看到一片尾鳍都兴奋不已。在上方的驾驶室里，人们在狂热地行动。自相矛盾的是，在博物学家与鲸的相遇中，最关键的时刻就是它离开的时刻。座头鲸突兀且毫无预警地扭转背脊，调度那巨大的肌肉将身体朝下，潜入了海中。它们的动作是流畅的、蜿蜒的、一致的：浮起又沉下的吻部，弓起的背部和背鳍，弯曲有力的尾和宽阔尾鳍，水从尾部的后缘滴落，就像阳光下闪烁的钻石帘幕。鲸的行动定格在了它的世界与我们的世界之间的这个临界点上。

在离开的这个瞬间，鲸会露出它的图形 ID，就是尾鳍下方的纹路。

　　　　　　　　　　　　　　　　　　　　　　　寻鲸记

如果视野不够清晰，人们接下来就会争论几个小时，甚至可能几天。船长往往是第一个喊出鲸名字的人。马克·德龙巴在海上工作了20年，虽然他看起来很冷淡，但实际上很以自己辨识鲸个体的能力为傲，他甚至能隔着很远的距离就认出它们。研究中心的博物学家可能更谨慎些。他们会查询船上的目录，那是一本3英寸厚的档案，包含了此地已知的每个座头鲸尾鳍的图片，它们的排列顺序从近乎全白一直到大致全黑，索引相当抽象，其关键词是群岛、三角洲和伤痕。

回到驾驶室中，人们浏览着塑封的纸页，就如警官搜查一名年轻的罪犯。争吵继续，直至某人得意洋洋地指着一张尾鳍照片，喊出数千个奇异名称中的一个："象鼻神"，它尾上有一块白色的斑点，就像是长着象首的印度神灵；"天鹅座"，背鳍软趴趴倒向一侧；还有"小马"，她的鳍肢非常显眼，并且有"劫持"船只的习惯，她会在

船的一侧待很久，直到船长请求其他船舶将她引开，这样才能把乘客送回去；"珊瑚"的尾部有虎鲸牙齿整齐的印迹，还有规律性跃起以及向空中甩尾的偏好；"阿加西"的鳍肢上有白色的斑点；"小釉"近乎全黑的尾巴上有一条显眼的白线；"锚"在右侧尾部有一个锚状印迹；"午夜"有一条自我介绍般的黑色尾巴。有些鲸基本没有背鳍，比如"斯图布""山谷"和"支点"，它们的背鳍是在意外与船只碰撞时被割断的。"尼莱"是渔线刮擦下的幸存者，尾部周围留下的白色印记可以证明这一点；"流星"的右侧尾鳍被撕裂了，就像是为了标记而撕下的一张纸。在我观察这些动物多年后，看看有多少头鲸背负了这种伤痕是有益的。

最出名的是一头名为"盐"的鲸，它是普罗温斯敦观鲸点创立者阿尔·阿韦拉尔命名的第一头科德角鲸，因其好似撒满调味品的背部而闻名。她还在抚养幼仔——座头鲸终生都在繁育，如今是一位曾曾

祖母，创建的家谱可以媲美《哥达年鉴》①中的任何一项目录。"锚"的幼仔跃出水面，像杂技演员一样在空中乘风翻转，好像把它有皱褶的白色腹部当作了一面帆。另一头尚未识别身份的鲸用力拍打着鳍肢，力道之大，使它强行去除烦人藤壶的白色部位流出了血。我能看到它腋窝下粉色的折痕，这头动物就好像是在从内往外发光一样。这样的姿态看上去几乎是懒散的，但某些研究者认为这是进攻性的行为。

其他鲸显然并非如此。"雪暴"因她贴近船舶的行为而恶名昭彰，她不停地翻滚，鳍肢泼了我一脸的水，她腹部的每一道皱褶都清晰可见，它们延伸向她的脐部。当"尼莱"下潜靠近船只时，其非凡的腹面曲线展露出一个甜瓜般的大肿块，作为一头仰泳的年轻雄鲸，它的生殖缝也一目了然。

---

① 《哥达年鉴》（*Almanac de Gotha*）于 1763 年在德国哥达市首次出版，汇编了欧洲贵族家族目录，还包括主要的政府、军事和外交使团，后来被视为君主制时期的宫廷分类权威。

如此详尽地观察鲸几乎是不得体的。我歉疚地在想自己是否应该移开视线，因为我害怕发现它们过于肉欲——正如我承认有时鲸会以其复杂的动物性使我反感，我质疑自己为什么要对它们如此投入。即便到了现在，我也无法完全接受它们的肉体性。在某些日子里，它们似乎对浮出水面这件事特别新奇，就像新生儿一般。一天下午，一头未命名的一岁幼鲸展示了它的尾鳍背面、下巴和眼周的纯白色斑点，颜色对比极其鲜明，而且它的一边眼睑是黑色，另一边是白色。它无法在水面待太久——尽管看上去很久，有那么几秒钟，它与我视线相撞。它的眼神既不像马那样是一种无声的傲慢，也不像狗那样是一种恳切的忠诚，那个眼神至今仍令我感到不安。

三头座头鲸游过我们的船首，一头已被认出是"红鲑"，它的上牙龈明显比下牙龈突出，就像鲑鱼一样。当它再次经过时，我注意到它嘴里漂出一根绳索，像一根牙线般挂在鲸须上。当它下潜时，我看到这根绳子一路延伸至它的尾部。它被缠住了，像一头被自己的牵引绳缠住的狗，没有办法解救自己。

　　乘客鼓掌感谢船员为他们安排了与鲸群如此近距离的会面，但上甲板的气氛却不一样。博物学家卡连·兰金早已呼叫了中心的解缠小组，当我们返回普罗温斯敦时，"朱鹭号"救援船正飞速离开港口，用无线电联系我们咨询细节。我把自己看到的告诉了斯科特·兰德里。在远处的海面上，那三头鲸足够贴近海面，可以让小组系上抓钩，减缓"红鲑"的行进速度，为他们割开90米长的刺网留出时间。在这个过程中，这头鲸会失去一个结节——它头上敏感多毛的节瘤之一，但是比起自由，这是个很小的代价。

　　这都是鲸必须面对的新危险。在盛夏，度假的船舶很容易与它们相撞。在某个时刻，三头长须鲸将被迫突然下潜，以避开一艘漂移过它们行经路线的游艇。卡连那位博物学家在我们的音响系统里发出了一声斥责，那些冒犯者很走运，因为如果换成船长乔·博恩斯，肯定不会这么礼貌。

观鲸船精选术语表

　　相机！（*Cameras!*）：在遇见不错的鲸时，船长会这样惊叹。

　　荷兰娃（*Dutch boys*）：乏味的鲸（无聊透顶）。

　　长须鲸巷（*Finback Alley*）：从赛点灯塔到尖丘的一条水道，

长须鲸常常光临此处。

亮闪（*Flashing*）：鲸跃出水面时展露的腹部。

万福玛利亚（*Hail Mary*）：跃出水面的鲸。

拉格（*Lag*）：白腰斑纹海豚的昵称。

蚊子（*Mosquito*）：尾随在观鲸船后面的烦人的平民船舶。

劫持犯（*Mugger*）：靠近的鲸。

老夫人（*Old Bag*）：指"盐"，她是这些海域中的贵妇。

老稳（*Old Reliable*）："懒蛋"，身上有明显标记，和长须鲸常一起出现。

掏我的兜（*Pick my pocket*）：被另一条船偷引走的鲸。

塑料玩意（*Plastic*）：干扰的小船（参见"蚊子"）。

菱靡（*Poison breach*）：一头只跃起一次的鲸。

惨败（*Skunked*）：一头鲸也没见到的状况。

普罗温斯敦人全都有他们自己的鲸之传说。玛丽·马丁住在一间偏远的沙丘棚屋里，一天下午她在赛点灯塔附近游泳，发现离她仅一百码的地方有一头长须鲸。乔迪·梅兰德在冬天的海滩上驾驶卡车时，常常看到弓头鲸在离岸很近的地方，她可以轻易加入它们的队伍。数年前，一头孤零零的、可能迷失方向的白鲸出现在港口，它好奇地轻撞船只，还危险地绕着船舶的螺旋桨游泳。1982年的夏天，一头15英尺长的雌虎鲸长住在了海湾里，它非常温顺，这表明它曾经和人类接触过，有人认为它是从用于军事目的的海军训练中逃脱的。帕特·德格罗特划着皮艇去给这头动物画像，在纤长的轻舟里随它漂浮，给它喂比目鱼——它吃死鱼的事实就表明它熟悉人类——毫不惧怕它整齐

寻鲸记

但致命的牙齿。回到海滨的工作室后，她用墨水在灰色的石板上反复地描绘它。这头鲸一直留在这周围，直到某天有人认为它需要喝一杯，把威士忌倒进了它的喷水孔。从此人们再也没见过它。

　　海面现在是钢铁与天空的颜色。我从船首往外望去，看到玉筋鱼喷涌向海面，它们扭动着银色的身躯纷纷砸向水面，就像一场局部的雨。在它们下方游过一大群蓝鳍金枪鱼，蓝绿色的梭形身体来回飞驰，张着大嘴，狼吞虎咽。

　　突然，一头座头鲸游过这整个鱼群的下方。在它苍白腹部的映衬下，金枪鱼看上去小得像鳉鱼。这是关于食物链的生动一课。鲸张开它们手风琴形的皱褶，每天吞下一吨的鱼，这期间甚至有大胆的海鸥俯冲进它张开的嘴中，或昂首阔步地在它的吻部走来走去，仿佛是栖息在一块布满了藤壶的岩石上一样。

　　正值夏末，海洋看上去生机勃勃。三头姥鲨静静地护送着我们的船，它们宽阔的背鳍和剃刀般的尾鳍左右拂动，和鲸类完全不同（鲸

有一些非鱼类的关键特征，包括尾部的动作遵循哺乳类的习惯）。这些鲨鱼随意张开大口吞食不可见的浮游生物，它们的身体是斑驳的黄褐色，几乎像是爬行类，这标志着它们自身的古老渊源。一条翻车鲀漂浮在一旁，就像一块没有舵的鱼饼，随水漂流，它躺在海面上晒着它又大又扁的身体，嘴一张一合地收集着食物。成群亮滑的白腰斑纹海豚在波浪中穿梭，以集体智慧扫荡鱼饵。它们像跨栏运动员一样高高跃出水面，青色与米色的纹路在阳光下闪闪发亮。

场景变成了摄食狂欢，一支持久的狂喜的交响曲。在水面拨出涟漪的鱼群徒劳地试图逃走，却被座头鲸大口大口地吞食。长须鲸侧身扑食，用白色的下颌秒杀猎物。小须鲸在相同的食物源中交叉来去，就像更大型鲸的警卫兵。我的周围充斥着运动、饥饿、生与死，整个自然循环都在为了生存而一往无前地加速。

座头鲸聚集在下方，以精细的刻度喷出成圈的气泡，一圈爆出海面的绿云意味着它们在螺旋上升。这是个令人兴奋的时刻，因为我知道即将发生什么，宣告它到来的是海水颜色的改变、如汽锅般沸腾的鱼群，还有激动人心的嗖嗖声，突然，鲸破水而出，张开的大嘴就像巨鸦一般，我离它们足够近，可以看到粗硬的鲸须，闻到腥臭的呼吸。

某个下午，我看到六七十头鲸围着我们组成了一个直径 3 英里的圆圈，就像一个喷泉和气泡组成的森林，每一小群有 5 至 6 头鲸，同样的小群有 10 个，每个群上方都环绕着成群尖叫的海鸥。有些鲸在反冲式进食，这是缅因湾鲸的独特技巧，它们在海面上屈伸后甩自己的尾巴，把鱼拍进嘴里。海面看上去就像爆炸了一样。我们这条微不足道的小船完全湮没在了这壮观的景象中，这场表演有它自己的音

乐：鲸的交响乐，起起落落着它们自己的韵律和无意识的美，在尾鳍、肌腱和吞咽的喉咙组成的琶音中循环往复，这些巨大的音符如此靠近，以至于它们在疯狂进食的推挤中会把彼此挤出水面。

腹部贴着腹部，头顶着头，它们聚集在鱼饵上，好像担心食物会被吃光。我甚至能看到玉筋鱼跳出了它们的嘴，徒劳地争取着自由。德龙巴的父亲在这些水域捕了 40 年的鱼，缺失的手指见证了他的过往，但他从未见过这么多鲸，多到无法计数或记录。我们能做的就是站在那里，看着鲸尾在四面八方破开水面，没有留下任何一平方米未被鲸占据的海面，每个个体都在独立行动，却又协调一致。

令人震撼的是这一切的浑然一体，在我后来回想当时的场景时，它显得更加震撼。在这古老的舞台中，我们只是附带的杂项，我们被鲸和鲸的喷泉环绕，无法移动。就好像人类从未出现，就像这海洋重新变回了伊甸园。我们不得不等待它们继续进食，彻底宣告自己对世界的主权，而我们仅仅只是漂浮在这个世界上。在那昂扬的呼吸和沉重的下落中，生命的所有力量和苦痛似乎都被包裹，充满了戏剧性的

悬停，这场呼与吸的交换使我胆怯到不敢回想。甚至在我写下这行文字时，还能在脑海中听到那声音。那声响也古怪地令人宽慰，它使人想到我们的共同之处，让我们相信一切都会好起来，哪怕事实并非如此。也许鲸能教我如何活着，就像我母亲教我如何死去。

这种对称使我的思想抽离出城市，回到我出生的地方，这种对称也令生命循环接近尾声：从我需要母亲的年岁，到她需要我的如今——尽管她从不承认需要我，至少不会公开承认。她极其独立，从不屈服。但我听过她给我妹妹打电话，叹息自己的处境。她的感官在衰退，身体本就有许多毛病，又添了日益严重的关节炎，再多鲸类制药也无法治愈。疾病的锁链控制住了她的腿、她的手指和她的脊柱——我甚至能在自己的手指上感觉到。我曾无意中听到她躺在床上，喃喃自语说自己再也无法走路了。她以前总是对我说，到了最后，当没有人再需要她时，她就去韦斯顿海岸，就那么一直走下去。而现在她连这个也做不到。

寻鲸记

那年九月，就在我从科德角回来后不久，清晨的一个电话把我叫到了医院。我母亲突发心脏病，情况危急。她在病床上躺了一个星期，身体越来越衰弱，家人围在她的身边。在某个时刻，我跟在后面看着她被推进特护病房，那是一个气闸开合的、半明半暗的房间，住的都是生命垂危的病人，病房设备上的光点和哔哔声，发出自己绝望的声呐。几周前，我也是这里的一个病人，虽然只待了一个小时。我的身体被送进幽闭恐怖的扫描器，它在分析我的大脑时，像一个促狭鬼一样响亮地敲击，试图找出我长久耳鸣的原因，那就像我一直在听着某种遥远的机械声。现在，在同一栋建筑里，我母亲躺在那里，身上连着她自己的机器，四肢张开，就像一只实验中的动物。她灰色的长发被一根弹力发带紧紧绑着，她的眼睛再也不会开合，但她喊着我的名字。

那些日子的细节如今仍历历在目，那时我就住在医院里，徘徊在它的走廊中，有时会走进医院对面的墓园，它们距离之近令人吃惊。早秋的阳光低低地照进树林，枯萎的叶片过滤着光线。接着，在黎明前黑暗的时辰里，我突然从病床边的行军床上醒来，听到她的呼吸变得缓慢，然后几不可闻地停住了，从存在变为不存在，她离开了我，我成了又一位孤儿。我向她的床俯下身去，小心翼翼地，像是不想吵醒她，这时她嘴里呼出了最后一小口气，就如我在 50 年前呼出的第一小口气一般。

> 此时他清醒了并且意识到
>
> 除去梦中，无人可以幸免。
>
> ——W. H. 奥登，"赫尔曼·梅尔维尔"

第十三章　观鲸

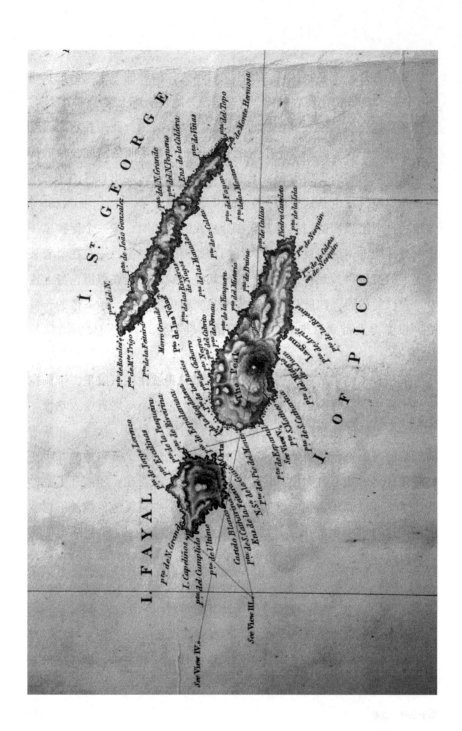

第十四章　天涯海角

居民主要是葡萄牙人的后裔，懒惰且缺乏进取心。主要出产葡萄酒和白兰地、橘子、玉米、豆子、菠萝、牲畜。气候很适合肺病患者居住。

——《大英百科全书》，1933 年

亚速尔群岛位于科德角正东 1500 英里，距离里斯本 1000 英里，处在大西洋的中心，岛屿随意地散落在海面上。葡萄牙在 15 世纪宣布了对这些岛屿拥有主权，哥伦布在从美洲返乡的途中，令这里开始望弥撒。大多数人很难在地图上找到这里，因为这些岛屿正好落在地图集的页缝里。但这九个点代表的是比喜马拉雅山脉还要宏伟的海洋山脉，它是一条绵延在地球上的脊柱，藏在不可见的地理中。

这里没有友好的金色沙滩，只有黑色的火山岩，那些沸腾的火山被海洋中止了。这是世界开始破碎之处。三个岛屿躺在欧亚大陆板块上，另外三个在非洲板块上，还有的在美洲板块上，这是个永久的地质分区，最西方的岛屿每年都在缓缓靠近美国，远离欧洲。最年轻的皮库岛是在 25 万年前才出现的，它的火山仍然活跃，毁灭性的地震频繁发生。在梅尔维尔笔下的皮埃尔来看，那尖锐地指向天空的三角形是在哀悼他母亲的去世，那是一个远古的景象：

> 皮埃尔将自己包裹在来世的哀伤中。皮埃尔是时代心脏
> 中不屈不挠的山峰，就像皮库岛的峰巅，无懈可击地立在波
> 涛之中。

它的轮廓中透着某种不祥之兆，仿佛整个群岛都变成了某种庞大的海市蜃楼。1872年，人们最后一次见到"玛丽·赛勒斯特号"（意为"天堂女神"）正是在亚速尔群岛海域，再发现时它已是一艘被弃的空船，船上毫无船长或船员的踪迹。

每个早晨，渡船都载着成箱物资和乘客的行李，从法亚尔岛出发，乘着由大西洋另一侧涌来的波涛，横渡狭窄的海峡。这波浪狂暴地拍

击着岩石，掀起四层楼高的水花，形成其专属的云朵。但让我心中惊恐的不是海洋的暴脾气，而是在不到一百码的距离内，海水就直降为一英里深的深渊，往外更是一落千丈。

当我走过拉日什黑暗的街道时，我感觉到的也是这种恐惧，路边的悬铃木被修剪得过度，看上去就像是长错了，被头朝下根朝上插在地上。在黎明之前半明半暗的光线中，火山遮蔽了星辰，海浪在我身后某处撕扯着海岸。这个与圣经相关的小镇是皮库岛上最古老的城市，位于岛屿最南端的海滨，它被两种不可抗拒的力量统治着：咆哮的海和不安的土地。

在拉日什一头坐落着圣佩德罗小教堂，建于1460年，用玄武岩建筑在玄武岩上。小镇另一头则是一座宏伟的18世纪方济会修道院，角上嵌着哀伤的黑边。拉日什由信仰支撑，也被信仰束缚。小镇居民身材矮壮，长着黑色眼睛，但莫名地让我觉得熟悉，因为他们的名字和英俊的脸与我见过的普罗温斯敦人一样：科斯塔、莫塔、西尔韦拉。甚至出租车司机讲的英语都带着新贝德福德的口音。

这里也是一个离鲸很近的地方。到处都有它们的身影：人行道的马赛克上，橱窗里的纪念品上，咖啡馆的木招牌上。有一个酒吧甚至用一具抹香鲸的下颌骨作为噱头，这具没有牙齿的骨骼就挂在白兰地的酒瓶上。在圣三一教堂的双塔之下，穿着礼拜服的孩子们背诵着教义问答，而他们身着黑衣的祖母在唱着歌。一个玻璃柜里陈列着骨雕鱼叉模型，它们直指一位受难的救世主，旁边是一头小小的许愿鲸。一块骨板注明将这些纪念物献给露德圣母，她于1858年奇迹般地出现在一个法国山洞中，与此同时，亚速尔的捕鲸业开始发端。

皮库岛拉日什的捕鲸者向露德圣母致敬

如果说鲸的演化远早于人类，那么它们今天依然在这些变幻无常的岛屿间出没，便是一件很合理的事。在岛屿出现之前，鲸就已在此处。

自美国人于18世纪中叶乘信风而来始，岛民就一直在靠鲸维生。许多船舶在这些海域下锚，采购新鲜食物，招募新员工，"查尔斯·W.摩根号"就是其中之一。同时，亚速尔人也通过"捕鲸船之桥梁"前往新世界，当上述信风绕过群岛返回其来处时，这些亚速尔人便滞留在了美国，有许多人在那里成了家。据统计，马萨诸塞州海滨有超过半数的人口拥有葡萄牙或亚速尔血统。而群岛上的建筑风格也与新贝德福德和楠塔基特相仿，那狭窄的鹅卵石街道两边的房屋，屋顶有灯笼式天窗和护墙板，几乎就像是新英格兰的城镇，只不过行道树是棕榈树。

和《大英百科全书》记载的相反，亚速尔的资源极其丰富，早在1850年他们就开展了自己的捕鲸业。很快，捕鲸的亚速尔船员就达到了100名，他们使用的技巧是从前雇主那里学来的。不过，这里的捕鲸业并不是某种封存在遥远历史中的记忆，因为在这些美丽而邪恶的群岛上，捕鲸直至1986年才终止。

在码头边一个改装船库里，塞尔日·维亚勒勒给我看了20世纪70年代的亚速尔捕鲸视频。这就像是在观看19世纪的彩色影片，仿佛以实玛利有了一台摄像机。岛民使用的"可诺亚"和扬基捕鲸小船一样，船上还有鲸骨制的羊角和镶边，不过后来，这些双船首轻舟都是由摩托艇带出海的。他们并不在大船高高的桅楼横木上搜索鲸，而是依靠"维吉耳"，这些塔楼至今仍立在海岬崖顶，就像依然散布在英国南岸的战时碉堡一样。

每天早晨，瞭望员会艰难爬上布满鲜花的窄径，用一个小巧的柳条篮子装着午餐。整整一天，他将坐在一张木凳子上，通过绑在一个可旋转支架上的双筒望远镜，从狭缝般的窗口往外扫视海面，等着鲸的喷气宣告它们的到来。

信号一发出，捕猎就将开始。"维吉耳"中会放出一支烟花——瞭望员用香烟点燃它——这个信号是让船员们放下手中在干的事。他们可能正在田里挖土或是在海里钓鱼，但法律要求他们响应召唤，不然便会罚款。就像救生人员离开日常岗位一样，他们跑下港口，那里拴着他们的"可诺亚"。一旦入海，这些人可能会整日整夜等着鲸。当它浮上海面时，他们便扯起风帆，静静划向喷水处。这是个关键时刻。这动物在重新给血液补足氧气之前无法再度下潜，这时它是最脆弱的，这也是它宁静生活的最后时刻。当这一切发生时，我正在前往伦敦夜总会的路上。

　　在影片中，铁器击中了它们的目标。被叉中的鲸绝望地冲撞着，但很快便筋疲力尽地躺在海面上，长矛一下又一下地戳入它的身体。鲸的挣扎弄弯了矛柄，人们会在"可诺亚"的甲板上把它敲直再重新使用。血在水中打着旋，鲸颤抖着，死了。接受采访的猎人表达着追捕带来的兴奋——"叉死一头鲸就像进了一个球"——这是一种匹敌斗牛士的英雄主义。

　　到了上世纪70年代末，每一头鲸价值500英镑，难怪生活艰难的农夫和渔民会如此热衷于捕捉它们。然而捕鲸的确是一门正在衰亡的技艺，后来只剩下一位铁匠会打造样式古老的鱼叉和长矛。但即便如此，1979年在亚速尔还有150头抹香鲸被猎杀，在捕鲸业的最后10年里，它们牙齿的价格从每千克3美元涨到了80美元。

　　很快岛民便在其他地方找到了更好的工作，世界失去了对鲸类产品的热情。对捕鲸业的最后一击是亚速尔加入了欧盟，而捕鲸在欧盟是非法的。塞尔日·维亚勒勒于上世纪80年代从法国来到此处，他早早辍学，原本是来此交付快艇，后来在这里发现鲸并留了下来，当时他不得不说服岛民相信，人们会仅仅为了观看鲸而付钱。就像在普罗温斯敦一样，观鲸取代了捕鲸。命运利落地转了个弯，从普罗温斯敦的葡萄牙后裔阿尔·阿韦拉尔那里，亚速尔人学到了新的生意经。

在附近的饭馆里，老板带我穿过吧台后面的一扇镜门，走进了他的起居室。墙上贴着许多海报和照片，纪念着他作为捕鲸人的岁月。在一张照片中，他站在一头抹香鲸旁边，指着它的巨齿。他告诉我，那一天他杀了 22 头鲸。我们站在这照片前陷入沉默，他说："人们会为鲸哭泣，但他们却不为伊拉克哭泣。"

出于某种原因，我拍了拍他的背。他说鲸肉粉对庄稼很好，用它施肥后，田里什么虫子也没有，都不需要杀虫剂。鲸，多么有用的东西。

饭馆外，在火山俯瞰、夕阳照耀的码头边，一阵引擎声传来。塞尔日说那是初版的摩托艇，它们曾经把"可诺亚"拖向外海。他告诉我，它一发动起来，那声音会吓跑方圆几英里的鲸。

皮库岛的北端是圣罗克城。它和新贝德福德一样，有本地版本的青铜鱼叉手雕像，他像一个古希腊人一般端着他的武器。雕像后面有一条灰色的水泥坡道，从海中探出，一直通到一座漆成白色的建筑前，外立面上的装饰艺术字宣传着它的功能：

维生素、油、磨粉、肥料、构架，捕鲸联合公司

它看上去就像是某些中部城镇的郊区工厂，但在这外立面之后立着

发黑的石烟囱和废弃的附属建筑，在一片荒草<u>丛</u>生的显然是操场的地方，还有一艘"可诺亚"的残骸。那开裂的木头和鲸骨的碎片是用铜钉铆接起来的。

主建筑如今是一座博物馆，不过我从没见过这样的博物馆。它几乎是空的：展品就是其中的设备。木墙上有粉笔草写的尺寸和计算结果。锈蚀的大梁支撑着高高的屋顶，钢制高压灭菌器和房屋一样高。桶悬在吊车上。金属门扇的铿锵声回荡在这座建于1942年的工厂中，在那个时代，整个欧洲都在建起无数同样的工厂。

操作这些锅炉的人早就离开了。在半个世纪里，抹香鲸从岛周边的海域被捕捞上来，由在泰恩赛德制造的绞车将它们吊出水面，它们在自己的血和黏液里滑动着，被拖到这里。

在坡道顶端的一个水池中，鲸头的油被抽干，下颌被扯下来放到一边。接着，在一个有双开巨门、形似车库前院、可以容纳这巨兽的场地，剩下的鲸被肢解。

有四五十个人绑着皮围裙，穿着登山帆布鞋在此工作，又切又锯。和先辈们不同，他们拥有 20 世纪机器的便利。鲸脂装在桶中，被履带转至炉内，用气封版的巨型炼锅熬煮。鲸蜡在一个水泥腔室里冷却，有巨大的冷冻管道给它降温。

在这场地的另一边，鲸肉被研磨成粉，用来做动物饲料。欧洲的牛吃的是鲸肉。所有东西都不会被浪费。这是捕鲸业真实且合理的工业化缩影。鲸的肝脏产生维生素提取物，牙齿被用来做雕刻，这些工艺品会被旅行者带回家，放在架子上落灰。

"尘世的一切努力就是这么没有止境，对，让人无法忍受。"

　　塞尔日的妻子亚历山德拉回忆道，你在几英里外就能闻到圣罗克城里那些鲸的气味，那是令人厌恶的儿时记忆。对于英国人马尔科姆·克拉克来说，最先的冲击是血腥味，接着是放在外面腐烂的切断的下颌："地面真的爬满了蛆"。

　　所有这一切都还未成为遥远的过去。这里的人身上仍有伤痕，鲸的牙印烙在他们的身体上。海滩上还到处都是骨头。

　　离拉日什不远有一个似乎是车库的地方，它的门上方有一幅新绘的壁画，还有一个标识："抹香鲸和乌贼博物馆"。里面有一些古怪的展品，展品的主人对鲸充满热情。马尔科姆·克拉克生于伯明翰，在泰晤士河边长大，后在皇家陆军医疗队里服役，沿着南安普敦的河岸开着救护车从奥尔德肖特前往纳特利的军事医院。在 20 世纪 50 年代，他加入了南大西洋和南冰洋的捕鲸舰队。仅在一个季节里，他就看到 3 万头鲸被猎杀。当年的记忆依然鲜活，那些数字挑战着想象力。他说："我们一直都在煮个不停。"有时他们一天能猎到 24 头鲸。

马尔科姆开始沉迷于研究鲸吃什么。当我们经过装满乌贼喙的水桶时，他告诉我，抹香鲸的胃里会有数十种识别不出的生物，他曾在一头鲸的胃里找到了不下 18000 个喙。事实上，他现在认为鲸令人讨厌，因为它们吃的物种太多了，让他几乎研究不过来。

在马尔科姆的博物馆里，最令人印象深刻的展品是一幅实物大小的雌性抹香鲸横截面绘图，它是一幅直接绘在墙灰上的巨大壁画，需要拐过转角一直画到另一张墙上。这是一张颜色鲜艳的解剖教程图，但那器官的亮蓝色和红色无法与下方桌上的东西相比。在一个特百惠盘子里，浮着一个鲸蜡液囊的样本，像内脏一样闪着光。我小心翼翼地戳了戳它，其中的油像老蜂蜜一样结晶了。

它旁边是一大方块鲸脂，其坚硬程度让我吃了一惊，它更像是木头而非脂肪。我用拇指和食指捏下一小块，那复杂的网状物几乎动也不动。这让我想象出一头铠甲动物，像坦克一样。马尔科姆说："对捕鲸者来说，它们很难切。"鲸脂里还布满了寄生虫，对于它们不情愿的宿主来说，这非常烦人。

在第三个容器里放着一个更奇怪的东西，看上去像一块灰褐色的泥，躺在一个旧咖啡罐底。当我掀起盖子时，气味直冲鼻孔：辛辣，麝香味，明显属于动物。它凝结了，泥煤一般的质地让我一下子想到大麻脂。接着马尔科姆用图表向我展示了这块东西的来源：鲸的直肠。我拿在手上的是一片小土豆大小的龙涎香，所有动物产品中最珍贵的东西，比任何黄金或钻石更难获得的自然造物。我至今仍然觉得它是某种神秘加工过程的产物，就像是牡蛎让沙砾变成珍珠一样，但事实上它就是鲸粪。

托马斯·比尔思索道："这种药物的气味是所有香水中最令人愉悦的一种，而它却是由所有物质中最可憎的一种制成。"这真是极其讽刺。在他对鲸身体内部的研究报告中，引用了化学家威廉·霍姆贝格的话，后者发现"把人类粪便放在一个容器里发酵很久以后，便得到一种非常类似龙涎香的极其浓烈的气味"。这个气味不太好闻的实验令霍姆贝格的助手迅速撤出了实验室，它也让比尔得出了同样的结论：龙涎香"就是抹香鲸变硬的粪便，这一点从它完全和食物残渣混合在一起便可以看出来"。事实上，他的朋友塞缪尔·恩德比拥有"一个不错的样本……约6至7英寸长，上面有非常明显的印迹，表明它是鲸的下半段直肠塑造出来的"。在前往北太平洋的冒险之旅中，比尔自己也收集了一些"半液态的粪便"，是从一头鲸的尸体上漂出来的，"在被太阳晒干的过程中，它具备了龙涎香的所有特性"。

龙涎香的真正源头仍然模糊不清，但它确实来自某种不一般的加工过程。抹香鲸吞下活的乌贼，将这份食物送入四个胃中的第一个。接着它被传递至第二个胃，由强酸分解，辅助这一过程的还有一大团蠕动的线虫，马尔科姆称其为"恶心的景象"，这种景象他见过很多次了。当残渣经过后半段肠道时，那些又脆又黑亮的乌贼喙——伴随着其他如线虫角质之类的难以消化的物质——刺激鲸的消化系统分泌出胆汁，从而使它们通过得更为顺畅。偶尔——1/100的鲸——会在这个化学反应中产生龙涎香。一旦被排出，它可能会在水里泡上几个月甚至几年，氧化变硬成分层的块状，里面常常还含有乌贼喙的碎片。

龙涎香比水轻，偶尔会被冲上海滩，因此它还有一个名字叫灰琥珀，喻为海滨上也能找到的树脂化石。

早期的专家们认为只有生病的鲸才会产生龙涎香。弗雷德里克·本尼特断定，那些显示出"迟缓且病恹恹的模样"，在受到惊吓或被鱼叉击中时无法"排出液体排泄物"的鲸最可能产生这些物质。他推论说，锋锐的喙能造成瘢痕，这种伤口无法愈合，使鲸日渐衰弱以至死亡，"鹅被肚子里的金蛋杀死了"。然而，现代鲸类学家认为龙涎香产自健康的鲸。

我又嗅了嗅那个块状物，试图像品酒师那样侦测它复杂的气味——那是制香师疯狂向往的品质：吸收、增加并俘获挥发性香味的特性，有时能持续数年。它的深度似乎足以包容所有的芳香。当我用手指拿着它时，马尔科姆警告说那气味会留在我手上好多天。我把它擦了一点在我的日记本上，几个月后，那气味依然还在：徘徊不去的鲸的气味。

这浪漫的东西令一位科学家想起"春天凉爽的英国森林，就像你扯开苔藓露出下方的黑土时闻到的气味"，但它还有很多奇异的功用。古代中国人叫它龙涎香，意为"龙的唾沫的香味"，用它给酒调味。在黑死病暴发期间，人们随身携带龙涎香来抵御瘟疫。在文艺复兴时期，它被铸型、晒干、修饰，制成首饰；据说它还是很有效的催情药，以及治疗心脏或大脑的药物，还被用来治疗癫痫、伤寒和哮喘。在弥尔顿的长诗《复乐园》中，撒旦用"散着气的香涎"引诱基督；而以实玛利借用托马斯·比尔的研究成果，指出突厥人把它带到麦加，"就和乳香被带到罗马的圣彼得大教堂一样，是出于同样的目的"。更常见的是，水手们把它当作泻药用。

以实玛利宣称，加冕礼上英国君主涂在头上的是鲸油，不过事实上，它是掺了龙涎香的混合物，这是我某次去威斯敏斯特教堂高处屋檐里的图书馆时发现的，那里就像是幽灵古堡。我们要先穿过回廊阴暗角落里的一扇门，然后再爬上一段狭窄的螺旋木梯，才能抵达这座高处的木堡，图书馆的管理人向我透露了油脂的秘方，它已传承了数百年。"在加冕礼上，油被涂在英王查理一世的头上。"在茉莉花油、玫瑰油、肉桂油、麝香和灵猫香里，最重要且珍贵的成分是"龙涎香3iiij"，它形成的液体有"浓郁且独特的芬芳，新鲜制成时为琥珀色，但时间会加深它的颜色，气味也会因此变得芳醇精妙"。在典礼最神圣的部分，金色的斗篷将为国王遮去公众的视线，这种油将被涂在他的头部、心脏、肩膀、双手和肘部。不过，据说维多利亚女王讨厌它的黏稠与气味，坚持在典礼后迅速洗掉它，不让它的鲸臭味浸润她的帝王尊严。

这种令人惊奇的物质一直像独角兽的角一般稀有且神秘，直至美国捕鲸者开始在鲸体内找到它。在托马斯·比尔的记录中，1724年，波士顿的博伊尔斯顿博士给伦敦的皇家学会写信，他采访了楠塔基特的捕鲸人，他们"切开了一头雄抹香鲸……意外在它体内找到20磅左右的这种药物。在那之后，他们和其他渔民开始极其热衷于在他们杀死的鲸体内搜索，并在几头此类的雄鲸体内找到了更少的成分，其他鲸就没有了……"。

"他们还补充道，"博伊尔斯顿指出，"它藏在一个系统或一个袋状物里……只能在鲸的生殖器附近找到。龙涎香刚被取出时是潮湿的，有一种极其强烈的难闻气味。"人们以为这个液囊位于鲸的阴茎根部，而且它熟透时散发出雄性的气味，这种想法促成了完全错误、可能还很沙文主义的概念——只有雄抹香鲸才能形成龙涎香。体形越大的雄鲸，越能产生更大块的龙涎香，但其实雌鲸也完全可以分泌出她们自己的香料。

1783 年，约瑟夫·班克斯向皇家学会提交了一篇文章，作者是德国医生弗朗茨·泽维尔·施韦德伊尔，这篇文章确凿地辨明了龙涎香的真正起源。甚至连国会都讨论了这个问题。1791 年 1 月，《泰晤士报》指出"最近在南海中航行的'霍克斯伯里勋爵号'捕到一头鲸，它体内有近 400 盎司的龙涎香，在劳埃德保险社以每盎司 19 先令 6 便士的价格拍卖售出"，要得到它就要付出高昂的代价。

和贵金属一样，龙涎香并不随时间流逝而贬值。1912 年，挪威一家公司在澳大利亚捕到的一头鲸体内找到了重 1000 磅的香块，从而免于破产，它在伦敦卖出了 23000 英镑。在我那本弗兰克·布伦的《抹香鲸巡游》一书中，夹了一张剪报，它指出，

OVER £10,000 FROM A WHALE

21/9/31

BIG FIND OF AMBERGRIS

WELLINGTON (N.Z.), Monday.
Fortune has come to three men through the discovery of a 70ft whale dead on the shore near Dusky Sound, South Island. They carried away nearly a quarter of a ton of ambergris, the grey substance formed in the spermaceti whale which is used in the manufacture of perfumery.
This is understood to be worth over £10,000 and is probably one of the largest finds of ambergris ever made.—Reuter.

1931 年，人们在新英格兰的南岛上发现一头 70 英尺长的死亡雄鲸，它产出了 1/4 吨的龙涎香，价值超过 1 万英镑。在 20 世纪 50 年代，4 磅这样的"浮金"就能售得 10 万英镑。与此同时，苏联舰队收集了数量可观的龙涎香——其中有 63 片是在一头鲸体内发现的——到了 1963 年，这个共和国已经完全无需进口它。

现代化学分析将表明，龙涎香的活性物质是龙涎香醇，这种结晶是含脂胆固醇，能通过减缓蒸发而固定挥发油。尽管有合成替代品，它依然是香水中不可替代的成分。从香奈尔和圣罗兰，到纪梵希和克里斯汀·迪奥，所有最高端的法国品牌都依然在以这种最神秘成分为基础制造精致香水。如果你今天恰好喷的是迪奥至尊，那你就喷上了一头抹香鲸的味道。伦敦的信仰香水坊是历史最悠久的香料商之一，它谨慎地守护着自己的配方，如同加冕仪式的管理人。这家香水的主顾包括乔治三世以及路易·拿破仑时髦的皇太子，后者在1879年祖鲁战争中死于18根长矛之下，当他迎接死亡时，身上喷的就是信仰的鲸之芳香。还有一名主顾是加里·格兰特^①，该公司为他设计了一款专属香水，基调就是龙涎香。

闻过原料之后，现在我能从派对常客肩上飘来的昂贵芳香中识别龙涎香的踪迹了。和客户一样，香水制作者自然也能在香水中辨识原料。价格最高的原料片是浅色的，从白色，到金色，到灰色，有时还带点浅紫色。暗褐色或黑色的香块价值较低。大多数龙涎香来自印度洋，长岛蒙托克的多萝西·费雷拉从一位年长的朋友那里继承了很大一块龙涎香，她被告知，这份粗糙的遗赠价值18000美元——《纽约时报》因此发布了一条头条新闻："珍贵的鲸呕吐物，并非垃圾"。在一个如同出自罗尔德·达尔笔下的故事里，一位10岁女孩在威尔士的一片海滩上找到了一块黄色的"鲸吐"，估价35000英镑。"我们最近在广播里听说了龙涎香，"她母亲对小报记者说，"但梅利莎

---

① 加里·格兰特（1904—1986），英国男演员，1999年被美国电影学会选为"百年来最伟大的男演员"第2名。

找到它时我简直没法相信！"但是对梅利莎来说，很不幸，这一类发现通常被证明是工业塑料、冲浪板蜡块，又或是像理查德·萨宾说的，"甚至是某种更让人讨厌的东西"。

不过，众所周知，在探寻这种难以捉摸的物质时，即便是科学家也会变得孩子气。一位科学家告诉我，他解剖了一头被冲上马耳他岛的抹香鲸——过程长达一周，工作第一天有 26 位兴奋的协助者，后来人数渐渐减少，到最后一天只剩下几个坚忍的人，毕竟太臭了——他挤遍了那头鲸长达 200 米的恶臭肠道，决心要找到龙涎香，最终一无所获。

带来光明的蜡、可以润滑的油、提供芬芳的粪便，有时候鲸看起来就像魔法师，献上预示着自我牺牲的祭品。这是鲸恒久的悖论，它们会从身体深处分泌出如此珍贵的物质，其部位就像它们所游的海洋一样隐匿，正如我们自己的身体内部对我们而言也是一个谜。

梅尔维尔笔下的楠塔基特是一个他从未到访过的岛屿，和他一样，我写的是一些我从未看见过的动物，虽然我可以嗅到它们，拿着它们最私密的东西。我靠得越近，它们似乎就离我越远；我了解得越多，发现自己知道的就越少。这些和我们一样同为哺乳类的奇异的鲸类，如此疏离地分散在更广大未知的缩影中，从海洋到无垠。

甚至连它们最基础的结构都有一种功能性的、致命的美。在马尔科姆的博物馆里，一张图表阐明了抹香鲸的气管和食道如何共享同一处内部空间，当鲸进食时，一者能够关闭另一者，以防止肺部被灌满海水。另一张图表记述了深潜型鲸类的可见光谱，它们的眼色素能使光线产生蓝移——当它们从阳光中撤回深水时，海水的颜色会从蓝绿色变成黑色，蓝色是在海水中辨物时最有用的颜色。一个铰接式的木制模型演示了马尔科姆关于抹香鲸调整浮力的理论，他认为它是通过改变脑油的温度做到这一点的，不过他也接受其他不同的科学解释：在很大程度上，鲸脑油的功能是聚焦鲸所发出的咔嗒声波。还有一块切成两半的骨头，它露出了鲸活着时会充满油的蜂窝细胞；当这动物下潜时，它们会充满空气，身体随着水压变化而膨胀。

鲸真是顶着许多职业危险。

这些器官中有某种原始的馈赠。最小的来自鲸的内耳，人们在"摩根号"的舱底也发现过这种贝壳状的骨头。它们是鲸体内历史最为悠久的部分：耳石。在南加州发现了 1500 万年前鲸类的耳部化石，其奇妙的卷曲腔室令人对古老的海洋和史前的声响心驰神往，仿佛只要把它举到耳边，你就能听到那些灭绝动物在消失已久的海中歌唱。

在博物馆外一处可以俯瞰海洋的岩架上，马尔科姆用灰色的管状脚手架搭建了一个实体大小的鲸模型。它就像是一个从以实玛利的阿萨西斯庙宇向儿童攀爬架过渡的产物。秃鹰在头顶盘旋，我们聊到了他在海上的岁月。在我的追问下，他甚至讲到了怪兽：一位渔民在自己船边看到了巨乌贼，它的触手比 100 英尺的船舶还要长，整头动物的长度是触手的两倍；还有一位飞行员驾驶着飞机搜索鲸，他在德班的印度洋上空飞行，看到一架飞机的机身残骸露出海面，但是那轮廓活了过来，变成了一根长脖颈，静静地滑入了大洋。

这样的故事似乎很适合这个地狱之岛，它由水与火组成，形态尚未固定。我能想象梅尔维尔和霍桑在此处会面的场景。甚至连我们所站立的悬崖都正在被侵蚀出看不见的洞穴。这里的正南方是南极洲。

而在下方深不可测的暗处，抹香鲸正在悠游着，永恒地感知着，它们的生命就是一个清醒的梦境，这些巨兽穿过海床上绵延 3 万英里的山谷，穿过深渊中静静潜藏的、如水银池般以不同温度彼此分隔的湖泊，穿过如维多利亚时代的幽灵新娘一般、挥舞着外质膜裙摆搏动的水母群。

第十五章　追逐

唯有我一人逃脱，来报信给你。

——《约伯记》

"快，菲利普。"

若昂的命令突如其来，非常急迫。我都来不及穿好紧身潜水服，手忙脚乱地朝面罩里吐了口唾沫，将通气管塞进嘴里。马尔科站在我的脚蹼上，让我能把脚挤进去。我爬上坚硬的充气艇船舷，跳进了大西洋。

我正游进超过两英里深的海水中。我看不到前方，蓝色在下方被完全的黑暗所取代，我只是儿时在切达峡谷的一个洞穴里看见过这样深闭固拒的黑暗，当时向导关上灯，告诉我们，我们再也不会经历如此幽深的黑暗。

若昂在船上喊叫着指导我们。这喊声越来越小，因为我每一秒都在远离它，远离安全，深入未知。我可能是在游进外太空。

当我们匆忙离开港口时，我并不知道环境条件会如此完美。海面波平如镜，在夏日的阳光里几乎没有一丝涟漪。这是一艘 250 马力引擎的现代捕鲸船，若昂剪着短发，小腿上文着一头虎鲸，他戴着墨镜扫视着海平线；马尔科是若昂的大副，他身体悬在船肋的上层结构上，盯着另一个方向。

　　当我们加速离开港口时，一小组真海豚不知从哪里飞掠而出，加入了我们的航程，在船头玩耍着。这些动物竞相追逐，离船如此之近，我伸出手就可以轻易碰到它们。它们的身体是钢青色和铁灰色，滴漏般更显迅捷的条纹上布满了彼此的牙印。这些动物看上去很可爱，但每只都比我大。它们的泳姿如此清晰利落，就像是在真空中飘浮，银色的泡沫细线追着它们的喷水孔。当它们扭过身来望着我们时，就好像是在护送我们前往世界尽头某个约会地点。

　　接着，前方有什么更大的东西出现了。哪怕隔着一英里，我也知道那是一头鲸，只是和我曾见过的任何一头都不同。它的喷水方式非常特别，水柱和海面呈 45 度角。我立即理解了它的拉丁文名，这真的是一头巨头鼓风机，*Physeter* 念起来甚至都像是呼气的爆破声。

　　当船接近时，我辨认出了一个灰色的形体，像一段闪亮的白色浮木般躺在水中。很难分出首尾：哪边是头，哪边是背鳍？接着，当它浮起呼吸时，我看到了它的单喷水孔，毫无节制地倾向一侧。它真是非常奇异。这动物就像是一系列阳光镀亮的肿块，就如弗雷德里克·本尼特于 19 世纪 30 年代所写："简直就像是一块黑色的礁石，或某种巨树的树干。"

　　当它把头抬出水面时，我发现它不是单独行动。它的同伴静悄悄地出现了。远处还有两三头鲸，接着出现了更多，它们几乎被波浪所掩蔽。由 10 或 12 头抹香鲸组成的群体悬浮在水中，随着海洋的节奏呼吸着，当船只随浪起伏时，这节奏也感染了我的呼吸。

　　这只是五分钟前的事，却似乎已经过了一生。现在我正在水中为空气而战，努力记住要用鼻子呼吸而不是嘴，就像鲸一样。

　　"往左边去，菲利普！"若昂把手拢在嘴边喊道。我根本不知道

哪边是左哪边是右，我疯狂地踢着腿，但似乎没往任何一个方向前进。波浪像是在把我往下往回推。听着心脏在胸腔中的撞击声，我深吸了一口气，往下方望去，望进未知。

我就像是在望进宇宙。蓝色清晰但无形，无法触及又将我完全包裹，就像天空一样。我觉得自己像一个随波逐流的宇航员，世界正从我下方消失。在我的视线焦点中漂进漂出的是无数微小的行星或小行星，有些是椭圆形，有些是完美的球形。与蓝色鲜明相对的，是灰绿色的胶状微型动物，还有一些看上去像鱼卵的东西，它们移动在自己的苍天中，两者都在我的知觉中进进出出。

我正在另一个维度中移动，悬浮在盐水里，地球消失于遥远的下方。我看不到前方的任何东西。这富饶的浓汤滋养着所有那些细小的生物体，它们联合起来阻碍了我的视野，像阳光下的微尘般飘移着，降低了横向能见度。

　　　　　　　　　　　　　　　　　　　　寻鲸记

接着，它突然间出现了。

前方，从黑暗中浮现出轮廓的，是一个我从言语、图画、书本和电影中熟识的形体，但我从未见过它真实的样貌。我可能是从儿时的噩梦中构建出了眼前这样一幅景象，一份不真实的回忆。它如此巨大以至于我无法看清，但它现在将自己变为了现实。

一头悬于海面的抹香鲸。在我看到它时，我已离它不足 30 英尺，它那方钝的头部连着强健的侧腹向无穷中延伸，还有那缓慢摇曳的尾鳍，突然就填满了我的视野。

在一个恍如永恒的瞬间，我们之间的距离消失了。我在有机玻璃面罩中屏住了呼吸，我的肢体因恐慌和兴奋僵住了，我的身体悬空，不想前进但也绝不想后退。

它巨大的灰色头颅转向我，看上去像一大块立起的花岗岩，气势磅礴。它与我遐迩一体。这是我所能看出的一切：它远比我高且宽，并且我突然意识到，对于一个游向它的微小人类，这动物的前端有一个重要的缺点。它看不见我。它的视野无法纳入我。我正从鲸的盲点接近它。而它也在靠近我。

如果它一直这样前进呢？它垂下了头，将它笨重的拱顶对着我的方向。接着我开始听到一个声音。

咔－咔－咔，咔－咔－咔，咔－咔－咔。

一连串快速的、嘎嘎吱吱的声音。与其说我是听到它们，不如说我是用胸骨感觉到它们，我的胸腔变成了一个共鸣箱。鲸在它的脑子里创建着我的形象，这是对入侵者的核磁共振扫描，我是它世界中一个异形的轮廓。

我感觉到自己失禁了，尿进了水里。一个可笑的念头掠过我的脑海：我突兀地造访，就是为了失去对身体的控制，尿在主人家的门垫上。接着，在这紧要关头，它转开了头，略略点了一下，像是做出了鉴定。不能吃，没兴趣。

这时，纯粹的恐惧转变成了其他东西。我意识到这是一头雌鲸。一位庞大的母亲悬停在我面前，活生生的一头鲸。尽管她对我没有兴趣，但我们之间似乎有一条无形的纽带。哺乳类与哺乳类，她巨大的灰色，我失母的苍白。失与得。又一位孤儿。

我无法相信这样庞大的东西会如此沉静。她第六感的电荷测量着我，我觉得自己微不足道，但又不完全如此。她在她自己的维度中，在海洋的维度中重建了我，我成为她的异物，在她的脑中有了我的形象。当这头鲸经过我身边时，我看到了她的眼睛，灰色的、含蓄的、有感情的。我在她的身侧，在她意识的中心。随后的只有肌肉，毫不费力地移动着。这个瞬间成为永恒，又或持续了几秒。我和她纯粹而完整地相对，我们之间只有无尽的海洋。

接着她消失了，无声地投入黑暗，在蓝色中映出轮廓。她的形体如此清晰，就像是由电脑创建出来的，影片哑光涂层上的一幅CGI画面。只有当我们之间的距离拉开，她下潜的寂静变得催眠时，她才显出古老的庞大。某种我见过，但无法完全理解的事物。

回到船上，马尔科将我拖出水面，若昂微笑着握着我的手，郑重地说："你是个幸运的家伙。"

在接下来的几天里，我把所有时间都花在海上，远离陆地。我既不需要信用卡，也不需要钥匙。当人们购物、吃饭、聊天、清醒、睡着时，我在和鲸一起游泳。

　　　　　　　　　　　　　　　　　　　　　寻鲸记

我在入水时往往无法看见鲸，必须完全信赖若昂喊出的方向。有时这些动物移动得非常快，在我游进能看见它们的区域时，它们已经消失了。我望着它们渐渐隐没的形状，有三头鲸，尾部以几不可察的动作摆动着，将它们推入深蓝。而有时我发现自己渐渐接近了它们，朝着它们的头移动，那巨大的头随着每次呼气有节奏地抬起，就如我在自己的吐气管中吹出空气。我从水平方向观察它们，而非从上方，在它们以无际的庄严落入深海之前，那巨大的尾鳍会在波浪上垂直扬起，那是捕鲸人曾如此恐惧的"上帝之手"。我在它们的世界里，而非之外；我在理解它们，而非仅仅旁观。

　　之后，坏天气接踵而来，海洋撞击了皮库岛好多天，在黑色的岩岸上砸出白色的泡沫。船舶都牢牢系在海港中。到了夜晚，那些白天像侍臣般跟着鲸的猛鹱回到了栖息处，它们幽灵般的身影在昏暗的海港上方盘旋着，叫声近乎滑稽："呃哇，呃哇，呃哇——啊——"

我躺在床上，无法闭眼。每次闭上眼，我都会看到鲸。我一生都在梦见鲸。现在虚空已被填满，或者不如说，我被带入了虚空。我想要证明什么？我害怕失去，害怕被遗弃，害怕被留下，所有这些恐惧似乎在这次对峙中达到了顶峰，它如此极端，以至于形成了某种定格的幻觉。当我在租屋的床铺上辗转反侧时，感觉自己可能完全丧失了感官，那是凌晨，也正是在同一个时间，我躺在医院病房的地板上，听着那一声将我带入世界的呼吸慢慢停止。

　　接着，在渐渐弥散开的晨光里，火山高耸在窗外的黎明中，海洋突然沉静了，好像一只手拽平了它的洋面。

　　若昂在船舷放下了水中听音器，他一心一意地听着海中回荡的咔嗒声。在我们下方，在薄薄的船底下方，鲸在宣告自己的位置，咔嗒声在增强，我识别不出它的模式——

　　咔——咔——咔 ~ 咔—咔—咔 ~ 咔－咔－咔

——它的节奏在加快，完全掌握着一个我们正漂浮于其上的世界。它们像是在下方数英里处回响，同时也在向数英里之外的其他鲸广播自己的存在。它们注意收听着某种无形的觅食路径和公共意图，本能地知道自己的位置，而我们常常不知道自己到底在做什么。

　　一个光滑的圆形向我们破水而上，圆滚滚的身体和突出的吻部无疑表明这是一头喙鲸。"我觉得是一头索氏中喙鲸。"若昂说。这个物种我只在博物馆中见过模型，或在手册里见过图片："拉丁名是 *Mesoplodon bidens*。状态：未知。数量：未知。是否濒危：未知。"

　　岛周边的海域中充满了罕见的生物。突然间到处都是动物，它们像被魔法从虚空的海洋中召唤出来，像是我的手册突然活了一样。那丰饶的多样性令人震惊。小群的条纹海豚和斑海豚飞掠而过，身体上的斑纹如同漂亮的瓷器。后面跟着一群短鳍的领航鲸，幼仔们紧贴在母亲身侧游着，看上去就像被隐形丝线绑在上面一样。一只蝠鲼在我们的龙骨下方游过，像一只巨大的蝙蝠。马尔科捞起一头路过的玳瑁，它疑惑地看着我们，而后被重新放回水中，它不协调地划着水，像一只生长过度的乌龟。

生命在跃出海面：当我们快速经过维吉耳屹立的悬崖时，一个像蝴蝶一样的东西射出波涛，平平掠过我眼前，是一条有着虹色双翼的飞鱼，这闪亮的、不真实的造物就像是某种奇特的发条玩具。甚至还有僧帽水母装点着海面，它们的气囊边缘有一圈荧光粉的褶边，拖在身后的是品红色和紫色的触手群，每一根都是一只独立的生物。它们像迷失的气球一般随风飘荡，我想伸出手去，给这漫无目的的生物拨正方向，但我知道我收到的可能会是一次致命的蜇伤。

　　前方有喷水。在长时间潜水搜寻食物后，鲸回到了海面，深深地吸入空气。当它们经过我们身边时，一个破破烂烂的红色块状物浮到了海面上：那是一大块吃剩的乌贼，它的触手被撕裂了，就像野生动物保护区里狮子扯烂的肉一样。

一头鲸在右舷近处侧身前冲，带着斑点的白色下颌在水中清晰可见。另一头慢慢抬起方钝的吻部，跃出水面，使眼睛与我们齐平，以便观察我们，同时我们也在观察它。在这个时刻，这头动物整个悬立在海中，与洋面垂直。

这些细节都是抹香鲸自然史课程上会教授的内容，我正在上一堂"鲸类学实践"的私教速成课。我常常看到这些动物起皱的侧腹，树皮一般的折痕从头蔓延到尾，起皱的身体看上去就像是在水里泡了太久一样。我们碰上了三头雌鲸，这些成年鲸一头接着一头潜入了水中，把幼仔留在了这里，好像要让我们帮忙照顾孩子一样。等她们返

寻鲸记

回水面——这个灰色小舰队的头部像船首般朝上浮起——来收回控制权时，我们似乎靠得太近了，离得最近的一头成年鲸用尾鳍急剧地拍了一下海面，警告我们保持距离。

这水域是它们的家：它们的育儿所，它们的生存空间，它们的餐厅。一头鲸扬起尾部，喷出了一团红色的屎，充满了消化后的乌贼的气味和颜色。另一头留下了一层银色的蜕皮。若昂把它捞出水来递给了我。它和鲸的颜色一样，只是如薄纱一样，像一串灰色的鼻涕般垂在我手上。后来我把它夹在一页日记里，它干成了一层纱，但气味一如既往地浓烈。那"特殊又浓烈的气味"曾令托马斯·比尔印象深刻，也是以实玛利能从数英里外闻到的气味，"不久，所有值班的人都清楚闻到了活的抹香鲸发出的有时从很远的地方就能闻到的独特气息"。这是一种雄性气息很重的麝香味道，莫名地激起性欲，就像我在箭头农场的架子上找到的那一小瓶鲸油一样。

> ……你可以用手刮下一层薄到极点的透明的东西，有点类似于最薄的云母片，只不过它像缎子一般柔韧松软，那是在它晒干之前的样子，一旦晒干了，它不仅会收缩变厚，而且会变得相当坚硬易碎。我有几片这样的干鲸皮，用作我那些鲸类学书籍的书签。如上所述，它是透明的，放在书页上，我有时还自得其乐地幻想它具有放大的作用。无论如何，可以这样说，透过鲸皮镜来阅读鲸类学的书，总归是一件赏心乐事。
>
> ——"毛毯"，《白鲸记》

那些天在海上，每次鲸出现都会让我兴奋不已。与它们的生命循环同

步，与海水的涨落同步，我开始知道它们什么时候会来，什么时候准备离开。我们在海面上一个小时接一个小时地等待它们，有时我会躺在船头，在阳光中从精疲力竭的状态沉入睡眠中，接着又被另一只动物的出现唤醒：有爆破音会宣告它的到来，那圆滚滚的头破开了水面，它会花几分钟"漂流"，像一条喘气的狗一样躺在那里，在跑步之后平定自己的呼吸。接着，它在吸入最后一口空气时抬起头来，身体短暂地拉直，接着弓起背部，那一节节巨大的脊骨在绷紧的皮肤上屈伸着，就像复活的山脊。最后，这动物扬起尾部，将自己推入深海。

　　这宣示的序列永恒不变，威仪堂堂——肌肉强健的尾部立得比我曾见过的任何一头鲸都更直；强大的脊柱展露无遗，就如你将手握成拳时会显露出骨节的颜色一样；尾鳍后缘宣告了这一个体的身份——所有这一切都始终是奇异且令人兴奋的。它诱发了一种恒定的紧张：见证这重复之美的过程几乎让人喘不过气。不过在它离去时的清晰直角中，透着某种远古的感觉。在它于一个细微的涟漪中消失之前，如此巨大的生物展现出了如此的灵活性，重新潜入的姿态又是如此庄严——尾鳍的清晰形态标志了它的身份，其边线让人想起遥远地平线上的岛屿。正是在这个时刻，鲸展露出了最与恐龙相似、最具史前感的特征；在这样的时刻，你很容易就能相信，这些生物比其他任何生物都要古老。接着我们又重新开始等待。

啊，世道，啊，鲸。

我整天都穿着潜水服坐着，它就像肋骨侧面的橡胶一样坚硬，我神经紧张，随时待命。有两三次假警报，因为若昂没能把船开到鲸的前方去。他的前辈们已经知道，从别的角度靠近鲸是徒劳无功的。

阳光炙烈，把我晒成了褐色，在我的脖子和手腕上留下了时间线，让我想起我与鲸的邂逅。当我把脚挂在舷外时，波浪疲惫地拍打着它们。我想再度进入。

"我们去吧。"

这一次我准备好了，对海水的寒冷做好了防护措施，我的潜水服是隔热的，和鲸脂的功能一样。我从船舷落入海中，松开指尖，让身体随海水浮动，感知着它的浮力。若昂喊出了方向，这喊声随着船一起漂开了。我独自一人，稳稳地朝鲸移动。

若昂后来告诉我，那头鲸还是个少年，大约十岁。它明显圆润的身形表明它是一头雄鲸，而且我知道这些动物年龄越大颜色就越浅。不过他仍然比我们的船还要大，他躺在那里，灰色的身躯在阳光下闪闪发亮。

这一次，当鲸在水下进入我的视野时，我体内的恐惧平息了，开始欣赏它那不可置信的美。在迫使自己下潜时，我感到了一种奇异的平静。我很放松，我的心跳开始减慢，我试图将眼睛睁得更大，充分利用我的视野。我望入水中，透过从上方落下的舞动的阳光，我全神贯注，努力记住这一切，我看到了它们，那些组成鲸的元素。

他皮肤的色彩和质感，从光滑渐渐过渡至起皱的侧腹；泛起涟漪的肌肉，如同飞机尾翼的硬挺的尾鳍；紧闭的下颌只让它显得更加温和，甚至有些幽默。他看上去并不着急离开。悬浮在那里。然后转向了我。

我现在知道鲸会对我进行估量，它们知道我是什么，虽然我无法理解它们；我是一张四维地图上的一个目标物，被六种感官衡量。它们每一个细微的动作都考虑到了我的存在。当我挣扎着保持平衡，尽力维持邂逅者的身份时，这次人鲸共舞，完全由它们控场。

这头年轻的鲸在我身侧移动着。在感觉如数小时的几分钟里，我们寂静无声地一起游着泳，眼睛对着眼睛，手对着鳍，脚蹼对着尾。我们平行游动，他的动作与我同步。黑色橡胶和灰色鲸脂。骨瘦如柴的人类和肌肉强健的鲸。我再也不觉得恐惧。

回到船上，我看着它旋过身去。最后一次抬起头，然后下潜，接着扬起尾鳍，离开了。

参考书目

除特别指明外，以下书籍都在伦敦出版。欲了解更详细的文本及注释的资料清单，请浏览 www.harpercollins.co.uk/leviathan。

Diane Ackerman, *The Moon by Whale Light*, Orion Publishing, 1993

Peter Adamson, *The Great Whale to Snare: The Whaling Trade of Hull*,
    Kingston-upon-Hull Museums, Yorkshire (not dated)

Newton Arvin, *Herman Melville*, William Sloane Associates, NYC, 1950

Newton Arvin, editor, *The Heart of Hawthorne's Journals*, Houghton Mifflin,
    Boston & NYC, 1929

W. H. Auden, *Collected Poems*, Faber, 1976

Thomas Beale, *The Natural History of the Sperm Whale*, J. Van Voorst, 1835

Thomas Beale, *The Natural History of the Sperm Whale*, J. Van Voorst, 1839

Henry Beston, *The Outermost House*, Owl Books/Henry Holt, NYC, 1992

A. A. Berzin, *The Sperm Whale*, Jerusalem, 1972

Ray Bradbury, *Green Shadows, White Whale*, HarperCollins, 1992

John Braginton-Smith and Duncan Oliver, *Cape Cod Shore Whaling: America's
    First Whalemen*, Yarmouth, Mass, 2004

Philip Brannon, *The Picture of Southampton*, (1850), Lawrence Oxley,
    Alresford, 1973

Frank T. Bullen, *Creatures of the Sea*, Religious Tract Society, 1908

Frank T. Bullen, *The Cruise of the Cachalot*, Smith, Elder, 1910

B. R. Burg, editor, *An American Seafarer in the Age of Sail: The Intimate Diaries of Philip C. Van Buskirk, 1851-1870*, Yale University Press, Connecticut, 1994

Robert Burton, *The Life and Death of Whales*, Andre Deutsch, 1980

Mark Carwardine, *Whales, Dolphins and Porpoises*, Smithsonian Handbooks/ Dorling Kindersley, 1995, 2002

Owen Chase, *Shipwreck of the Whaleship Essex*, Lyons Press, NYC, 1999

E. Keble Chatterton, *Whalers and Whaling*, T. Fisher Unwin, 1926

Phil Clapham, *Whales*, WorldLife Library, Scotland, 1997

Nelson Cole Haley, *Whale Hunt*, Mystic Seaport Museum, Connecticut, 2002

James Colnett, RH, *A Voyage to the South Atlantic... for the purposes of extending the Spermaceti Whale Fisheries...*, W. Bennet, 1798

Arthur G. Credland, *The Hull Whaling Trade*, Hutton Press, Yorkshire, 1995

William M. Davis, *Nimrod of the Sea*, Harper & Brothers, NYC, 1874

Daniel Defoe, *A Tour through the Whole Island of Great Britain*, Everyman's, 1966

Andrew Delbanco, *Melville*, Alfred A. Knopf, NYC, 2005

M. Douglas, *Breaking the Record*, Thomas Nelson & Sons, 1902

Frederick Drummer, editor, *The New Illustrated Animal Kingdom*, Odihams, 1959

Richard Ellis, *Monsters of the Sea*, Lyons Press, Connecticut, 1994

Richard Ellis, *The Search for the Giant Squid*, Penguin 1998

John Evelyn, *Diary of John Evelyn*, Everyman, 2006

Greg Gatenby, *Whales: A Celebration*, Little, Brown, 1983

Oliver Goldsmith, *Animated Nature*, Blackie & Son, 1870

Jonathan Gordon, *Sperm Whales*, WorldLife Library, Minnesota, 1998

Charles Gould, *Mythical Monsters*, (1886), Studio Editions, 1992

Seymour Gross, Edward G. Lueders *et al*, *The Hawthorne and Melville Friendship*, McFarland & Co., North Carolina & London, 1991

Sidney Frederic Harmer and Francis Charles Fraser, *Report on Cetacea stranded on British Coasts*, Longmans/British Museum, 1918

Nathaniel Hawthorne, *The House of the Seven Gables*, Penguin, NYC, 1986

Nathaniel Hawthorne, *Mosses from an Old Manse*, Modern Library Classics,

寻鲸记

NYC, 2003

Nathaniel Hawthorne, *The Scarlet Letter*, Dover, NYC, 1994

Nathaniel Hawthorne, *Twenty Days with Julian*, New York Review Books, 2003

Mary Heaton Vorse, *Time and the Town: A Provincetown Chronicle*, Rutgers University Press, New Jersey, 1991

Wilson Heflin, *Herman Melville's Whaling Years*, edited by Mary K. Bercaw Edwards and Thomas Farel Heffernan, Vanberbilt University Press, Tennessee, 2004

Bernard Heuvelmans, *In the Wake of Sea Serpents*, Rupert Hart-Davis, 1968

Thomas Hobbes, *Leviathan*, Cambridge University Press, 1991

Miroslav Holub, *Poems: Before and After*, Bloodaxe, 1990

Gordon Jackson, *The British Whaling Trade*, A & C Black, 1978

C. Ian Jackson, editor, *The Arctic Whaling Journals of William Scoresby the Younger*, Hakluyt Society, 2003

C. L. R. James, *Mariners, Renegrades & Castaways: The Story of Herman Melville and the World We Live in*, University Press of New England, Hanover and London, 1978

Henry James, *Hawthorne*, Trent Editions, Nottingham, 1999

Ian Kelly, *Beau Brummell*, Hodder & Stoughton, 2005

D. H. Lawrence, *Studies in Classic American Literature*, Thomas Seltzer, NYC, 1923

John F. Leavitt, *The Charles W. Morgan*, Mystic Seaport Museum, Connecticut, 1998

Jay Leyda, *The Melville Log*, Gordian Press, NYC, 1969

John C. Lilly, *Communication between Man and Dolphin*, Crown, NYC, 1978

Barry Lopez, *Arctic Dreams*, Vintage, NYC, 2001

Andrew Lycett, *Conan Doyle*, Weidenfeld & Nicolson, 2007

Philip McFarland, *Hawthorne in Concord*, Grove Press, NYC, 2004

Leonard Harrison Matthew *et al*, *The Whale*, Crescent Books, NYC, 1974

James G. Mead and Joy P. Gould, *Whales and Dolphins in Question*, Smithsonian Institution Press, Washington and London, 2002

Herman Melville, *The Whale*, Richard Bentley, 1851

Herman Melville, *Moby-Dick; or, The Whale*, Harper & Brothers, NYC, 1851

Herman Melville, *Moby-Dick*, introduction by Viola Meynell, Oxford University Press, (1920) 1963

Herman Melville, *Moby-Dick; or, The Whale*, Harold Beaver, editor, Penguin, 1972

Herman Melville, *Moby-Dick*, illustrated by Barry Moser, Arion Press/ University of California Press, Los Angeles and London, 1979

Herman Melville, *Pierre, or, The Ambiguities*, Penguin, 1996

Herman Meville, *Redburn: His First Voyage*, Penguin, 1986

Herman Melville, *Typee: A Peep at Polynesian Life*, Penguin, 1996

Herman Melville, *White-Jacket, or, The World in a Man-of-War*, Northwestern University Press, Illinois, 2000

Charles Nordhoff, *Whaling and Fishing*, Dodd, Mead & Company, NYC, 1895 (first published 1856)

Charles Olson, *Call Me Ishmael*, Cape Editions, 1967

J. P. O'Neill, *The Great New England Sea Serpent*, Down East Books, Maine, 1999

George Orwell, *Coming up for Air*, Penguin, 1962

Sonia Orwell and Ian Angus, editors, *The Collected Essays… of George Orwell*, Secker and Warburg, 1968

Vassili Papastavrou, *Eyewitness Whale*, Dorling Kindersley, 2004

Hershel Parker *et al*, *Aspects of Melville*, Berkshire County Historical Society, Pittsfield, Mass, 2001

Hershel Parker, *Herman Melville: A Biography*, Vols I & II, *1851-1891*, Johns Hopkins University Press, Baltimore, 1996 & 2002

The Paris Review Interviews, Vol I, Canongate, 2007

Nathaniel Philbrick, *In the Heart of the Sea*, HarperCollins, 2000

Nathaniel Philbrick, *Mayflower*, Viking Penguin, 2006

Edgar Allan Poe, *The Narrative of Arthur Gordon Pym of Nantucket*, Penguin, 2006

Nicholas Redman, *Whales' Bones of the British Isles*, Redman Publishing, 2004

Randall R. Reeves *et al*, *Guide to Marine Mammals of the World*, National Audubon Society, Alfred A. Knopf, NYC, 2002

J. Ross Browne, *Etchings of a Whaling Cruise*, (1846), Harvard University Press, Massachusetts, 1968

寻鲸记

David Rothenberg, *Thousand Mile Song: Whale Music in a Sea of Sound*, Basic Books, NYC, 2008

Viola Sachs, *The Game of Creation*, Editions de la Maison des sciences de l'homme, Paris, 1982

Victor B. Scheffer, *The Year of The Whale*, Scribner's, NYC, 1969

Sheldrick, M.C., *Stranded whale records, 1967-1986*, Natural History Museum, 1989

Elizabeth A. Schultz, *Unpainted to the Last*: Moby-Dick *and Twentieth-Century American Art*, University Press of Kansas, 1995

R. E. Scoresby-Jackson, *The life of William Scoresby*, 1861

William Scoresby, *An Account of the Arctic Regions*, Constable, Edinburgh, 1820

William Scoresby, *My Father*, 1851

Odell Shepard, *Lore of the Unicorn*, George Allen & Unwin, 1930

Hadoram Shirihai and Brett Jarrett, *Whales, Dolphins and Seals*, A & C Black, 2006

Tom and Cordelia Stamp, *William Scoresby*, Caedom, Yorkshire, 1976

Bram Stoker, *Dracula*, Airmont Publishing, NYC & Toronto, 1965

Thomas Sturge Moore, *Albert Dürer*, Biblio Bazaar, 2007

Algernon Swinburne, *Lesbia Brandon*, Falcon Press, 1952

Henry D. Thoreau, *Cape Cod*, Penguin, NYC, 1987

Henry D. Thoreau, *Walden*, Princeton University Press, New Jersey, 1989

Serge Viallelle, *Dolphins and Whales from the Azores*, Espaço Talassa, Azores, 2002

Howard P. Vincent, *The Trying-Out of Moby-Dick*, Southern Illinois University Press, 1949

Robert K. Wallace, *Douglass and Melville*, Spinner Publications, New Bedford, 2003

Hal Whitehead, *Sperm Whales: Social Evolution in the Ocean*, University of Chicago Press, 2003

Maurizio Würtz and Nadia Repetto, *Dolphins and Whales*, White Star, Vercelli, 2003

报纸、期刊与网站

Associated Press

BBC website

Canadian Journal of Zoology

Daily Mail

Daily Telegraph

The Guardian

The Independent

Historic Nantucket

Illustrated London News

Journal of the House of Commons, british-history.ac.uk

Laelaps, Brian Switek, Rutgers University

'Lost Museum' City University of New York

Magazine for Natural History, 1835

Natural History

The New York Times online

NRDC Action Fund

Oxford Dictionary of National Biography, online edition

The Pharmaceutical Journal

'Ploughboy', Tom Tyler, Denver University website

Post-Medieval Archaeology

Science News Online

The Scottish Naturalist

Southern Evening Echo, Southampton

Standard-Times, New Bedford

The Times online archive

Times Literary Supplement

Turner Studies, Tate Gallery

其他信息

'The Hunt for Moby Dick', an Arena film: www.thehuntformobydick.com

UK Whale and Dolphin Stranding Scheme: www.nhm.ac.uk/zoology/stranding

Whale and Dolphin Conservation Society: www.wdcs.org

Provincetown Center for Coastal Studies: www.coastalstudies.org

New Bedford Whaling Museum: www.whalingmuseum.org

International Whaling Commission: www.iwcoffice.org

致谢

在我第三或第四次拜访普罗温斯敦时，约翰·沃特斯（John Waters）控诉我花在鲸身上的时间比花在人类身上的时间多，他建议我写本书，也许能治疗我这种毛病。但我对鲸的痴迷是源于我妹妹凯瑟琳童年时的热忱，更小的妹妹克里斯蒂娜也对鲸抱有相同的热情。她们的孩子奥利弗、哈丽雅特、雅各布和莉迪娅继承了这种兴趣——尤其是我最小的侄子马克斯和塞勒斯，这两个孩子都不到 10 岁，但他们已经在教我关于鲸的知识了。我还要谢谢我的兄长劳伦斯和斯蒂芬及其家人的支持。我的朋友马克·阿什赫斯特（Mark Ashurst）一如既往为我的作品做终极评审，如果没有他的话，我的书可能很早前就搁浅了。

《寻鲸记》最应当感谢的是亚当·洛（Adam Low）和马丁·罗森巴姆（Martin Rosenbaum），他们分别是 BBC "Arena" 电影系列《猎捕白鲸》的导演和制作人 / 摄影师。在冰天雪地的新英格兰拍摄时，我们小口喝着马丁的威士忌酒取暖；在公海，亚当不顾自己的晕船症状，大胆地尝试指导我和鲸群——我们的冒险共同塑造了这本书。亚当还阅读了原稿，做出了关键性的评论。"Arena" 系列的编辑安东尼·沃尔（Anthony Wall）是我们的指明灯，我们从他的信念和灵感中受益良多。

在家乡，迈克尔·布拉斯威尔（Michael Bracewell）、林德·斯特林（Linder Sterling）、尼尔·坦南（Neil Tennant）、克莱尔·戈达德（Clare Goddard）和雨果·维克斯（Hugo Vickers）用富有创意的方式鼓励我，并提出了有益的见解。利兹·乔比（Liz Jobey）在《格兰塔》第 99 期中发表了本书的摘录。基兰·费伦（Keiren Phelan）和艺术委员会为我安排了稍后的普罗温斯敦之旅，在这次旅行中，丹尼斯·明斯基（Dennis Minsky）引领我进入赏鲸的世界，指导我领略这种动物的行为和美。

在第四权出版社，我的责编米茨·安杰尔（Mitzi Angel）人如其名（安杰尔有"天使"之意）；尼古拉斯·皮尔森（Nicholas Pearson）和马克·理查兹（Mark Richards）在士气和实践方面提供了必要的支持。我还想要感谢宣传部的罗宾·哈维（Robin Harvie）、特伦斯·卡文（Terence Caven）、蕾切尔·史密斯（Rachel Smyth）和利奥·尼科尔斯（Leo Nickolls），他们让本书显得美轮美奂。还有我一向忠诚的代理人吉隆·艾特肯（Gillon Aitken），他引导着《海中巨兽》驶向正确的航路。

还有其他许多人——科学家、策展人、作家、历史学家、图书馆员、博物学家和艺术家——他们让这段旅程激动人心。他们像鲸一样，带着我周游世界。以下是以地区归类的名单。

普罗温斯敦：感谢查尔斯·"风暴"·马约（Charles 'Stormy' Mayo）、约克·罗宾斯（Jooke Robbins）、斯科特·兰德里（Scott Landry）、埃米·科斯塔（Amy Costa）、马克·科斯塔（Marc

Costa）、戴维·奥斯特伯格（David Osterberg）、乔安妮·雅尔佐布斯基（Joanne Jarzobski）、纳萨莉·雅凯（Nathalie Jacquet）、梅里伯斯·拉策尔（Meribeth Ratzel）、特丽萨·巴博（Theresa Barbo）、奇普·伦德（Chip Lund）、玛丽·穆尔（Mary Moore）、露丝·莱尼（Ruth Leeney）、贝丝·斯温福德（Beth Swineford）、亚当·莱特曼（Adam Leiterman）、卡伦·兰金-巴兰斯基（Karen Rankin-Baransky）、卡伦·斯塔梅什金（Karen Stamieskin）、萨拉·亚当斯-福琼（Sarah Adams-Fortune）、塔尼娅·加贝蒂（Tanya Gabettie）以及海岸研究中心的所有科学家、博物学家及员工；感谢"葡萄牙公主号"上的乔·巴西尼（Joe Basine）、马克·德吕巴（Mark Delumba）和埃里克·约兰森（Eric Joranson）；感谢"海豚舰队"的博物学家、船长和员工，包括托德·莫塔（Todd Motta）、卡罗尔·卡尔森（Carol Carlsen）、艾琳·布拉格（Irene Bragg）和约翰·康伦（John Conlon）；感谢传奇的白马客栈的弗兰克·谢弗（Frank Schaefer）（已故）和玛丽·马丁·谢弗（Mary Martin Schaefer）；感谢玛丽·奥利弗（Mary Oliver）在海滩上借给我的双筒望远镜，和黎明时的讨论；感谢莫利·马龙·库克（Molly Malone Cook）（已故）；感谢帕特·德·格罗特（Pat de Groot）的艺术和款待；感谢达恩·陶勒（Dan Towler）的明信片；感谢流浪者俱乐部的绅士们；感谢蒂姆·伍德曼（Tim Woodman）启发灵感的"白鲸记"图画；感谢海伦·米兰达·威尔逊（Helen Miranda Wilson）、艾伯特·梅罗拉（Albert Merola）、詹姆斯·巴拉（James Balla）、杰克逊·兰伯特（Jackson Lambert）、乔赛亚·马约（Josiah Mayo）、乔迪·梅兰德（Jody Melander）、乔·海（Jo Hay）、马格丽·格林斯潘（Margery Greenspan）、康尼·哈奇（Conny Hatch）、萨莉·布罗菲（Sally Brophy）、保利娜·费希尔（Pauline Fisher）和黛比·明斯

致谢 405

基（Debbie Minsky）的友谊。

新贝德福德：感谢斯图尔特·M. 弗兰克斯（Stuart M. Franks）、玛丽·K. 伯考·爱德华兹（Mary K. Bercaw Edwards）和阿瑟·莫塔（Arthur Motta）对梅尔维尔、捕鲸和"查尔斯·W. 摩根号"的评论；感谢滨水酒店的凯茜·里德（Kathy Reed）提供食宿。**楠塔基特**：感谢楠塔基特历史学会、捕鲸博物馆及研究图书馆。**西马萨诸塞州**：感谢梅尔维尔故居的路易丝·麦丘（Louise McCue）和鲍比－安妮·法希尼（Bobbie-Anne Fachini），伯克希尔图书馆的凯瑟琳·赖利（Kathleen Reilly）和安－玛丽·哈里斯（Ann-Marie Harris）。**康涅狄格州**：感谢梅根·威尔逊（Megan Wilson）和邓肯·汉纳（Duncan Hannah）陪我攀登纪念碑山；感谢威廉·彼德森（William Peterson）和神秘海港博物馆的员工。**纽约**：感谢杰克·普特南（Jack Puttnam）的环"梅尔维尔的曼哈顿"之旅；感谢托马斯·法雷尔·赫弗南（Thomas Farel Heffernan）、丹·林德利（Dan Lindley）和露西娅·伍兹·林德利（Lucia Woods Lindley）；感谢理查德·梅尔维尔·霍尔（Richard Melville Hall）提供茶点，并指出了赫尔曼·梅尔维尔居所的方向。**缅因州**：感谢亚历克斯·卡尔顿（Alex Carleton）在审美上对我的启发，感谢恶人美术馆的所有人，尤其是丹尼尔·佩皮切（Daniel Pepice）。**纽芬兰**：感谢霍尔·怀德海（Hal Whitehead）与我分享了一点他在抹香鲸方面的研究工作。

安达卢西亚：感谢加布里埃尔·奥罗兹科（Gabriel Orozco）的文身鲸鱼之旅；感谢何塞·玛丽亚·加兰（José María Galán）和马塔拉斯卡尼亚斯的马尼拉博物馆。**亚速尔群岛**：感谢塞尔日·维亚勒

勒（Serge Vialelle）给我介绍抹香鲸；感谢亚历山德拉·维亚勒勒
（Alexandra Vialelle）、若昂·夸德雷斯玛（João Quadresma）和
马尔科·阿维拉（Marco Avila），以及拉日什杜皮库的塔拉萨空间
出版社的所有人；感谢马尔科姆·克拉克（Macolm Clarke）对巨头
鲸及其猎物的解说；感谢多萝西·克拉克（Dorothy Clarke）；感谢
安东尼奥·多明戈斯·阿维拉（Antonio Domingos Avila）；感谢皮
科的捕鲸博物馆；感谢圣罗克的捕鲸业博物馆。特别感谢亚速尔群岛
政府和环境局书记特许我近距离接近抹香鲸。

伦敦：感谢理查德·萨宾（Richard Sabin）耐心回答我的诸多问题；
感谢搁浅项目的利兹·埃文斯－琼斯（Liz Evans-Jones）；感谢斯蒂
芬·罗伯茨（Stephen Roberts）、贝奇·卡曾斯（Becci Cousins）、凯
蒂·安德森（Katie Andersen）、波莉·塔克（Polly Tucker）、海伦·斯
特奇（Helen Sturge）和自然史博物馆及其档案馆的员工；感谢国家海
事博物馆的丽莎·勒·费弗（Lisa Le Feuvre）和海伦·怀特欧克（Helen
Whiteoak）；感谢威斯敏斯特教堂博物馆及图书馆的詹姆斯·罗林森
（James Rawlinson）、理查德·莫蒂默（Richard Mortimer）、黛安娜·吉
布斯（Diane Gibbs）和克里斯蒂娜·雷诺兹（Christine Reynolds）；
感谢市政图书馆和大英图书馆的员工；感谢吉尔伯特与乔治二人组
（Gilbert and George）、杰里米·米勒（Jeremy Millar）、蒂姆·马洛（Tim
Marlow）、霍尼·卢亚德（Honey Luard）、安东尼·雷诺兹（Anthony
Reynolds）、迈克尔·普罗吉尔（Michael Prodger）、吉尔斯·佛登
（Giles Foden）、博伊德·托金（Boyd Tonkin）、西蒙·卡洛（Simon
Callow）、里德·威尔逊（Reed Wilson）、马德琳·格罗夫斯（Madeleine

Groves）、迈克尔·霍尔登（Michael Holden）、朱莉娅·哈里森（Julia Harrison）、尼古拉斯·瑞德曼（Nicholas Redman）、彼得·戴维（Peter David）、史蒂夫·德皮特（Steve Deput）、萨姆·古纳蒂拉克（Sam Goonetillake）、纳姆弗拉·伦尼（Namvula Rennie）和艾玛·马修斯（Emma Matthews）。

约克郡：感谢伯顿·康斯特布尔大厅的约翰·奇切斯特－康斯特布尔（John Chichester-Constable）、戴维·康奈尔（David Connell）和加里·迪尤森（Gary Dewson）；感谢迈克尔·博伊德博士（Dr Michael Boyd）；特别感谢阿瑟·克雷德兰得（Arthur Credland）和赫尔海事博物馆；感谢惠特比博物馆。**牛津**：感谢拉斯金美术学校的保罗·博纳文图拉（Paul Bonaventura）；感谢牛津大学自然史博物馆的马尔戈西亚·诺瓦克－肯普（Malgosia Nowak-Kemp）、克莱夫·赫斯特（Clive Hurst）和博德利图书馆珍本及印刷票据收藏部的员工们。**德文郡**：感谢奈杰尔·拉科姆比－威廉姆斯（Nigel Larcombe-Williams）、杰克·勒夫曼（Jake Luffman）。**汉普郡**：感谢彼得·莱斯利（Peter Leslie）、裘德·詹姆斯（Jude James）、科林·斯皮迪（Colin Speedie）、克莱尔·穆尔（Clare Moore）。**南安普敦**：感谢英国海事与海岸警卫署的索菲娅·斯科特（Sophia Scott）和艾利森·肯塔克（Alison Kentuck）；感谢南安普敦城市图书馆；感谢蒂娜·琼斯（Tina Jones）；感谢肖林循环中心的安迪和罗布（Andy and Rob）；感谢比尔·威尔逊牧师（Fr Bill Wilson）、凯瑟琳·安特内（Katherine Anteney）、乔尼·汉纳（Jonny Hannah）、帕梅拉·阿舒尔斯特和罗恩·阿舒尔斯特（Pamela and Ron Ashurst）。我还想感谢克里希纳·斯

寻鲸记

托特（Krishna Stott）、乔恩·韦恩－泰森（Jon Wynne-Tyson）、D. J. 泰勒（D. J. Taylor）、乔纳森·戈登（Jonathan Gordon）和所有为这个故事做出贡献的人，我衷心希望这个故事拥有比开头更幸福的结局。

菲利普·霍尔

写于南安普敦，2008 年 7 月

译名对照表

Auden, W. H. W. H. 奥登

Aurora, whale-ship "极光号"捕鲸船

Avellar, Al 阿尔·阿韦拉尔

Avellar family 阿韦拉尔家

Avila, Antonio Domingos 安东尼奥·多明戈斯·阿维拉

Avila, Marco 马尔科·阿维拉

Baader, Andreas 安德烈亚斯·巴德尔

Baader-Meinhoff Gang 红军派

Bada, Jeffrey L. 杰弗里·L. 巴达

Bagdale, Whitby 惠特比巴格代尔

Baffin, whale-ship "巴芬号"捕鲸船

Baines, Joseph (Joe Bones) 约瑟夫·贝恩斯（乔·博恩斯）

Balaena, whale-ship "弓头鲸号"捕鲸船

Banks, Sir Joseph 约瑟夫·班克斯爵士

Barking, Essex 埃克塞斯郡巴金

Barnsley, Yorks 约克郡巴恩斯利

Barnum, Phineas T. 费尼尔司·T. 巴纳姆

Barrett-Hamilton, G. E. G. E. 巴雷特－哈密尔顿

Bartley, James 詹姆斯·巴特利

Bartley, William 威廉·巴特利

Baseheart, Richard 理查德·贝斯哈特

Basques 巴斯克人

Battersea, London 伦敦巴特西

Battersea Bridge 贝特西大桥

The Battery, Manhattan 曼哈顿巴特里公园

Bay of Biscay 比斯开湾

Beagle, ship "小猎犬号"

Beale, Thomas 托马斯·比尔

Bearpark, Arthur F. 阿瑟·F. 熊园

Beaver, Harold 哈罗德·比弗

Beaver, whale-ship "海狸号"捕鲸船

Bedford Square, London 伦敦贝德福德广场

Bennett, Frederick 弗雷德里克·本尼特

Bentley, Richard 理查德·本特利

Beowulf《贝奥武夫》

Bequia, Caribbean 加勒比海贝基亚

Bering Sea 白令海

Berkshire County Eagle《伯克希尔之鹰》

Berkshires, Mass 马萨诸塞州伯克希尔

Berwick, Scotland 苏格兰贝里克郡

Berzin, Alexander 亚历山大·伯金

Beston, Henry: *The Outermost House* 亨利·贝斯顿：《遥远的房屋》

Beverwijk, Netherlands 荷兰贝弗韦克

Bicknell, Elhanan 埃尔哈南·比克内尔

Bigelow, Jacob 雅各布·毕格罗

Bishop of Durham, Prince Palatine, Richard Trevor 德拉姆主教帕拉丁亲王理查德·特雷弗

Bishop of St Albans, Thomas Legh Claughton 圣奥尔本斯主教托马斯·利·克劳顿

The Black Death 黑死病

Blackfriars Bridge 黑衣修士桥

Blackpool, Lancs 兰开夏郡黑潭

Blackwall Tunnel 布莱克沃尔隧道

Blake, William 威廉·布莱克

The Blessing of the Fleet 船队祈福仪式

The Blitz 闪电战

Blue Posts, tavern, London 伦敦蓝色邮件酒馆

Board of Trade 同业公会

Bond Street, Manhattan 曼哈顿邦德街

Bonin Islands 小笠原群岛

Boston, Mass 马萨诸塞州波士顿

Boston Entry buoy 波士顿记录浮标

Boston, Absalom F. 阿布萨隆·F. 波士顿

Boston Harbor 波士顿港

Boston Tea Party 波士顿倾茶事件

Botany Bay, New South Wales 新南威尔士州博特尼湾

Bowdoin College, Maine 缅因州鲍登学院

Boyd, Michael 迈克尔·博伊德

Boylston, Zabdiel 扎布迪尔·博伊尔斯顿

Bradbury, Ray 雷·布雷德伯里

Bradford, Yorks 约克郡布拉德福德

Bradford, Marlboro 马尔伯罗·布拉德福德

Bradford, Melvin O. 梅尔文·O. 布拉德福德

Brannon, Philip: *The Picture of Southampton* 菲利普·布兰农:《南安普敦影像》

Bremen 不来梅

Brendan the Navigator 航行者布伦丹

Brewster, Cape Cod 科德角布鲁斯特

Bridges, David 戴维·布里奇斯

Bridlington, Yorks 约克郡布里德灵顿

Brighton, Sussex 苏塞克斯郡布莱顿

Brighton Aquarium 布莱顿水族馆

British Encyclopædia 《大英百科全书》

Bristol, Somerset 萨默塞特郡布里斯托尔

The British Library 大英图书馆

Broad River, Carolina 加利福尼亚州布罗德河

Broadway, Manhattan 曼哈顿百老汇

Brontë, Patrick 帕特里克·勃朗特

The Bronx 布朗克斯区

Brook Farm 布鲁克农场

Brooklyn Bridge 布鲁克林大桥

Brooks Pharmacy, New Bedford 新贝德福德布鲁克斯大药房

Brown, Henry 亨利·布朗

Brueghel, Pieter 老彼得·勃鲁盖尔

Buckland, Francis 弗朗西斯·巴克兰

Bullen, Frank 弗兰克·布伦

Bulletin of the Atomic Scientist 《原子科学家公报》

Burke, Edmund 埃德蒙·伯克

Burton Constable Hall 伯顿·康斯泰

博大厅

Burton, Robert: *Anatomy of Melancholy* 罗伯特·伯顿：《忧郁的解剖》

Calman, T. W. T. W. 卡尔曼

Calvinism 加尔文教派

Cambridge Philosophical Society 剑桥哲学学会

canoas 卡诺亚

Cape Ann, Mass 马萨诸塞州安妮角

Cape Cod, Mass 马萨诸塞州科德角

Cape Cod Bay 科德角湾

Cape Cod Canal 科德角运河

Cape of Good Hope, South Africa 南非好望角

Cape Horn, South America 南美合恩角

Cape São Roque, South America 南美圣罗克角

Cape Verde Islands 佛得角群岛

HMS *Carcass* 皇家海军"尸首号"

Carlyle, Thomas: *Sartor Resartus* 托马斯·卡莱尔：《衣裳哲学》

Carter's, outfitter's, New Bedford 新贝德福德卡特服装店，旅行用品店

Caspian Sea 里海

Castle Clinton, Manhattan 曼哈顿克林顿城堡

cephalopods (see also cuttlefish, squid, Giant Squid, Colossal Squid) 头足类（亦见墨鱼、乌贼、巨乌贼、大王乌贼）

cetaceans 鲸类

Cetus 鲸鱼座

Chace, Charles 查尔斯·蔡斯

Champion, Alexander 亚历山大·尚皮永

Charing Cross, London 伦敦查令十字路

Charles W. Morgan, whale-ship "查尔斯·W. 摩根号"捕鲸船

Chase, Owen 欧文·蔡斯

Chase, William Henry 威廉·亨利·蔡斯

Chatham, Mass 马萨诸塞州查塔姆镇

Cheddar Gorge, Somerset 萨默塞特郡切达峡谷

Chichester, Charles 查尔斯·奇切斯特

Chichester-Constable, John Raleigh 约翰·雷利·奇切斯特-康斯泰博

Chiswick 奇斯威克

Christopher Mitchell, whale-ship "克里斯托弗·米切尔号"捕鲸船

Clarke, Malcolm 马尔科姆·克拉克

Clemons, Tom 汤姆·克莱门茨

Clinton Street, Manhattan 曼哈顿克林顿街

Coalbrookdale 煤溪谷

Cock Tavern, London 伦敦公鸡酒馆

coelacanth 腔棘鱼

Coffin family 科芬家族

Coffin, Kezia 凯齐亚·科芬

Coffin, Tristram 特里斯特拉姆·科芬

Colchester, Essex 埃塞克斯郡科尔切斯特

Colnett, James 詹姆斯·科尔内特

colossal squid (*Mesonychoteuthis hamiltoni*) 大王酸浆鱿

Colossus of Rhodes 罗兹岛大铜像

Commercial Street, London 伦敦商业街

Concord, Mass 马萨诸塞州康科德

Conrad, Joseph 约瑟夫·康拉德

Constable, Marianne (neé Chichester) 玛丽安·康斯泰博（原姓奇切斯特）

Constable, Sir Thomas Ashton Clifford (1807-1870) 托马斯·阿斯顿·克利福德·康斯泰博爵士

Constable, William (1721-1791) 威廉·康斯泰博

Cook family 库克家族

Cook, James 詹姆斯·库克

copepods 桡足类

Coney Island 康尼岛

Coral, whale-ship "珊瑚号"捕鲸船

cormorant 鸬鹚

corticotrophin 促肾上腺皮质激素

Costa family 科斯塔家族

County Street, New Bedford 新贝德福德县街

Coup, Zack 扎克·库普

Craven Street, London 伦敦克雷文街

Credland, Arthur 阿瑟·克雷德兰

Creed's of London 伦敦的信仰香水

Crystal Palace, London 伦敦水晶宫

Cumbrian, whale-ship "坎伯兰号"捕鲸船

cuttlefish 墨鱼

Cuvier, Frédéric (1773-1838) 弗列德利克·居维叶

Cuvier, Baron, Georges (1769-1832) 乔治·居维叶男爵

HMS *Daedalus* 皇家海军"代达罗斯号"

Dagenham, Essex 埃塞克斯郡达格南

Dahl, Roald 罗尔德·达尔

Dartmouth, Nova Scotia 新斯科舍省达特茅斯

Dale Street, Liverpool 利物浦戴尔街

Davis, Egerton Y. 埃杰顿·Y. 戴维斯

Davis Straits 戴维斯海峡

Davis, W. M.: *Nimrod of the Sea* W. M. 戴维斯：《海中宁录》

Defoe, Daniel 丹尼尔·笛福

De Groot, Pat 帕特·德格罗特

De Kay, J. E. J. E. 德·凯

Delia, packet-ship 定期客船"迪莉娅号"

Delumba, Mark 马克·德龙巴

Dennis, Cape Cod 科德角丹尼斯

De Poyster, Mr 德波伊斯特先生

Deptford, London 伦敦德特福德

Deptford Pier 德特福德码头

Dewhurst, Henry: *Natural History of the Cetacea* 亨利·杜赫斯特：《鲸类自然史》

Diplodocus 梁龙

RRS *Discovery* 皇家科考船"发现号"

RRS *Discovery II* 皇家科考船"发现二号"

Docklands 港区

DOLPHIN; bottlenose, (*Tursiops truncatus*); ocean dolphins, river dolphins; Commerson's (*Cephalorhynchus commersonii*), common (*Delphinus delphis*); Ganges river dolphin (*Platanista gangetica*); Haviside's (*Cephalorhynchus heavisidii*), spotted (*Stenella frontalis*), striped (*Stenella cœruleoalba*), white-beaked (*Lagenorhychus albirostris*), white-sided (*Lagenorhychus acutus*) 海豚：宽吻海豚；海豚，江豚；康氏矮海豚，真海豚；恒河豚；海氏矮海豚，斑海豚，条纹海豚，白喙斑纹海豚，白腰斑纹海豚

Donne, John 约翰·多恩

Don Miguel (sperm whale) 唐·米格尔（抹香鲸）

Douglas, Kirk 柯克·道格拉斯

Douglass, Frederick: *Narrative of Frederick Douglass* 弗雷德里克·道格拉斯：《弗雷德里克·道格拉斯生平记述》

Drake, Edwin L. 埃德温·L. 德雷克

Dreadnought Seamen's Hospitalship 无畏战舰海军医院

Drevar, George 乔治·德雷沃

D'Wolf, John 约翰·德沃尔

Dundee 邓迪港

Dundee, whale-ship "邓迪号"捕鲸船

Dürer, Albrecht: *Melencolia* 阿尔布雷希特·丢勒：《忧郁》

Dusky Sound, New Zealand 新西兰达斯奇峡湾

Duyckinck, Evert, (1816-1878) 埃弗特·杜伊金克

Duyckinck, George 乔治·杜伊金克

Eastern Harbor, Cape Cod 科德角

Eastham, Mass 马萨诸塞州

East Newton, Yorks 约克郡东牛顿

East Riding, Yorks 约克郡东区

Eclectic Society of London 伦敦折中主义学会

Edinburgh Castle, tavern, London 伦敦爱丁堡城堡酒馆

Elephant and Castle, London 伦敦象堡

Eliza Swann, whale-ship "伊莉莎·斯万号"捕鲸船

Elking, Henry 亨利·埃尔金

Ellery, Epes 埃普斯·埃勒里

Emerson, Ralph Waldo 拉尔夫·沃尔多·爱默生

Emmons, Ebenezer: *Report of the Mammalia* 埃比尼泽·埃蒙斯：《哺乳动物志》

Empress, steam tug "女皇号"蒸汽

拖轮

Endeavour, ship "奋进号"船舶

Enderby and Sons 恩德比父子公司

Enderby, Samuel 塞缪尔·恩德比

Esk, whale-ship "依丝卡号"捕鲸船

Essex, whale-ship "埃塞克斯号"捕
鲸船

Evans-Jones, Elizabeth 利兹·埃文斯－
琼斯

Evelyn, John 约翰·伊夫林

Faial (Fayal), Azores 亚速尔群岛法亚
尔岛

Fairhaven, Mass 马萨诸塞州费尔黑文

Falkland Islands 福克兰群岛

Falklands War 马岛战争

Faroe Islands 法罗群岛

Faversham, Kent 肯特郡法弗舍姆

Ferreira, Dorothy 多萝西·费雷拉

Field, David Dudley 戴维·达德利·菲
尔德

Filey, Yorks 约克郡法利

FIN WHALE (*Balænoptera physalus*)
(finback, finner) 长须鲸

Firth of Forth 福思湾

Fishguard, Wales 威尔士菲什加德

Flamborough Head, Yorks 约克郡弗
兰伯勒角

Flannery, Sir Fortescue 福蒂斯丘·弗
兰纳里爵士

Fleet Market, London 伦敦船队市场

Fleet Street, London 伦敦弗利特街

Flipper《海豚的故事》

Floating Chapel 水上礼拜堂

Flower, Sir William 威廉·弗劳尔
爵士

Folger family 福尔杰家族

Folger, Timothy 蒂莫西·福尔杰

Fort Stanwix 斯坦威克斯堡

Fowles, John 约翰·福尔斯

Foyn, Svend 史卫德·佛恩

Frazier, Sir James: *The Golden Bough*
詹姆斯·弗雷泽爵士：《金枝》

Freemasonry 共济会

Free Public Library, New Bedford 新
贝德福德免费公共图书馆

Free Willy《人鱼童话》

French Academy (L'Académie
Francais) 法国科学院

Friends of the Earth 地球之友

Frobisher, Sir Martin 马丁·弗罗比
舍爵士

Fruitlands 果园公社

Fugitive Slave Law《逃奴追缉法》

Futurism 未来主义

Fylingdales, Yorks 约克郡菲林代尔

Gansevoort, Peter 彼得·甘塞沃特

Galápagos Islands 加拉帕戈斯群岛

Garbo, Greta 葛丽泰·嘉宝

Gardner, Edward 爱德华·加德纳

Gardner family 加德纳家族

Genn, Leo 里奥·吉恩

Ghent, Belgium 比利时根特

Gilbert, Sir Humphrey 吉尔伯特·威尔逊爵士

Gloucester, Cape Ann 安妮角格洛斯特

Goldsmith, Oliver: *Animated Nature* 奥利弗·戈德史密斯:《生机勃勃的自然》

Gordon, Jonathan 乔纳森·戈登

Gramercy Park, Manhattan 曼哈顿格拉梅西公园

Grampus Bay 逆戟鲸湾

Gravesend, Kent 肯特郡格雷夫森德

Great Hollow, Cape Cod 科德角巨洞海滩

The Great Hunger 大饥荒

Green, Carlos 卡洛斯·格林

Greene, Richard T. (Toby) 理查德·T. 格林（托比）

Greenland Sea 格陵兰海

Greenland Yards, Hull 赫尔格陵兰庭院

Greenock, Scotland 苏格兰格陵诺克

Grenadine Islands 格林纳丁斯群岛

Griffiths, Elizabeth 伊丽莎白·格里菲思

Griffiths, Julia 朱莉娅·格里菲思

Grove Street, Whitby 惠特比葛洛夫街

Grytviken, South Georgia 南乔治亚岛古利德维肯

Gulf of Maine 缅因湾

Gulf Stream 墨西哥湾流

Gulf War, second 第二次海湾战争

Hackney Empire 哈克尼帝国

Haley, Nelson Cole 纳尔逊·科尔·哈利

hawksbill turtle 玳瑁

Hancock, Mass 马萨诸塞州汉考克

Hanson, Kenneth O. 肯内特·O. 汉森

Harmer, Sidney 西德尼·哈默

Harmony, whale-ship "和谐号"捕鲸船

Harper and Brothers 哈珀兄弟出版社

Harvard, Mass 马萨诸塞州哈佛

Harwich, Cape Cod 科德角哈里奇

Hashidate Maru, whale-ship "桥立丸号"捕鲸船

Haworth, Yorks 约克郡霍沃思

Hawthorne, Julian 朱利安·霍桑

Hawthorne, Nathaniel, (1804-1864); WORKS: *The Scarlet Letter*; *The House of the Seven Gables*; *Mosses from an Old Manse*; 'Earth's Holocaust', 'Fire Worship', 'Young Goodman Brown' 纳撒尼尔·霍桑; 作品:《红字》《七个尖角阁的老宅》《古屋青苔》《地球大毁灭》《拜火教》《年轻的古德曼·布朗》

Hawthorne, Rose 罗丝·霍桑

Hawthorne, Sophia 索菲娅·霍桑

Hawthorne, Una 尤娜·霍桑

Heap House, Lincs 林肯郡希普大宅

Henkel's, manufactory 德国汉高公司

International Red Cross 国际红十字会

International Whaling Commission 国际捕鲸委员会

Iñupiat 伊努皮克人

Irish Sea 爱尔兰海

Irving, Washington 华盛顿·欧文

Island Bay, New Zealand 新西兰岛湾

Isle of Wight 怀特岛

Iveson, Richard 理查德·艾夫森

Jacquet, Natalie 纳塔莉·雅凯

James, C. L. R. C. L. R. 詹姆斯

JARPA, JARPN, JARPA II, Antarctic Research Programme 南极研究项目

Jenssen, Gunder 贡德·延森

Jeroboam, whale-ship "耶罗波安号" 捕鲸船

Johnny Cake Hill 约翰尼蛋糕山

Johnson, Amy 艾米·约翰逊

Johnson, Thomas 托马斯·约翰逊

Jonah 约拿

Joranson, Eric 埃里克·约兰森

Kamchatka Peninsula 堪察加半岛

Katwijk, Netherlands 荷兰卡特韦克

Keadby, Lincs 林肯郡基德比

Kent, Rockwell 罗克韦尔·肯特

Kent, whale-ship "肯特号" 捕鲸船

Kendrick, Alison 艾莉森·肯德里克

keratin 角蛋白

Kew Bridge, London 伦敦裘园大桥

King's Road, Chelsea 切尔西国王路

Kircaldy, Scotland 苏格兰柯科迪

Knickerbocker Magazine《纽约月刊》

Koran 《古兰经》

kraken 北海巨妖

Kunitz, Stanley, 'The Wellfleet Whale' 斯坦利·康尼茨《韦尔弗利特之鲸》

Kutchicetus 库奇鲸

Lacépede, Bernard, comte de: *Natural History of Whales* 伯纳德·拉塞佩德伯爵：《鲸之自然史》

Lajes do Pico 皮库岛拉日什

Lancaster 兰卡斯特

Lancing, whale-ship "激进号" 捕鲸船

Lake District 湖区

lamprey 七鳃鳗

Landry, Scott 斯科特·兰德里

Lansingburgh, New York 纽约兰辛堡

Law and Order Party 治安党

Lawrence, D.H.: *Studies in Classic American Literature* D. H. 劳伦斯：《美国古典文学研究》

Lawton, William 威廉·劳顿

Lee-on-Solent, Hants 汉普郡索伦特海峡

Leith, Scotland 苏格兰利思

Lenox, Mass 马萨诸塞州雷诺克斯

Leopold, Aldo 奥尔多·利奥波德

Liberty Island, NYC 纽约市自由女神岛

Lightfoot, Mr 莱特福特先生

Lilly, John C. 约翰·C.李利

Linnaean Society of Boston 波士顿林奈学会

Linnaeus, Carl 卡尔·林奈

Little Humber 小亨伯河

Little Red Inn, Lenox 雷诺克斯小红酒馆

Lively, whale-ship "生机号"捕鲸船

Lloyd's Coffee house, London 伦敦劳埃德保险社

Lobo, New Mexico 新墨西哥州罗伯

Long Island Sound 长岛海峡

Long Point, Provincetown 普罗温斯敦长角灯塔

Lord Hawkesbury, whale-ship "霍克斯伯里勋爵号"捕鲸船

Loutherbourg, Philippe Jacques de 菲利普－捷克·德·卢戴尔布格

Mablethorpe, Lincs 林肯郡梅布尔索普

MacArthur, Douglas 道格拉斯·麦克阿瑟

Macaulay, Thomas Babington 托马斯·巴宾顿·麦考利

Macey family 梅西家族

Macey, Obed 奥贝德·梅西

Macey, Thomas 托马斯·梅西

Macmillan Wharf, Provincetown 普罗温斯敦麦克米伦码头

Madeira 马德拉群岛

Mahone Bay, Halifax 哈里法克斯马洪湾

Maiden, William 威廉·梅登

Makah Indians 印第安马考土著

Malthus, Thomas 托马斯·马尔萨斯

Mansion House, London 伦敦市长公馆

manta ray 蝠鲼

The Man Who Fell to Earth 《天降财神》

Manu 摩奴

Marconi, Guglielmo 伽利尔摩·马可尼

Marfleet, Lincs 林肯郡马弗利特

Margaret, whale-ship "玛格利特号"捕鲸船

Marine diver "潜海者"

Marine Mammal Program 海洋哺乳动物计划

Marquesas Islands 马克萨斯群岛

Martha's Vineyard, Mass 马萨诸塞州马撒葡萄园岛

Martin, Mary 玛丽·马丁

Mary Poppins 《欢乐满人间》

Mather, Cotton 科顿·马瑟

Mayo, Charles 'Stormy' 查尔斯·"风暴"·马约

Mayo family 马约家族

Mayo, Josiah 约西亚·马约

Mawson, Sir Douglas 道格拉斯·莫森爵士

Mary Celeste "玛丽·赛勒斯特号"

McQuhae, Peter 彼得·麦奎哈

Medway, river 梅德韦河

Meinhoff, Ulrike 乌尔丽克·迈因霍夫

Melander, Jody 乔迪·梅兰德

Melvill, Alan 阿伦·梅尔维尔

Melville, Elizabeth (neé Shaw) 伊丽莎白·梅尔维尔（原姓肖）

Melville, Gansevoort 甘塞沃·梅尔维尔

Melville Hall, Richard, Moby 理查德·梅尔维尔·霍尔

Melville, Malcolm 马尔科姆·梅尔维尔

Melvill, Maria (neé Gansevoort) 玛丽亚·梅尔维尔（原姓甘塞沃）

Melville family 梅尔维尔家族

MELVILLE, HERMAN (1819-1891); WORKS: 'Bartleby the Scrivener'; *Billy Budd*; *The Confidence-Man*; *Mardi*; *Omoo*; *Pierre*; *Redburn*; *Typee*; *White-Jacket* 赫尔曼·梅尔维尔；作品：《录事巴托比》《水手比利巴德》《骗子》《玛地》《奥穆》《皮埃尔》《莱德伯恩》《泰皮》《白外套》

Melville, Stanwix 斯坦威克斯·梅尔维尔

Melvill, Thomas 托马斯·梅尔维尔

Memidadluk 梅米戴得卢克

Merchant, Hamilton 汉密尔顿·麦钱特

Mersey, river 默西河

mesonycids 中爪兽

Metropole Hotel, Brighton 布莱顿市迈特波尔酒店

Meynell, Viola 维奥拉·梅内尔

Miencke, Norwegian sailor 挪威水手明克

Mile End Road, London 伦敦麦尔安德路

Milford Haven, Wales 威尔士米尔福德港

Millenium Dome, London 伦敦千禧巨蛋

Milton, John: *Paradise Lost*, ix, *Paradise Regained* 约翰·弥尔顿：《失乐园》ix，《复乐园》

Ministry of Agriculture and Fisheries 农业和渔业部

Ministry of Food 粮食部

Minsky, Dennis 丹尼斯·明斯基

Mitre Tavern, London 伦敦米特酒馆

Mocha, island 莫查岛

Mocha Dick (sperm whale) 莫查·迪克（抹香鲸）

Mola mola (sun fish) 翻车鲀

Monongahela, whale-ship "莫农加希拉号"捕鲸船

Montauk, Long Island 长岛蒙托克

Montrose, Scotland 苏格兰蒙特罗斯

Monument Mountain, Mass 马萨诸塞州纪念碑山

Moore, Dennis Gilbert 丹尼斯·吉尔伯特·穆尔

Moore, Patrick James 帕特里克·詹

姆斯·穆尔

Moore, Rose Margaret 罗斯·玛格丽特·穆尔

Moore, Sarah (neé Leonard) 萨拉·穆尔（原姓伦纳德）

Moore, Theresa Marion (neé Hoare) 特里萨·马里恩·穆尔（原姓霍尔）

Moore, Thomas 托马斯·穆尔

Morecambe 莫克姆

Morecambe Sands 莫克姆沙滩

Morris, Oswald 奥斯瓦尔德·莫里斯

Morrison, W. S. W. S. 莫里森

Motta family 莫塔家族

Mount Greylock, Mass 马萨诸塞州格雷洛克山

Mystic, Conn 康涅狄格州神秘港

MYSTICETES-see also rorqual whales and separate species 须鲸亚目——亦见鳁鲸和个别物种

Nagaski 长崎

Nahant, Boston 波士顿纳汉特

Namu, (killer whale) 纳姆（虎鲸）

Nantucket 楠塔基特

Nantucket Athenaeum 楠塔基特图书馆

Nantucket sleighride 楠塔基特雪橇

Napoleon, Prince Eugene Louis, Prince Imperial 欧仁·路易·拿破仑亲王

Nassau, Count of, Prince Ernest 拿骚伯爵恩斯特亲王

Nassau Street, Manhattan 曼哈顿拿骚街

Nattick Indians 楠塔基特的印第安人

Natural History Museum, London 伦敦自然史博物馆

National Gallery, London 伦敦国家美术馆

Nelson, Horatio 霍雷肖·纳尔逊

nematodes 线虫

Netley hospital (Royal Victoria Hospital) 纳特利医院（皇家维多利亚医院）

New Bedford, Mass 马萨诸塞州新贝德福德

New Bedford Whaling Museum 新贝德福德捕鲸博物馆

Newcastle 纽卡斯尔

New England-see also Berk shires, Boston, Cape Cod, Lenox, Mystic, Pittsfield, Provincetown, Salem 新英格兰——亦见伯克希尔、波士顿、科德角、雷诺克斯、神秘港、皮茨菲尔德、普罗温斯敦、塞勒姆

New Forest, Hants 汉普郡新森林区

Newington Butts, London 伦敦纽因顿巴茨

New Kent Road, London 伦敦新肯特路

Newport, Rhode Island 罗得岛纽波特

New York-see also Bronx, Coney Island, Ellis Island, Liberty Island, Long Island, Manhattan 纽约——亦见布朗克斯、康尼岛、埃利斯岛、

自由女神岛、长岛和曼哈顿

New York Society Library 纽约社会图书馆

New York Times 《纽约时报》

New York Tribune 《纽约论坛报》

New Zealand Tom (sperm whale) 新西兰汤姆（抹香鲸）

Tsar Nicholas II 沙皇尼古拉二世

Nietzsche, Friedrich: *Beyond Good and Evil* 弗里德里希·尼采：《善恶的彼岸》

The Night of the Hunter 《猎人之夜》

Nineveh 尼尼微

nitro-glycerine 硝化甘油

Noah 诺亚

Nordhoff, Charles 查尔斯·诺德霍夫

North German Lloyd, shipping line 北德轮船公司

North Pole 北极

North Sea 北海

North-West Passage 西北航道

Norwich, New England 新英格兰诺威奇

SS Oder "美国海军奥得号"

Okubo, Ayako 大久保亚夜子

Old King Street, London 伦敦老国王街

Old Tom (sperm whale) 老汤姆（抹香鲸）

Oliveira family 奥利韦拉家族

Oliver, Mary 玛丽·奥利弗

Onassis, Aristotle 亚里士多德·奥纳西斯

Orleans, Cape Cod 科德角奥尔良

Orwell, George: *Coming up for Air*, *Inside the Whale* 乔治·奥威尔：《上来透口气》《在鲸腹中》

Ostend, Belgium 比利时奥斯坦德

Otoliths 耳石

Our Lady of Lourdes 露德圣母

Ouse, river 乌斯河

Owen, Sir Richard 理查·欧文爵士

Oxford Street, London 伦敦牛津街

Pacific Whaling Company 太平洋捕鲸公司

Pakicetus 巴基斯坦古鲸

Pannet Park, Whitby 惠特比帕内特公园

Paris Review 《巴黎评论》

Parker, Richard 理查德·帕克

Pattinson, Mr (baliff) 帕廷森先生（巴利夫）

Pauline, barque 三桅帆船"保利娜号"

Peaked Hill, Provincetown 普罗温斯敦尖丘

Pearl Street, Manhattan 曼哈顿珍珠街

Pearsal, Mr (curator) 皮尔索尔先生（博物馆馆长）

Pease, Valentine 瓦伦丁·皮斯

Peck, Gregory 格里高利·派克

Pembroke College, Cambridge 剑桥大学彭布罗克学院

Penniman, Augusta 奥古斯塔·彭尼曼
Penniman, Edward 爱德华·彭尼曼
Penniman, Eugene 尤金·彭尼曼
Penn station, Manhattan 宾州车站
Pentonville (prison) 本顿维尔（监狱）
Pequot Indians 印第安佩科特人
Perseus 珀尔修斯
Peterhead, Scotland 苏格兰彼得黑德
Pet Manufacturer's Association 宠物食品制造协会
Philadelphia, Penn 宾夕法尼亚州费城
Phillips, John 约翰·菲利普斯
phrenology 颅相学
Pico, Azores 亚速尔群岛皮库岛
Pilgrim Father 清教徒先辈移民
Pilgrim Monument, Provincetown 普罗温斯敦朝圣者纪念碑
Pittsfield, Mass 马萨诸塞州皮茨菲尔德
Pitt, William 威廉·皮特
Plymouth, Devon 德文郡普利茅斯
Plymouth, Mass 马萨诸塞州普利茅斯
Poe, Edgar Allan: *Narrative of Arthur Gordon Pym* 埃德加·爱伦·坡：《亚瑟·戈登·皮姆的故事》
Point Barrow, Alaska 阿拉斯加州巴罗角
Pollard, George 乔治·波拉德
Pontopiddan, Bishop: *Natural History of Norway* 蓬托皮丹主教：《挪威自然史》
PORPOISE; harbour (*Phocoena phocoena*) 鼠海豚；港湾鼠海豚
Port Hardy, Washington 华盛顿哈迪港
Portland Gale 波特兰风暴
Port Jackson, New South Wales 新南威尔士州杰克逊港
Portsmouth, Hants 汉普郡朴次茅斯
Portuguese man o'war 僧帽水母
Priestley, J. B. J. B. 普瑞斯特利
Prince Regent, George IV 摄政王乔治四世
Protocetus 原鲸
Provincetown Center for Coastal Studies 普罗温斯敦海岸研究中心
pterodactyls 翼手龙
puffin 海鹦
Purves, Peter 彼得·普维斯

qaala 加拉
Quadresma, João 若昂·夸德雷斯玛
Quakers 贵格会教派

Race Point, Provincetown 普罗温斯敦赛点灯塔
Raines, John 约翰·雷恩斯
Rainham, Essex 埃塞克斯郡雷纳姆
Ramu (Winston) (killer whale) 拉穆（温斯顿）（虎鲸）
Rankin-Baransky, Karen 卡连·兰金-巴兰斯基
HMS Rattler 皇家海军"响尾蛇号"
Raymond, Frederic 弗雷德里克·雷

蒙德

Read, Enoch 伊诺克·里德

Receiver of Wreck 遇难管理处

Red Cloud, Nebraska 内布拉斯加州的雷德克劳德

Red Sea 红海

Religious Tract Society 宗教信仰协会

remora 鲫鱼

Resolution, whale-ship "决毅号"捕鲸船

Reynolds, Jeremiah 杰雷米亚·雷诺兹

Rhode Island 罗得岛

Rhodes 罗兹岛

RIGHT WHALE: North Atlantic (*Eubalœna glacialis*), (Biscayan whale) 露脊鲸：北大西洋露脊鲸

Rivera, Jacob Rodgriques 雅各布·罗德里克斯·里韦拉

Robin Hood's Bay, Yorks 约克郡罗宾汉湾

Rochester, NY 纽约州罗契斯特市

Rokeby Venus 《镜前的维纳斯》

Roscoe, William 威廉·罗斯科

Rotch, Benjamin 本杰明·罗奇

Rotch-Jones-Duff House, New Bedford 新贝德福德罗奇－琼斯－迪夫宅邸

Rotch, Joseph 约瑟夫·罗奇

Rotch, William, senior 老威廉·罗奇

Rotch, William, junior 小威廉·罗奇

Rotherhithe, London 伦敦罗瑟希特

Rotterdam, Netherlands 荷兰鹿特丹

Rosseau, Jean-Jacques 让－雅克·卢梭

Royal Academy 皇家艺术学院

Royal Air Force 皇家空军

Royal Aquarium 皇家水族馆

Royal Army Medical Corps 皇家陆军医疗队

Royal Canadian Mounted Police 加拿大皇家骑警

Royal College of Surgeons 皇家外科学院

Royal Humane Society 皇家人道协会

Royal Navy 皇家海军

Royal Society 皇家学会

RSPCA 皇家防止虐待动物协会

Royal Yacht *Britannia* 皇家游艇"不列颠号"

Ruskin, John: *Modern Painters* 约翰·拉斯金：《现代画家》

Rynders, Isaiah 艾赛亚·瑞德斯

Sabin, Richard 理查德·萨宾

Sachs, Viola 维奥拉·萨克斯

Sagamore Bridge, Cape Cod 科德角萨加莫尔大桥

St Andrew's Dock, Hull 赫尔圣安德鲁码头

St Barbe, John 约翰·圣巴贝

St George, Azores 亚速尔群岛圣乔治岛

St Lawrence, packet ship "圣劳伦斯号"邮船

St Lawrence, waterway 圣劳伦斯水道

St Louis, Missouri 密苏里州圣路易斯

St Mary's, Whitby 惠特比圣母教堂

St Paul's, London 伦敦圣保罗大教堂

St Peter's, Rome 罗马圣彼得大教堂

St Vincent, Caribbean 加勒比海圣文森特岛

Salem, Mass 马萨诸塞州塞勒姆

Samuel, whale-ship "撒母耳号"捕鲸船

San Diego, CA 加利福尼亚州圣地亚哥

San Francisco, CA 加利福尼亚州旧金山

Sanredam, Jan 贾恩·桑里达姆

Santissima Trinidade, Pico 皮库岛圣三一教堂

São Pedro, Pico 皮库岛圣佩德罗小教堂

São Roque, Pico 皮库岛圣罗克城

Sarah and Elizabeth, whale-ship "萨拉和伊丽莎白号"捕鲸船

savssat 萨弗塞特

Scheveningen, Netherlands 荷兰斯赫弗宁恩

Scarborough, Yorks 约克郡斯卡伯勒

Scawen, Sir William 威廉·斯卡恩爵士

Schwedier, Franz Xavier 弗朗茨·泽维尔·施韦德伊尔

Scoresby, Mary Eliza (neé Lockwood) 玛丽·伊莱扎·索克斯比（原姓洛克伍德）

Scoresby Terrace, Whitby 惠特比斯科斯比露台

Scoresby, William, senior (Captain Sleet), (1760-1829) 老威廉·索克斯比（斯利特船长）

Scoresby, William, junior (1789-1857): *An Account of the Arctic Regions* 小威廉·索克斯比：《北极地区记述》

Scott, Robert Falcon 罗伯特·福尔肯·斯科特

Scott, Sophia (neé Exelby) 索菲娅·斯科特（原姓埃克塞尔比）

Scripps Institution of Oceanography, CA 加利福尼亚州斯克里普斯海洋研究所

Scull, David C. (Ambergris King) 戴维·C. 斯卡尔（龙涎香之王）

Scymodon 异鳞鲨

Sea of Japan 日本海

Seaman's Bethel 海员礼拜堂

Seaworld, San Diego 圣地亚哥海洋世界

Seaton, Co Durham 德勒姆主教的西顿海滩

Seattle Aquarium 西雅图水族馆

Seigniory of Holderness, (Lord Paramount) 霍尔德内斯领主（派拉蒙勋爵）

Serengeti 塞伦盖蒂平原

Shakers 震教徒

Shakespeare Tavern, Manhattan 曼哈顿莎士比亚酒馆

寻鲸记

Umm Qasr 乌姆盖斯尔

Union, whale-ship "联合号"捕鲸船

University Museum (Natural History), Oxford 牛津大学（自然史）博物馆

Van Buskirk, Philip C. 菲利普·C. 范巴斯柯克

Vancouver Aquarium 温哥华水族馆

van de Velde, Esaias 埃萨亚斯·范德弗尔德

Ventnor, Isle of Wight 怀特岛文特诺

Viallelle, Alexander 亚历山德拉·维亚勒勒

Viallelle, Serge 塞尔日·维亚勒勒

Victoria, HRH Queen-Empress 维多利亚女王陛下

Vietcong 越共

vigia 维吉耳

Vincent, Howard P.: *The Trying-out of Moby-Dick* 霍华德·P. 文森特：《熔炼白鲸记》

Vishnu 毗湿奴

Volunteer, whale-ship "志愿号"捕鲸船

Vorse, Mary Heaton 玛丽·希顿·沃尔斯

Voyager, space probe "旅行者号"探测器

A Voyage to the Bottom of the Sea《海底之旅》

Wagner, Richard 理查德·瓦格纳

Walker, William 威廉·沃克

Wallinger, Mark: *Ghost* 马克·渥林格：《幽灵》

Wallis, Edward 爱德华·沃利斯

Warwick, New England 新英格兰沃里克

Waterloo Bridge, London 伦敦滑铁卢桥

Waterloo station, London 伦敦滑铁卢车站

Waterhouse Hawkins, Benjamin 便雅悯·瓦特豪斯·郝金斯

Waters, John 约翰·沃特斯

Water Street, New Bedford 新贝德福德水街

Webster, Daniel 丹尼尔·韦伯斯特

Welles, Orson 奥森·威尔斯

Wellfleet, Mass 马萨诸塞州韦尔弗利特

Wellington, New Zealand 新西兰惠灵顿

Weston Shore, Southampton 南安普敦韦斯顿海岸

White Bear hotel, Liverpool 利物浦白熊旅馆

Whitby 惠特比

Whitehead, Hal 霍尔·怀德海

White, Paul D. 保罗·D. 怀特

Whitstable 惠斯塔布

Wilberforce, William 威廉·威尔伯福斯

Wilde, Oscar 奥斯卡·王尔德

Wilde, Sir William 威廉·王尔德爵士

William IV 威廉四世

William Nye's Oil Works 威廉·奈油业公司

RRS *William Scoresby* 皇家科考船"威廉·索克斯比号"

William Wirt, whale-ship "威廉·沃特号"捕鲸船

Willughby, Francis: *Ichthyographia* 弗朗西斯·维卢克比:《鱼类学》

Wilmington, Delaware 特拉华州威明顿

Wilson, Ambrose John 安布罗斯·约翰·威尔逊

Wilson, Gilbert 吉尔伯特·威尔逊

Winchester Cathedral 温彻斯特大教堂

Windsor Castle 温莎城堡

Windsor Safari Park 温莎野生动物园

Winslow, whale-ship "温斯洛号"捕鲸船

Winston, Waldon C. 沃尔登·C.温斯顿

Winterton, Norfolk 诺福克郡温特顿

Wiscasset, Maine 缅因州威斯卡西特

Wood End, Provincetown 普罗温斯敦林末灯塔

Woodlands Cemetery, Bronx 布朗克斯的伍德劳恩公墓

Woolwich Arsenal 伍利奇阿森纳

Yarmouth, Cape Cod 科德角雅茅斯

York 约克郡

Yorkshire Philosophical Society 约克郡哲学学会

Yves St Laurent 伊夫·圣罗兰

Zulu Wars 祖鲁战争

图书在版编目（CIP）数据

寻鲸记 /（英）菲利普·霍尔著；傅临春译 . —北京：商务印书馆，2021（2024.12 重印）
（自然文库）
ISBN 978-7-100-20236-7

I.①寻…　II.①菲…②傅…　III.①鲸—普及读物
IV.① Q959.841-49

中国版本图书馆 CIP 数据核字（2021）第 169391 号

自然文库
寻鲸记
〔英〕菲利普·霍尔　著
傅临春　译

商 务 印 书 馆 出 版
（北京王府井大街 36 号　邮政编码 100710）
商 务 印 书 馆 发 行
北京盛通印刷股份有限公司印刷
ISBN 978 - 7 - 100 - 20236 - 7

2021 年 10 月第 1 版　　　　开本 710×1000 1/16
2024 年 12 月北京第 5 次印刷　印张 27½
定价：98.00 元